Schnelleinstieg in SAP S/4HANA® Finance

2., überarbeitete Auflage

Janet Salmon

Willkommen bei Espresso Tutorials!

Unser Ziel ist es, SAP-Wissen wie einen Espresso zu servieren: Auf das Wesentliche verdichtete Informationen anstelle langatmiger Kompendien – für ein effektives Lernen an konkreten Fallbeispielen. Viele unserer Bücher enthalten zusätzlich Videos, mit denen Sie Schritt für Schritt die vermittelten Inhalte nachvollziehen können. Besuchen Sie unseren YouTube-Kanal mit einer umfangreichen Auswahl frei zugänglicher Videos: *https://www.youtube.com/user/EspressoTutorials*.

Kennen Sie schon unser Forum? Hier erhalten Sie stets aktuelle Informationen zu Entwicklungen der SAP-Software, Hilfe zu Ihren Fragen und die Gelegenheit, mit anderen Anwendern zu diskutieren:

http://www.fico-forum.de.

Eine Auswahl weiterer Bücher von Espresso Tutorials:

- Claus Wild: **Praxishandbuch Cash Management in SAP S/4HANA® Finance** *http://5250.espresso-tutorials.de*
- Robin Schneider: **Investitionsmanagement mit SAP® inkl. Neuerungen in SAP S/4HANA – 2., erweiterte Auflage** *http://5279.espresso-tutorials.de*
- Karlheinz Weber: **Schnelleinstieg ins Finanzwesen (FI) mit SAP S/4HANA®** *http://5339.espresso-tutorials.de*
- Peter Niemeier: **Schnelleinstieg ins SAP®-Finanzwesen (FI) – 2., erweiterte Auflage** *http://5342.espresso-tutorials.de*
- Michael Eckel, Nergiz Köksal: **Die neue Anlagenbuchhaltung in SAP S/4HANA®** *http://5390.espresso-tutorials.de*
- Silke Breest: **Kreditmanagement mit SAP S/4HANA®** *http://5414.espresso-tutorials.de*
- Karlheinz Weber, Christine Frühwirth: **Praxishandbuch Kreditorenbuchhaltung in SAP S/4HANA®** *http://5471.espresso-tutorials.de*
- Prof. Dr. Peter Preuss, Martin Schmidt: **Konzernreporting mit SAP S/4HANA® Finance for Group Reporting** *http://5491.espresso-tutorials.de*

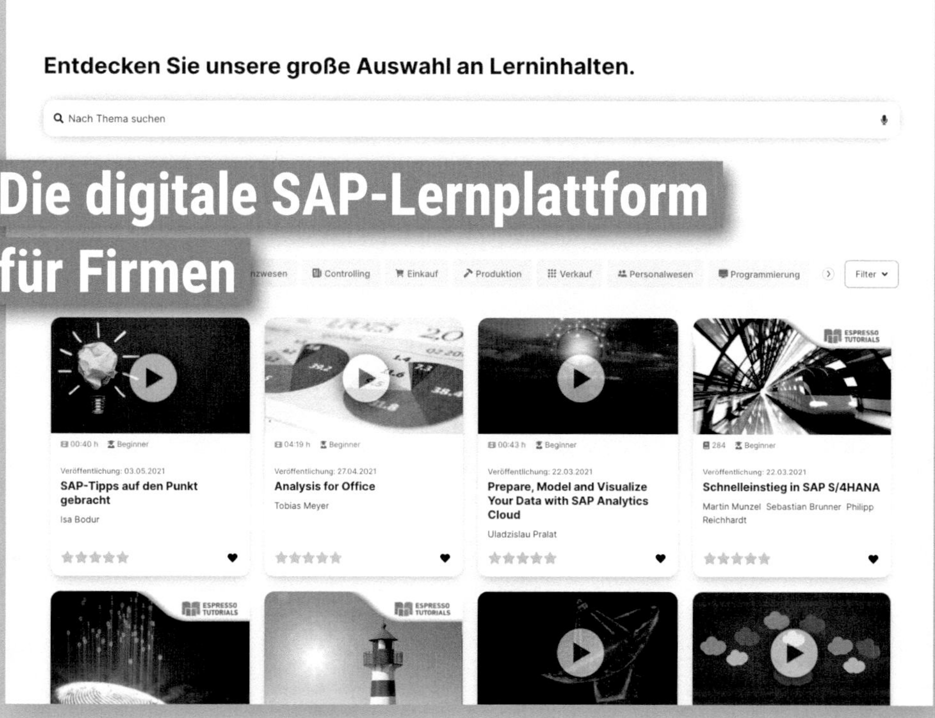

Qualifizieren Sie Ihre Mitarbeiter

ohne Reisekosten und externe Referenten

- 500+ E-Books und Videos in den Sprachen DE, EN, FR, PT, JP, ES
- Laufende Aktualisierung mit neuen Inhalten
- Zugang via Webbrowser oder App (iOS/Android)
- Staffelpreise abhängig von Anzahl der User

Die Lernplattform:
http://et.training

7-Tage-Testzugang kostenfrei und unverbindlich:
http://free.espresso-tutorials.de

Erhalten Sie Ihr individuelles Angebot:
http://angebot.espresso-tutorials.de

Bibliografische Information der Deutschen Nationalbibliothek
Die Deutsche Nationalbibliothek verzeichnet diese Publikation in der Deutschen Nationalbibliografie; detaillierte bibliografische Daten sind im Internet über https://portal.dnb.de abrufbar.

Janet Salmon
Schnelleinstieg in SAP S/4HANA® Finance – 2., überarbeitete Auflage

ISBN: 978-3-94517-082-3

Lektorat: Karen Schoch, Anja Achilles

Übersetzung: Petra Schweitzer

Coverdesign: Philip Esch

Coverfoto: © Stefan Richter | ID 16757910 – fotolia.com

Satz & Layout: Johann-Christian Hanke

2. Auflage 2022

URL: *www.espresso-tutorials.de*

Feedback:
Wir freuen uns über Fragen und Anmerkungen jeglicher Art. Bitte senden Sie diese an: *info@espresso-tutorials.com*.

Inhaltsverzeichnis

Vorwort

Wenn Sie im Finanzwesen arbeiten, denken Sie vielleicht, dass Gespräche über Datenbanken am besten Ihren Kollegen in der IT-Abteilung überlassen bleiben. In diesem Buch zeige ich Ihnen jedoch, wie eine neue Datenbanktechnologie die Art und Weise ändert, wie Ihre Finanzdaten gespeichert werden, und der SAP so eine völlige Neugestaltung ihrer Software-Lösungen erlaubt.

Ich erkläre Ihnen, wie sich die »High-Performance Analytic Appliance« (HANA) von einer konventionellen Datenbank unterscheidet. Ich erläutere Konzepte wie das »Universal Journal«, das Daten aus mehreren Anwendungskomponenten vereint, oder »Central Finance«, anhand dessen Sie Buchhaltungsbelege aus verschiedenen Quellsystemen zusammenführen können. Schließlich gehe ich darauf ein, wie die verschiedenen Anwendungen umgestaltet werden, um von der neuen Datenbank zu profitieren, und erkläre die Änderungen, aber auch was bleibt wie bisher, sodass Sie über das Know-how verfügen, Ihre Finanzorganisation effizienter zu gestalten.

Seit der ersten Auflage sind fünf Jahre vergangen, in denen es viele Weiterentwicklungen von SAP S/4HANA gab, vor allem in den Bereichen der Istkalkulation und der Ergebnisrechnung. Aus diesem Grund ist das vorliegende Buch komplett überarbeitet, mit einem stärkeren Fokus auf das Finanzwesen sowie auf Neuerungen, die sich daraus etwa in der Planung ergeben.

In den Text sind Kästen eingefügt, um wichtige Informationen besonders hervorzuheben. Jeder Kasten ist zusätzlich mit einem Piktogramm versehen, das diesen genauer klassifiziert:

Hinweis

Hinweise bieten praktische Tipps zum Umgang mit dem jeweiligen Thema.

! Achtung

Warnungen weisen auf mögliche Fehlerquellen oder Stolpersteine im Zusammenhang mit einem Thema hin.

Die Form der Anrede

Um den Lesefluss nicht zu beeinträchtigen, verwenden wir im vorliegenden Buch bei personenbezogenen Substantiven und Pronomen zwar nur die gewohnte männliche Sprachform, meinen aber gleichermaßen Personen weiblichen und diversen Geschlechts.

Hinweis zum Urheberrecht

Sämtliche in diesem Buch abgedruckten Screenshots unterliegen dem Copyright der SAP SE. Alle Rechte an den Screenshots hält die SAP SE. Der Einfachheit halber haben wir im Rest des Buches darauf verzichtet, dies unter jedem Screenshot gesondert auszuweisen.

1 SAP S/4HANA Finance – der neueste Trend

SAP S/4HANA Finance wird als neuester Trend in Bezug auf Software-Architektur vertrieben. In diesem Kapitel sehen wir uns kurz die technologische Entwicklung an: von den Mainframes/Großrechnern der 1980er-Jahre, über die Client/Server-Architektur der 1990er-Jahre, die Webservices im Internetzeitalter bis hin zur Revolution des In-Memory-Computing, die wir heute erleben. Ich erkläre, was das Besondere an SAP HANA ist, und warum es der SAP ermöglicht, eine neue Architektur zu konzipieren, die die Daten der Finanzanwendungen anders speichert, um auf diese Weise deren Nutzung in der Berichterstellung zu erleichtern sowie die Daten intuitiver zu präsentieren und einen unmittelbaren Überblick über die Geschäftslage zu bieten.

1.1 Kleiner geschichtlicher Abriss

Der Produktname »SAP S/4HANA Finance« gibt einen Hinweis darauf, welche Ziele die SAP mit ihrem neuesten Produkt verbindet. Das Unternehmen wurde 1972 gegründet und die ersten Produkte, R/1 und R/2, waren ERP-Systeme, die man für die *Großrechner* konzipiert hatte, die die meisten großen Unternehmen in den 1970er- und 1980er-Jahren nutzten. Das »R« in den Produktnamen stand für *Real Time* (Echtzeit). Die Idee dahinter war, dass man Finanzgeschäfte mithilfe von Online-Terminals in Echtzeit erfassen könnte, anstatt auf Stapelprozesse zur regelmäßigen Aktualisierung von Journalen zu setzen. Anfang der 1990er-Jahre erklärten SAP-Trainer und -Berater den Kunden geduldig, was es bedeute, Materialbewegungen zusammen mit den entsprechenden Buchungsbelegen im Moment des Entstehens zu erfassen, anstatt darauf zu warten, dass ein Stapelprozess die Daten allabendlich oder zum Periodenabschluss in das Finanzwesensystem lädt.

Im Sommer 1992 führte SAP ein neues Produkt ein, SAP R/3, das zwar weiterhin auf das Echtzeit-Konzept ausgerichtet war, aber mit der damals revolutionären *Client/Server-Architektur* arbeiten sollte. Die UNIX-Server waren deutlich erschwinglicher als vergleichbare Großrechner und man konnte bei Bedarf mehrere Server anbinden, wenn zusätzliche Verarbeitungsleistung erforderlich war. Die Client/Server-Architektur umfasste drei Schichten: die Datenbankschicht, die Anwendungsschicht und die Präsentationsschicht. Ohne zu sehr ins Detail zu gehen, bedeutete diese Architektur, dass der Kunde seine bevorzugte *Datenbank* auswählen konnte (und durch die Zertifizierung neuer Datenbanken wurden entsprechend regelmäßig neue Datenbanken angekündigt). Die *Anwendungsschicht* enthielt den Code für die verschiedenen Softwaremodule (Materialwirtschaft, Produktionsplanung, Finanzbuchhaltung usw.) und die *Präsentationsschicht* stellte eine grafische Benutzeroberfläche bereit. Es sei an dieser Stelle noch erwähnt, dass in den Zeiten vor Smartphones und Verbraucher-Websites die grafische Benutzeroberfläche von SAP R/3 weitaus attraktiver und benutzerfreundlicher war als Großrechner-Oberflächen, mit denen die meisten Buchhaltungsmitarbeiter damals arbeiteten.

Diese dreistufige Architektur bildet auch heute noch das Herzstück vieler SAP-Anwendungen. Mit der Umbenennung des Produkts R/3 in SAP ERP im Jahr 2004 erfolgte auch eine wichtige technologische Änderung: der zugrunde liegende SAP-NetWeaver-Stack, der die Verwendung von *Webservices* ermöglichte. Dadurch konnte das ERP-System über Standardprotokolle mit anderen Anwendungen wie dem Customer Relationship Management oder dem Supplier Relationship Management kommunizieren. Darüber hinaus waren nun erhebliche Änderungen an der Benutzeroberfläche möglich, da die neuen Webanwendungen in das SAP Enterprise Portal integriert und mit diesem ausgeliefert werden konnten, beispielsweise in Manager Self-Services (MSS) oder Employee-Self-Services (ESS). Die ERP-Welt konzentrierte sich noch mehr auf die Transaktionsverarbeitung, d. h. die Erfassung von Kundenaufträgen, Rechnungen, Bestellungen und Warenbewegungen als die zentralen Unternehmensvorgänge.

Gegen Ende der 1990er-Jahre begannen viele Unternehmen zudem mit der Arbeit an dedizierten *Managementinformationsystemen* – Data-

Warehouse-Systemen und Data Marts, die für einen einfacheren Zugang zu den enormen Datenmengen, die in den verschiedenen Vorgängen eines Unternehmens erfasst wurden, in Form von Abfragen und Berichten ausgelegt waren. Das SAP Business Information Warehouse (BW) bot Online Analytical Processing (OLAP) ebenso wie viele andere Produkte auf dem Markt. In der Folge wurden jede Nacht enorme Datenmengen aus SAP ERP, SAP CRM und anderen Systemen in das Data Warehouse geladen und für Berichterstellungszwecke umgewandelt.

Ganz einfach ausgedrückt bedeutete dies, dass die mit einer Rechnung oder einem Auftrag verknüpften Daten in ein *Sternschema* gebracht wurden, sodass zu den bedienten Kunden und in den relevanten Regionen verkauften Produkten *mehrdimensionale Auswertungen* erstellt werden konnten. In vielen Fällen beinhaltete dies auch umfassende *Datenbereinigungen*, um zugrunde liegende Stammdatenprobleme zu lösen und die Umwandlung in Konzernkontenpläne, Konzern-Profitcenter-Strukturen usw. vorzunehmen. Internationale Firmen waren auf ein Data-Warehouse-System angewiesen, um die in ihren Vorgängen erzeugten Datenmengen zu verarbeiten – allerdings waren die abendlichen Ladevorgänge nicht mit dem »R« von Real Time vereinbar. Diese Unternehmen zahlten für die Flexibilität ihrer Managementinformationssysteme in Bezug auf die Aktualität einen hohen Preis.

Wichtiger noch – fragte man damals die Finanzanalysten der Unternehmen, wie sie eigentlich arbeiteten, dann lautete die Antwort überwiegend: weder mit SAP ERP noch direkt mit Data-Warehouse-Systemen, sondern mit *Tabellenkalkulation*. Das war die Ära von Microsoft Excel, in der die betrieblichen Vorgänge großer Unternehmen auf Basis sogenannter »Spreadmarts«, also auf Tabellenkalkulationen beruhenden Data Marts, geführt wurden.

2011 veröffentliche Hasso Plattner, einer der Mitgründer von SAP, das Buch *In-Memory Data Management*. In diesem Buch wird die Architektur von SAP HANA beschrieben und das Bild eines Managementmeetings der Zukunft gezeichnet: In diesem Szenario erscheinen die Teilnehmer nicht mit einer Reihe mühsam zusammengestellter »Briefing Books« zum Meeting, in denen versucht wurde, jede möglicherweise auftauchende Frage vorwegzunehmen – die naturgemäß zum Zeitpunkt, als die Manager den Besprechungsraum betraten, schon veraltet waren. Stattdessen erhalten die Manager in Echtzeit unmittelbaren Zugriff auf Geschäftsinformationen und können das Meeting dazu nutzen, die Auswirkungen verschiedener Annahmen zum Geschäftsergebnis zu simulieren, bevor sie sich auf Maßnahmen einigen.

Grundsätzlich ist SAP S/4HANA Finance die Realisierung dieser in Abbildung 1.1. dargestellten Vision. SAP CFO Luka Mucic nutzt tatsächlich SAP Digital Boardroom, um seinen Managementkollegen die wichtigsten Leistungskennzahlen (KPIs) des Unternehmens näherzubringen und Zukunftsszenarien mit ihnen zu besprechen.

Figure 1.1: Management Meeting of the Future [2]

Abbildung 1.1. Hasso Plattners Vision eines Management-Meetings der Zukunft

Natürlich findet diese Vision nicht nur dann Anwendung, wenn sich die Vorstandsmitglieder im Besprechungsraum befinden; dieselben Informationen werden in Echtzeit auf jedem verwendeten Gerät benötigt. Wir werden uns anschauen, wie SAP Fiori es ermöglicht, diese Informationen von unterwegs aus abzurufen. Außerdem werden diese Echtzeit-Informationen nicht nur von den Vorstandsmitgliedern benötigt, sondern auch von jedem Manager im Unternehmen, weshalb der Ansatz von SAP Fiori auf alle professionellen Anwender vom Buchhalter bis zum Lageristen ausgeweitet wird.

Im Zuge der Verwirklichung dieser Vision wird das neu gestaltete System zum *digitalen Kern*, mit dem Unternehmen Cloud-Services über die HANA-Cloud-Integration verbinden. Konzentrieren wir uns aber zunächst darauf, wie SAP HANA der SAP ermöglicht, die Anwendungen für die Finanz-, Anlagen- und Materialbuchhaltung sowie das Controlling neu zu gestalten, damit sie für das digitale Zeitalter einsatzbereit sind.

1.2 SAP HANA

SAP HANA entstand aus Hasso Plattners Arbeit mit seinen Studenten am Hasso-Plattner-Institut (*http://hpi.de*) in Potsdam. Aus technischer Perspektive bestehen die radikalen Änderungen darin, dass erstens alle Daten im Hauptspeicher anstatt auf einer Festplatte gespeichert werden und zweitens eine umfassende parallele Verarbeitung möglich ist. Diese beiden Änderungen beschleunigen die Datenverarbeitung enorm.

1.2.1 Von der zeilen- zur spaltenorientierten Speicherung

Für einen Finanzanalysten besteht der Hauptunterschied zwischen einer herkömmlichen und einer SAP-HANA-Datenbank im Wechsel von einem *Zeilenspeicher* zu einem *Spaltenspeicher*. Da dieser Wechsel entscheidend für das Verständnis ist, wie SAP S/4HANA Finance funktioniert, nehmen wir uns einen Moment Zeit, um ein einfaches Beispiel zu durchdenken. Stellen Sie sich vor, wir möchten den Gesamtumsatz eines Unternehmens für Deutschland in einer bestimmten Periode berechnen, indem wir die Zahlen in allen relevanten Rechnungen aggregieren.

- Bei der zeilenorientierten Speicherung wird jede Rechnungszeile in der Datenbank als eine Zeile gespeichert. Diese Zeile enthält den Fakturabetrag zusammen mit den Daten, die für die Auswahl der relevanten Rechnungen für die Berichterstellung, z. B. die Buchungsperiode, das Geschäftsjahr, den Buchungskreis und das Konto, verwendet werden. Um die Zeilen zu ermitteln, die den Buchungskreis für Deutschland enthalten, muss das System **jede Zeile** in der Datenbank lesen und anschließend die Beträge für alle relevanten Zeilen aggregieren. In der Regel sind in einer Datenbank Millionen von Fakturazeilen enthalten, und wenn die Aggregation von Erlösen nach Buchungskreis eine häufige Abfrage ist, gibt es zumeist einen *Index* – eine zusätzliche Tabelle zur Unterstützung der Auswahl nach Buchungskreis. Es kann Fälle geben, in denen die Query dennoch zu langsam ist. In diesem Fall hat der Entwickler eine Summentabelle hinzugefügt, um die Daten nach Buchungsperiode und Geschäftsjahr vorab zu aggregieren.
- In einem Spaltenspeicher werden die Daten nach Spalten organisiert. Wenn Sie etwa eine Belegnummer abfragen, ist die Anzahl der abzufragenden Zeilen im Spaltenspeicher und im Zeilenspeicher dieselbe. Wenn Sie allerdings die Erlöszeilen nach Buchungskreis auswählen, enthält die **Spalte** für den Buchungskreis nur einen Eintrag pro Buchungskreis, und selbst ein großes internationales Unternehmen wird vermutlich nicht mehr als einige 100 Buchungskreise in dieser Spalte haben. Anstatt also Millionen von Zeilen abzufragen, kann das System den Buchungskreis zur gesuchten Belegnummer aus einigen 100 Zeilen auswählen. Das Ergebnis ist innerhalb von Sekunden verfügbar, ohne dass eine zusätzliche Indextabelle erstellt werden muss. Die Auswahl der Perioden funktioniert auf die gleiche Weise: Die relevanten Zahlen für die ausgewählten Perioden werden schnell und einfach aggregiert, ohne dass eine zusätzliche Summentabelle erforderlich ist.

Stellen Sie sich nun vor, dass der Datensatz nicht nur die Periode, das Jahr, den Buchungskreis und das Konto enthält, sondern alle sechzig Merkmale, die aktuell in einem Ergebnisbereich für die Ergebnis- und Marktsegmentrechnung (CO-PA) enthalten sein können. Ein typischer

Ergebnisbereich enthält Profitabilitätsmerkmale wie Produkt, Produktgruppe, Kunde, Kundengruppe, Region, Verkaufsbüro usw. Das multidimensionale Berichtswesen in der Ergebnis- und Marktsegmentrechnung stand bereits in R/2 zur Verfügung; neu ist nun, dass Sie einzelne Einstellungen in Ihren vorhandenen Rechercheberichten in der Ergebnisrechnung ändern können (Nachlesen bei jedem Navigationsschritt), um sicherzustellen, dass das System keine *voraggregierten* Daten liest, sondern jedes Mal, wenn Sie zu einer neuen Sicht der Berichtsdaten navigieren, eine neue *SELECT-Anweisung* ausführt. Wenn Sie also alle Informationen zum Umsatz für Deutschland haben und sich nun die Zahlen für Frankreich ansehen möchten, dann führt das System eine neue SELECT-Anweisung für die Rechnungsdaten in Echtzeit aus. Führen Sie von da aus einen Drilldown zum Verkaufsbüro in Paris durch, wird eine weitere SELECT-Anweisung ausgeführt. Wenn Sie anschließend die Produktkategorien herausfiltern, die sich im Pariser Büro gut verkaufen, startet das System wiederum eine neue SELECT-Anweisung. Diese schnellen SELECT-Anweisungen machen Hasso Plattners Zukunftsvision heute bereits möglich.

Das alles läuft in technischer Hinsicht ab, wenn Luka Mucic durch den SAP Digital Boardroom navigiert. Wenn Sie jedoch weiterhin die Rechercheberichte (Transaktion *KE30*) verwenden möchten, die es seit den 1990er-Jahren gibt, müssen Sie nicht Ihre gesamten Anwender neu schulen, sondern können in Ihrem eigenen Tempo mit der Nutzung der neuen Technologie fortfahren. Diese Stabilität ist für die Idee des Angebots von *innovation without disruption* (Innovationen ohne Betriebsunterbrechungen) entscheidend. Sie können nach wie vor alle CO-PA-Berichte verwenden, die Ihr Unternehmen im Laufe der Jahre aufgebaut hat und einfach einen Parameter ändern, um von der neuen Architektur zu profitieren.

Neu ist außerdem, dass Sie in der Ergebnis- und Marktsegmentrechnung keine Verdichtungsebenen mehr definieren müssen. Umlagezyklen, die sich bislang auf voraggregierte Daten stützten, um die Treiber für die Verrechnung zu bestimmen, können solche Daten schnell und einfach aggregieren. Sie müssen nun keine Rentabilitätsdaten mehr in ein Data-Warehouse-System laden, sondern können mit einem virtuellen Datenmodell arbeiten, um eine multidimensionale Datenanalyse ohne Data Warehouse zu erreichen. Alternativ können Sie Data Marts erstellen, um diese Daten für die Briefing Books aufzubereiten.

1.2.2 Von Aktualisierungen zu Einfügungen

Ein weiterer wichtiger Punkt für das Verständnis von SAP HANA ist, dass das *Einfügen* eines einzelnen Datensatzes wesentlich schneller vonstattengeht als das *Aktualisieren* (oder Ändern) einer Summentabelle (oder mehrerer Summentabellen). Wenn ein einziger Geschäftsvorgang, etwa eine Faktura oder eine Warenbewegung im Rechnungswesen, als ein Beleg erfasst werden kann, muss das System einfach eine Belegnummer ausgeben und die relevanten Informationen im Beleg aufzeichnen. Das ist in diesem Kontext mit einer »Einfügung« gemeint.

Jedes Mal, wenn eine Aktualisierung erforderlich ist, um Summen nach Periode, Kostenstelle, Profitcenter usw. zu speichern, muss im bisherigen SAP ERP das System die Summentabelle **sperren**, um die Aktualisierung durchzuführen. Dies kann Periodenabschlussprozesse, wie etwa sehr umfangreiche Umlagen und Abrechnungen oder Top-down-Verteilungen, stark verlangsamen. Da jede SAP-Finanzwesen-Anwendung über eine eigene Einzelposten- und Summentabelle verfügt, können durch eine einfache Faktura Aktualisierungen an den Summensätzen in der Kostenstellenrechnung, der Profitcenter-Rechnung und der Kreditorenbuchhaltung durchgeführt werden.

Die Situation wird noch kritischer, wenn wir beispielsweise Warenbewegungen verbuchen, bei denen dasselbe Material in mehreren Fertigungsaufträgen benötigt wird, oder eine Handelsware von einem Verteilzentrum mit unterschiedlichen LKW an mehrere Geschäfte ausgeliefert wird. Im Extremfall können diese Sperren bei mehreren Tabellen zu einem Stillstand einer Fertigungslinie führen, wenn versucht wird, für verschiedene Fertigungsaufträge die Verwendung eines häufig gebrauchten Teils oder die Bewegungen eines LKWs für eine einzelne Filiale zu erfassen, da sich die Warenausgänge für jedes Geschäft gegenseitig sperren. Wenn diese Sperren nicht mehr erforderlich sind, können Sie mehr Warenbewegungen in einem System zugleich aufzeichnen, und die gesamte Dynamik Ihres System-Sizings ändert sich erheblich. Das sind die grundlegenden Vorgänge, die mit der Umgestaltung der SAP-Lösungen für SAP HANA ablaufen.

1.2.3 Der Wechsel zu SAP HANA

Obwohl die letzten beiden Abschnitte radikal klingen, ist es wichtig zu verstehen, dass Sie den Wechsel zu SAP HANA in kleinen Schritten vornehmen können.

- Sie haben vielleicht schon vom *CO-PA-Beschleuniger* oder dem sogenannten *Sidecar-Ansatz* gehört, der 2011 eingeführt wurde. Das bedeutet lediglich, dass die Bewegungsdaten für die Ergebnis- und Marktsegmentrechnung (Tabelle CE1 für die kalkulatorische oder Tabelle COEP für die buchhalterische Ergebnisrechnung) in eine separate SAP-HANA-Datenbank ausgelagert und nahezu in Echtzeit aktualisiert wird, sobald eine neue Rechnung oder eine Kostenbuchung zur ERP-Datenbank hinzugefügt wird (in diesem Kontext die *primäre Datenbank*). Die Recherche für die Ergebnis- und Marktsegmentrechnung wird anschließend weitergeleitet, damit sie aus der SAP-HANA-Datenbank (der *sekundären Datenbank*) und nicht aus der ERP-Datenbank liest. Ähnliche Beschleunigungen gibt es für die Hauptbuchhaltung (neu und klassisch), spezielle Ledger, Profitcenter-Rechnung, Kostenstellenrechnung, Auftrags- und Projektbuchhaltung, Anlagenbuchhaltung, Investitionsmanagement und Material-Ledger. Dieser Ansatz ist sehr reizvoll, da er keine Risiken birgt. Wäre die SAP-HANA-Datenbank aus irgendeinem Grund nicht verfügbar, dann würde der Report lediglich aus der Hauptdatenbank lesen – zwar möglicherweise mit einer langsameren Reaktion, aber er gäbe dennoch ein Ergebnis zurück.
- Die *SAP Business Suite powered by SAP HANA* wurde 2012 eingeführt und geht noch einen Schritt weiter: Sie ersetzt die Standarddatenbank durch eine SAP-HANA-Datenbank. Auf den ersten Blick hat sich nicht viel geändert. Sie werden weiterhin die vertrauten Menüs für Finanzbuchhaltung, Controlling, Materi-

alwirtschaft, Produktionsplanung usw. vorfinden, doch Sie profitieren von allen Beschleunigungen aufgrund der zuvor erläuterten schnelleren SELECT-Anweisungen. Sie finden außerdem einige neue Transaktionen im Menü, beispielsweise *KSB1N* für schnellere Kostenstellen-Einzelpostenberichte, *KOB1N* für schnellere Berichte über die Auftragseinzelposten, *CJ13N* für schnellere Berichte über die Projekteinzelposten und die Recherche für das Material-Ledger mit der Transaktion *KKML0*.

1.3 Änderungen an den Anwendungen im Rechnungswesen

SAP S/4HANA Finance beinhaltet mehr als nur einen Datenbankwechsel. Die SAP hat in den vergangenen Jahren ihre Finanzanwendungen umgestaltet, da die in den 1990er-Jahren vorherrschenden Programmierparadigmen nicht mehr gelten und die Software-Architektur vereinfacht werden kann. Um Ihnen das Verständnis zu erleichtern, sehen wir uns einige Beispiele für die wichtigsten anstehenden Änderungen an.

1.3.1 Index- und Summentabellen

Indextabellen wurden ursprünglich verwendet, um Auswahlvorgänge zu verbessern, wie wir am Beispiel der Auswahl von Erlösen nach Buchungskreis gesehen haben. *Summentabellen* aggregieren die Finanzdaten vorab in Periodenabschnitte, um die Auswahl der Gesamtkosten einer Kostenstelle für die relevante Geschäftsjahresperiode zu erleichtern; entweder für Berichterstellungszwecke oder für die Verwendung in einem Prozess wie der Verrechnung oder der Abrechnung. SAP HANA liefert eine Performance, die Index- und Summentabellen überflüssig macht, wie folgende Betrachtungen zeigen:

- Lassen Sie uns als ersten Schritt einen Blick auf die Indextabellen in der Finanzbuchhaltung werfen.
  Wenn Sie in der Vergangenheit eine Liste der offenen Posten für einen Lieferanten ausgewählt haben, hätte die Anwendung

mithilfe der Indextabelle BSIK nach entsprechenden Posten gesucht. Um alle ausgeglichenen Lieferantenposten auszuwählen, hätte die Anwendung die Indextabelle BSAK verwendet. Für eine Liste offener Posten für einen Kunden wäre die Indextabelle BSID zum Einsatz gekommen und für die ausgeglichenen Kundenpositionen die Indextabelle BSAD. Es gab die Indextabellen BSIS und BSAS für Sachkonten (oder die Indextabellen FAGLBSIS und FAGLBSAS für das neue Hauptbuch) sowie die Indextabelle BSIM für Materialien. Mit SAP HANA sind diese Indextabellen überflüssig geworden, da bei der Auswahl offener Posten oder Konten direkt auf die primären Tabellen zugegriffen wird. Das sind also beim Erstellen einer Anwendung bereits sieben Tabellen weniger, die synchron gehalten werden müssen, und sieben Tabellen weniger, die Platz in der Datenbank belegen.

- Als wir uns die Navigation innerhalb eines Ergebnisberichts angesehen haben, habe ich angemerkt, dass wir mit jedem Navigationsschritt eine Auswahl getroffen haben, anstatt aus voraggregierten Daten zu lesen. Fast alle Standardberichte lesen aus solchen voraggregierten Tabellen oder Summentabellen. Kunden- bzw. Debitorendaten werden in KNC1 und KNC3 aktualisiert, Lieferantendaten in LFC1 und LFC3, Daten in der klassischen Hauptbuchhaltung in GLT1 und GLT3, Daten in der neuen Hauptbuchhaltung in FAGLFLEXT und im Controlling in COSP und COSS. In der Vergangenheit gab es eine zweifache Herausforderung: Einerseits mussten aggregierte Daten mit den unterstützenden Einzelpostendaten synchron gehalten werden. Das Ergebnis der Aggregation von Hauptbuch-Einzelposten nach Buchungskreis und Geschäftsbereich sollte immer dem in der Summentabelle für den Aggregationszeitraum gespeicherten Gesamtwert **entsprechen**. Wie ich in Abschnitt 1.2.2 behandelt habe, haben Sie möglicherweise Probleme mit **Sperrungen**, wenn Sie versuchen, große Datenmengen zu laden oder umfangreiche Verrechnungen zum Periodenabschluss durchzuführen. Um einen neuen Einzelposten zu schreiben, gibt das System einfach eine neue Belegnummer aus und erzeugt einen Datensatz. Um die Summentabelle zu aktualisieren, muss das System jedoch die Summentabelle für die Kostenstelle XYZ in der relevanten Periode sperren und dann erneut freigeben, sobald der neue Einzelposten in den Gesamtwert für die Periode aufgenommen wurde. Wenn Sie viele Datensätze haben und versuchen, eine kleine Anzahl von Summentabellen zu aktualisieren, weil Sie nur eine geringe Anzahl von Profitcentern haben, kann dies erhebliche Probleme verursachen.

- Diese Sperrungen von aggregierten Tabellen waren vor allem in der Bestandsverwaltung problematisch, in der viele Tabellen Bestandswerte nach Werk, Lagerort usw. sowie für die verschiedenen Bestandsarten speichern. Änderungen an dieser Datenstruktur können eine enorme Wirkung haben: Buchungen können dadurch bis zu zehn Mal schneller ablaufen.

Wenn die SAP ihre Anwendungen von Grund auf neu entwickeln würde, wäre die Tatsache, dass Indextabellen und Summentabellen nicht mehr benötigt werden, zumindest für Neukunden nahezu bedeutungslos. In der Praxis der SAP-Bestandskunden müssen jedoch nach wie vor Hunderte von Programmen aus diesen Summentabellen lesen, und nicht alle von ihnen wurden von der SAP erstellt. Während eines Periodenabschlusses im Controlling lesen um die 180 Standardprogramme aus den Tabellen COSP und COSS. Das liegt daran, dass es einfacher war, die Kostenstellendaten während des Periodenabschlusses aus einer Tabelle zu selektieren, in der diese Daten bereits voraggregiert waren, als diese während des Vorgangs zu aggregieren. Wie also damit umgehen?

Der technische Trick für die reibungslose Umstellung besteht darin, für sämtliche entfernten Tabellen einen *Kompatibilitätsview* bereitzustellen. Abbildung 1.2 zeigt den Kompatibilitätsview für die Hauptbuchsummen (die frühere Tabelle GLT0). Diese hat exakt dieselbe Struktur wie die alten Summentabellen und stellt sicher, dass jedes Programm – sei es ein SAP-Programm oder das eines Partners oder Kunden –, das zuvor aus dieser Tabelle gelesen hat, wie zuvor funktioniert, es aber die Daten in Echtzeit aus der zugrunde liegenden Einzelpostentabelle anstatt aus der Summentabelle liest und aggregiert.

Die SAP schreibt die Programme für die Verrechnung, Abrechnung usw. schrittweise um, um direkt aus den Einzelposten zu lesen. Dieser einfache technische Trick bedeutet jedoch, dass Sie den Wechsel zu SAP HANA in Ihrem eigenen Tempo vornehmen können. Beachten Sie außerdem die Tabelle GLT0_BCK in Abbildung 1.2: Diese wird während der Migration als Sicherung verwendet, um die Inhalte der ursprünglichen Summentabellen zu speichern und sicherzustellen, dass keine Daten in der Einzelpostentabelle fehlen. Neue Buchungsbelege, die nach Abschluss der Migration angelegt werden, werden nicht zu dieser Tabelle hinzugefügt, sondern sind nur über den Kompatibilitätsview zugänglich.

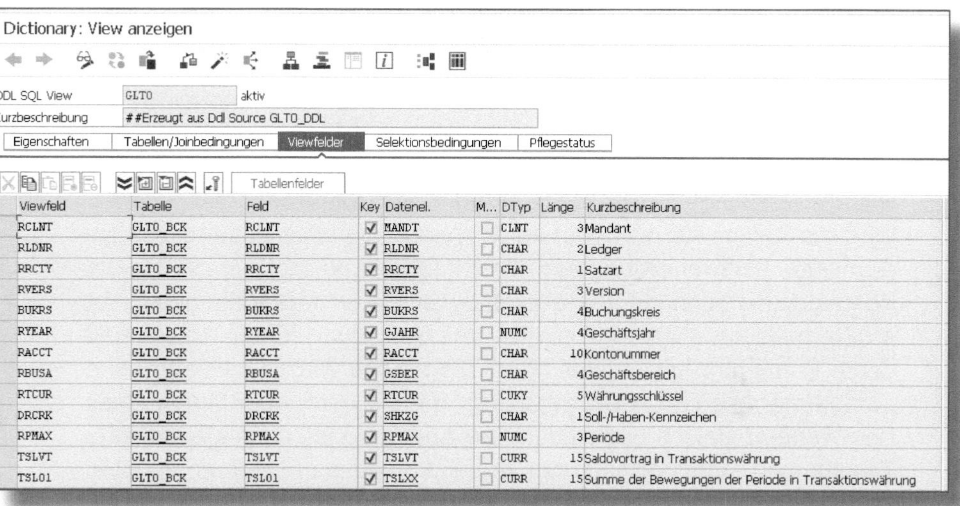

Dictionary: View anzeigen

DDL SQL View: GLT0 aktiv

Kurzbeschreibung: ##Erzeugt aus Ddl Source GLT0_DDL

Eigenschaften | Tabellen/Joinbedingungen | Viewfelder | Selektionsbedingungen | Pflegestatus

Tabellenfelder

Viewfeld	Tabelle	Feld	Key	Datenel.	M...	DTyp	Länge	Kurzbeschreibung
RCLNT	GLT0_BCK	RCLNT	☑	MANDT	☐	CLNT	3	Mandant
RLDNR	GLT0_BCK	RLDNR	☑	RLDNR	☐	CHAR	2	Ledger
RRCTY	GLT0_BCK	RRCTY	☑	RRCTY	☐	CHAR	1	Satzart
RVERS	GLT0_BCK	RVERS	☑	RVERS	☐	CHAR	3	Version
BUKRS	GLT0_BCK	BUKRS	☑	BUKRS	☐	CHAR	4	Buchungskreis
RYEAR	GLT0_BCK	RYEAR	☑	GJAHR	☐	NUMC	4	Geschäftsjahr
RACCT	GLT0_BCK	RACCT	☑	RACCT	☐	CHAR	10	Kontonummer
RBUSA	GLT0_BCK	RBUSA	☑	GSBER	☐	CHAR	4	Geschäftsbereich
RTCUR	GLT0_BCK	RTCUR	☑	RTCUR	☐	CUKY	5	Währungsschlüssel
DRCRK	GLT0_BCK	DRCRK	☑	SHKZG	☐	CHAR	1	Soll-/Haben-Kennzeichen
RPMAX	GLT0_BCK	RPMAX	☑	RPMAX	☐	NUMC	3	Periode
TSLVT	GLT0_BCK	TSLVT	☑	TSLVT	☐	CURR	15	Saldovortrag in Transaktionswährung
TSL01	GLT0_BCK	TSL01	☑	TSLXX	☐	CURR	15	Summe der Bewegungen der Periode in Transaktionswährung

Abbildung 1.2: Kompatibilitätssicht für Tabelle GLT0

Die einzige Tabelle ohne entsprechende Sicht im Rechnungswesen und Controlling ist das alte Abstimmledger (Tabelle COFIT). Dieses wird nicht mehr benötigt, um Ihre Buchungen synchron zu halten. Das bedeutet jedoch, dass Sie die im Menü der Kostenartenrechnung angebotenen Berichte nach der Migration nicht mehr verwenden sollten. Nutzen Sie stattdessen die neueren SAP-Fiori-Optionen, die wir in Kapitel 6 besprechen werden.

1.3.2 Universal Journal

Das *Universal Journal* ist wahrscheinlich die weitreichendste Veränderung bei SAP S/4HANA Finance: Es verändert die Art und Weise, wie Bewegungsdaten gespeichert werden. Anstelle von separaten Tabellen für Hauptbuchhaltung, Anlagenbuchhaltung, Controlling und Material-Ledger werden die Bewegungsdaten für diese Anwendungen im Universal Journal gespeichert, was aus technischer Perspektive eine einzige Tabelle ist: ACDOCA. D. h., dass die Daten nun nicht mehr in den jeweiligen Anwendungen abgeglichen werden müssen, und es einfach ist, Berichte zu erstellen, die über die alten Komponentengrenzen hinaus gehen, da alle Dimensionen der Berichterstellung in einer einzelnen Datenzeichenfolge enthalten sind.

Um zu verstehen, was das bedeutet, lassen Sie uns einen einfachen Geschäftsvorgang durchspielen: Bei einem Anlagenzugang werden der Wert der Anlage in der Anlagenbuchhaltung und der Lieferant sowie die Zahlungsdetails in der Kreditorenbuchhaltung gespeichert. Wird die Anlage für eine spätere Abschreibung einer Kostenstelle zugewiesen, dann erfolgt zudem die Erfassung dieses Zugangs in der Kostenstellenrechnung. Der operative Teil dieser Anwendungen bleibt größtenteils unverändert – es gibt eine Bestellung für die Anlage und deren Kontierung zur Kostenstelle. Die Anlage wird ausgeliefert, und der Lieferant sendet seine Rechnung, die Sie nach Ausführung eines Drei-Wege-Abgleichs begleichen. Die Änderung ist, dass eine **einzige Tabelle** die Detailinformationen zu der Anlage, dem Lieferanten, dem Sachkonto und der zugewiesenen Kostenstelle bereitstellt, was bedeutet, dass Sie nun ganz neue Möglichkeiten zum Erstellen von Berichten zu diesem Geschäftsvorgang haben. Im Prinzip haben Sie nun Einblick in alle Beziehungen des Geschäftsprozesses (die Anlage, den Lieferanten, die Kostenstelle), die bislang verloren gegangen sind, weil der Geschäftsvorgang zum Speichern in den Modulen Anlagenbuchhaltung, Kreditorenbuchhaltung und Kostenstellenrechnung aufgespalten wurde.

In Abbildung 1.3 sehen Sie die Schlüsselfelder in der neuen Einzelpostentabelle für das Universal Journal. In Kapitel 2 kehren wir noch einmal zu dieser Tabelle zurück, und sehen uns die verschiedenen Dimensionen der Berichterstellung für das Rechnungswesen und Controlling an. Behalten Sie vorerst im Hinterkopf, dass diese Tabelle mehr als 370 Felder enthält (dies variiert je nach aktiver Branchenlösung, Verwendung von Kontierungsblock-Erweiterungen und der Anzahl der Spalten, die für die Felder in der Ergebnis- und Marktsegmentrechnung generiert werden) und dass die Buchungszeilen nun **sechs Stellen** umfassen kann, während Sie früher nur 999 Zeilen in einem Einzelbeleg buchen konnten. Andere Felder, z. B. BUCHUNGSKREIS, GESCHÄFTSJAHR und SATZART werden Ihnen sehr vertraut erscheinen.

Transp.Tabelle: ACDOCA aktiv

Kurzbeschreibung: Universal Journal Entry Line Items

Eigenschaften | Auslieferung und Pflege | Felder | Eingabehilfe/-prüfung | Währungs-/Mengenfelder | Indizes

Suchhilfe | Eingebauter Typ

Feld	Key	Initia...	Datenelement	Datent...	Lä...	DezSte...	Koo...	Kurzbeschreibung
RCLNT	☑	☑	MANDT	CLNT	3	0	0	Mandant
RLDNR	☑	☑	FINS_LEDGER	CHAR	2	0	0	Ledger in der Hauptbuchhaltung
RBUKRS	☑	☑	BUKRS	CHAR	4	0	0	Buchungskreis
GJAHR	☑	☑	GJAHR	NUMC	4	0	0	Geschäftsjahr
BELNR	☑	☑	BELNR_D	CHAR	10	0	0	Belegnummer eines Buchhaltungsbeleges
DOCLN	☑	☑	DOCLN6	CHAR	6	0	0	Sechsstellige Buchungszeile für Ledger
RYEAR	☐	☐	GJAHR_POS	NUMC	4	0	0	Geschäftsjahr Hauptbuch
DOCNR_LD	☐	☐	FINS_DOCNR_LD	CHAR	10	0	0	Ledgerspezifische Buchhaltungsbelegnummer
RRCTY	☐	☑	RRCTY	CHAR	1	0	0	Satzart

Abbildung 1.3: Einzelposten im »Universal Journal«

Es ist übrigens ein Mythos, dass die Tabelle ACDOCA die einzige Tabelle in SAP S/4HANA Finance ist. Das stimmt nicht: Die Tabelle BSEG ist nach wie vor vorhanden und erfasst alle FI-Einzelposten, einschließlich offener und beglichener Zahlungseinzelposten sowie Einzelposten, die aus der Materialwirtschaft, der Personalabrechnung usw. eingehen.

Neu ist, dass Sie die BSEG-Einzelposten (Materialbelegzeilen aus einer Rechnung, Kostenstellen-Einzelposten aus einer Personalabrechnungsbuchung usw.) nun radikal verdichten können, die Details jedoch an die Tabelle ACDOCA übergeben. Das bedeutet beispielsweise, dass die umfangreichen POS-Belege (Point-of-Sale), die in einem SAP-Retail-System erfasst werden, zur Aktualisierung in der Tabelle BSEG verdichtet werden können, diese jedoch die Mengen und Werte pro Filiale und Artikel in der Tabelle ACDOCA speichern; oder etwa, dass die retrograde Entnahme mit sehr großen Stücklisten in einem Konstruktionssystem zusammengefasst werden können, sodass die Einsatzmaterialien in Tabelle BSEG entfernt werden, sich die Mengen und Werte für jede Komponente aber in der Tabelle ACDOCA einschließen lassen.

1.4 SAP Fiori

Die Änderungen der Architektur mögen für den Systemadministrator interessant sein. Wenn wir jedoch zu Hasso Plattners Vision des Managementmeetings der Zukunft zurückkehren, wird deutlich, dass die Benutzeroberfläche eine ebenso wichtige Rolle spielt wie die Datenstrukturen, die die Auswertungsaufgaben unterstützen. Neue Benutzeroberflächen müssen so intuitiv sein, dass sie vom CFO bis zum Manager leicht zu bedienen sind und einem Kreditorenbuchhalter ein effizientes Arbeiten mit geringem Schulungsaufwand ermöglichen.

Um ein Gefühl dafür zu bekommen, was sich alles geändert hat, zeige ich, wie die Debitorenbuchhaltung in Zukunft aussehen wird. In Abbildung 1.4 sehen Sie eine beispielhafte Startseite für die Rolle LEITER DER DEBITORENBUCHHALTUNG. Ich habe auf die Kacheln über eine URL zugegriffen, die von einem Desktop, einem Tablet oder einem Smartphone aufgerufen werden kann. Unter dieser URL werden nur die Anwendungen angezeigt, die der Rolle des Benutzers zugeordnet sind (kein Suchen in einem Menü nach den entsprechenden Transaktionen), und die in den Kacheln angezeigten Zahlen sind farblich unterschiedlich hervorgehoben, damit positive und negative Werte direkt erkennbar sind. Von dort aus kann der Manager zu den Details navigieren, ohne dass er eigens für die Einrichtung von Berichtsvarianten geschult werden muss. Mit dieser Benutzeroberfläche sind wir Welten von den klassischen SAP-GUI-Transaktionen für die Analyse von Debitorenposten entfernt. So können wir in diesem Beispiel unmittelbar erkennen, dass es Grund zur Sorge gibt, da die überfälligen Forderungen deutlich zu hoch sind und es eine beunruhigend hohe Anzahl ausstehender Zahlungsversprechen gibt. Die übrigen KPIs sind derzeit grün.

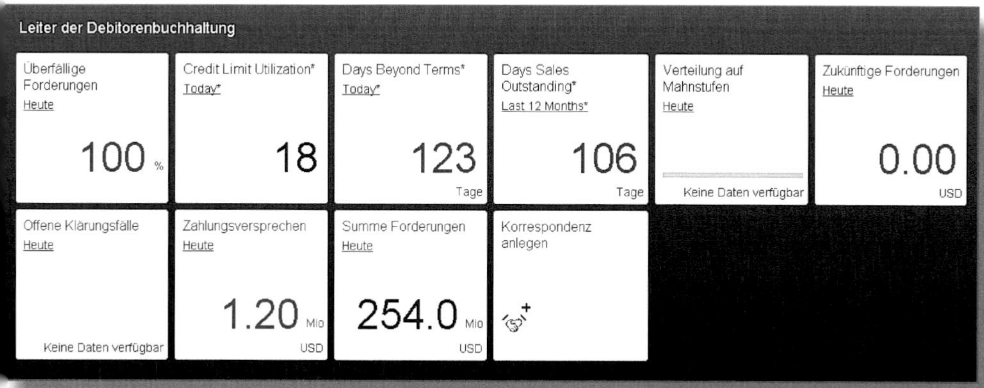

Abbildung 1.4: SAP Fiori Launchpad für Debitorenmanager

Um Näheres zu den überfälligen Forderungen zu erfahren, klicken Sie auf die Kachel ÜBERFÄLLIGE FORDERUNGEN in Abbildung 1.4. Abbildung 1.5 zeigt die entsprechenden Detailinformationen gruppiert nach Fälligkeitsdatum. Jede Spalte enthält die Summe der offenen Posten je Fälligkeitsperiode. Um zu verstehen, wo genau die Probleme liegen, können Sie aus einer Dropdown-Liste auswählen: NACH FÄLLIGKEITSPERIODE, NACH SACHBEARBEITER, NACH BUCHUNGSKREIS, NACH DEBITOR, NACH DEBITORLAND und NACH DEBITORREGION. Technisch betrachtet wird jede dieser Auswahloptionen in einem *View*, also einer *Sicht* bereitgestellt, die auf Daten aus den zugrunde liegenden Tabellen zugreift und diese um Stammdatentexte, Hierarchieinformationen usw. erweitert.

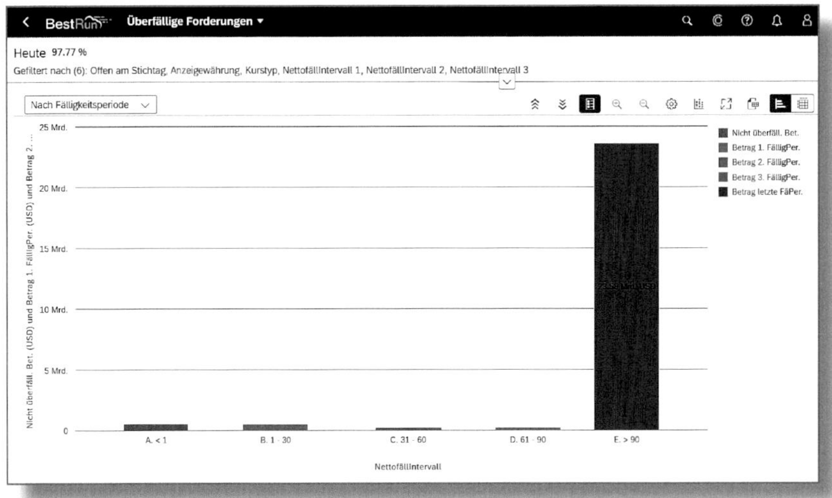

Abbildung 1.5: App »Überfällige Forderungen« – Sicht »Nach Fälligkeitsperiode«

In dieser Sicht können wir die Forderungen nach Kunden aufschlüsseln, wie in Abbildung 1.6 dargestellt. Über die Dropdown-Box oben links im Bildschirm lassen sich weitere Sichten aufrufen, die die Forderungen nach Buchungskreis oder Sachbearbeiter zeigen.

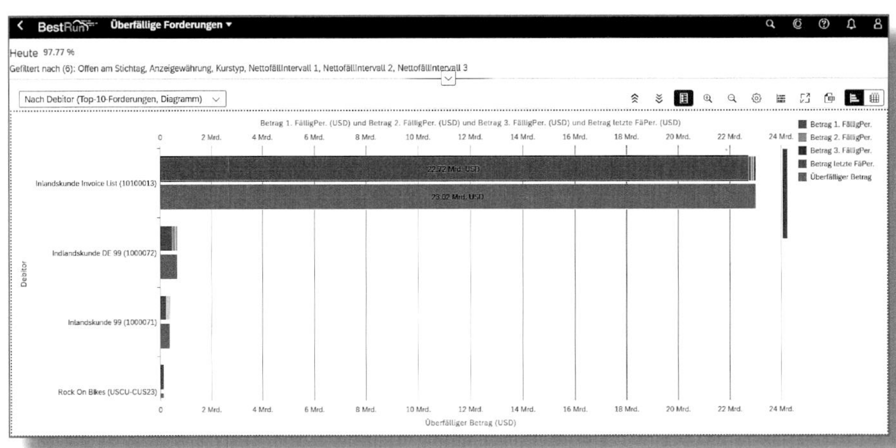

Abbildung 1.6: App »Überfällige Forderungen« – Sicht »Nach Debitor«

Wir kratzen hier natürlich nur an der Oberfläche des Debitorenmanagements, aber diese Sichten vermitteln bereits einen Eindruck davon, wie einfach das System zu bedienen ist. Ich kann im Buchformat leider nicht zeigen, dass diese Anwendungen die Daten in Echtzeit lesen. Hinter den in Abbildung 1.5 und Abbildung 1.6 dargestellten Beträgen verbirgt sich kein Data Mart oder Data Warehouse. Wenn für einen dieser Debitoren ein neuer offener Posten erstellt wird, ist dieser umgehend und ohne Zwischenschritte für den Leiter der Debitorenbuchhaltung sichtbar und bietet einen sofortigen Einblick in eine Benutzeroberfläche, die sich jedem Anwender erschließt.

Ein weiteres Beispiel dafür, wie die SAP ihre Anwendungen aus betriebswirtschaftlicher Sicht umgestaltet, ist die Darstellung von Journalbuchungen als *T-Konten*, wie in Abbildung 1.7 dargestellt.

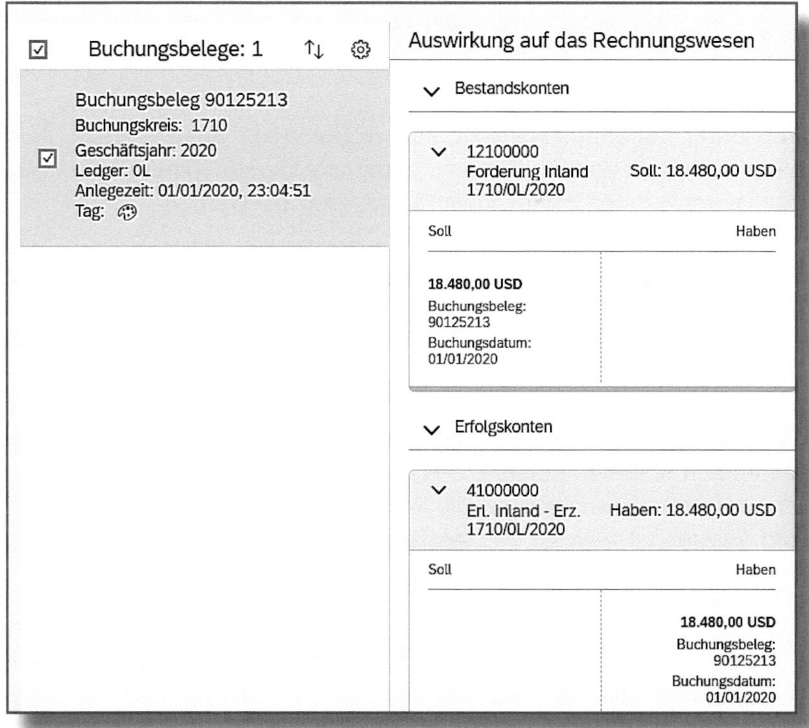

Abbildung 1.7: App »Buchungsbelege anzeigen – In T-Konto-Sicht«

Dieses Format wird allgemein von Buchhaltern verwendet, um Geschäftsvorgänge aufzuzeichnen – mit den Sollbuchungen auf der linken Seite, den Habenbuchungen auf der rechten Seite und dem Namen des Kontos oben auf dem »T«. Bei dem verwendeten Beispiel handelt es sich um den einfachsten denkbaren Satz von T-Konten, bei dem Einnahmen mit Forderungen verrechnet werden. Wenn eine Journalbuchung mehrere Konten aktualisiert, zeigt eine Farbcodierung an, wie sich die ausgewählten Journalbuchungen auf die verschiedenen Konten ausgewirkt haben.

Ich werde auf die Arbeit mit diesen Rollen und Anwendungskatalogen zurückkommen, wenn wir uns in Kapitel 6 näher mit SAP Fiori beschäftigen.

1.5 Eine vereinfachte Architektur für das Rechnungswesen

Abbildung 1.8 veranschaulicht, auf welche Weise das Universal Journal als zentrale Tabelle fungiert, in der alle Berichtsdimensionen aus den verschiedenen Finanzanwendungen erfasst werden.

Auf der linken Seite sehen wir, wie die organisatorischen und marktbezogenen Dimensionen in einer einzigen Tabelle aufgezeichnet werden. SAP S/4HANA Finance umfasst drei Schwesterntabellen: In Abbildung 1.3 haben wir bereits die Einzelpostentabelle gesehen, die alle Finanzvorgänge erfasst. Es gibt aber darüber hinaus auch eine Planungstabelle, mit der Unternehmen Plandaten für jede Berichtsdimension erstellen können, und eine Konzernberichtstabelle, die all jene Informationen anzeigt, die während der Konsolidierung erfasst und verarbeitet werden. In den folgenden Kapiteln wollen wir jeden dieser Bereiche nacheinander betrachten:

- In Kapitel 2 beschäftigen wir uns mit dem SAP-Rechnungswesen, und ich erläutere die Auswirkungen der Architekturänderungen auf die Hauptbuchhaltung, das Controlling, die Margenanalyse, die Anlagenbuchhaltung und die Materialbuchhaltung.

- In Kapitel 3 betrachten wir, wie die Planung neugestaltet wurde, um die Erkenntnisse der letzten Jahre aus der Data-Warehouse-Umgebung einzubeziehen, sowie die enge Integration mit dem Buchhaltungssystem.
- Die Migration auf die neuen Strukturen für das Rechnungswesen und Controlling ist Thema von Kapitel 4.
- In Kapitel 5 untersuchen wir, wie das Konzernberichtswesen neugestaltet wurde, um mit Daten zu arbeiten, die ohne Umwandlung direkt aus der Buchhaltung stammen, und wie man mit Central Finance Daten aus mehreren Quellsystemen sammeln kann.
- Kapitel 6 schließlich bietet uns noch einmal einen detaillierten Blick auf SAP Fiori, insbesondere auf dessen Auswirkungen auf die Finanzberichterstattung.

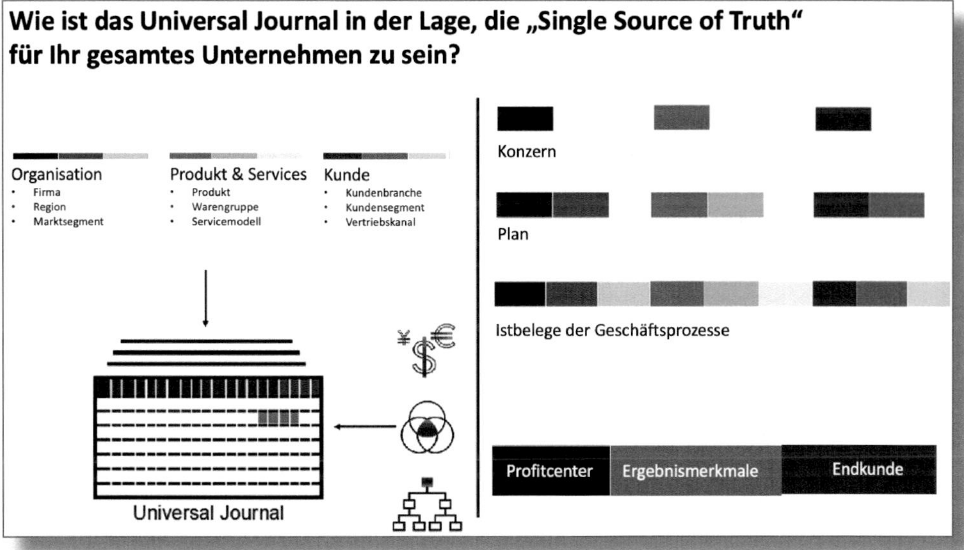

Abbildung 1.8: Das Universal Journal in SAP S/4HANA Finance

An dieser Stelle erscheint es mir sinnvoll, die Entwicklung der SAP-Software in den letzten Jahren seit Einführung der HANA-Datenbank kurz zusammenzufassen:

- Die SAP Business Suite powered by HANA wurde 2012 eingeführt und nutzt anstelle einer Standarddatenbank eine SAP-HANA-Datenbank, die einige Optimierungen ermöglicht.
- SAP Simple Finance Add-On for SAP Business Suite powered by HANA wurde 2014 eingeführt und vereinfacht die Datenstruktur im Rechnungswesen, indem es die Index- und Summentabellen für viele der wichtigsten Finanztabellen abschafft. Sie können die Dokumentation über folgenden Link aufrufen: *http://help.sap.com/sfin100*.
- SAP S/4HANA Finance wurde im März 2015 eingeführt und führt die Bewegungsdatentabellen für die Hauptbuchhaltung, die Anlagenbuchhaltung, das Controlling und das Material-Ledger in einer einzigen Tabelle zusammen: dem Universal Journal. Sie können die Dokumentation über diesen Link aufrufen: *http://help.sap.com/sfin200*.
- SAP S/4HANA wurde im November 2015 eingeführt und enthält neue Tabellen für die Bestandsbewertung. Sie können die Dokumentation über diesen Link aufrufen: *https://help.sap.com/s4hana*. SAP S/4HANA ist sowohl als On-Premise- als auch als Cloud-Edition erhältlich. Die Release-Strategie für die On-Premise-Editionen ist jährlich, für die Cloud-Editionen vierteljährlich.
- Die neuen Tabellen für die Planung und für das Konzernberichtswesen wurden im November 2016 eingeführt. Auch die Istkalkulation wurde in dieser Ausgabe deutlich überarbeitet.

In diesem Zusammenhang möchte ich kurz die Namenskonventionen erklären. *Releases* (Editionen) werden mit Nummern versehen, die auf Kalenderjahr und Monat basieren. Version »1503« bedeutet also, dass sie 2015 (15), im März (3. Monat des Kalenderjahres = 03) veröffentlicht wurde. Derzeit sind zwei Versionen von SAP S/4HANA Finance auf dem Markt:

- SAP S/4HANA Finance 1503 wurde im März 2015 als SAP Simple Finance eingeführt und erfordert SAP ERP 6.0 EHP 7.
- SAP S/4HANA Finance 1605 wurde im Mai 2016 eingeführt und erfordert SAP ERP 6.0 EHP 8.

Wichtig ist hierbei der Begriff **Finance**. Mit diesen Softwareversionen erhalten Sie Zugriff auf das Universal Journal, das neue Cash Management und auf die Konnektoren für Central Finance. An den Logistikmodulen (Produktionsplanung, Instandhaltung, Vertrieb) und Branchenlösungen ändert sich jedoch nichts. Kunden wird inzwischen empfohlen, direkt auf SAP S/4HANA umzusteigen und nicht den Weg über SAP S/4HANA Finance zu gehen.

Es sind mehrere Versionen von SAP S/4HANA auf dem Markt erhältlich:

- *SAP S/4HANA 1511*, eingeführt im November (11) 2015 (15)
- *SAP S/4HANA 1610*, eingeführt im Oktober (10) 2016 (16)
- *SAP S/4HANA 1709*, eingeführt im September (09) 2017 (17)
- *SAP S/4HANA 1809*, eingeführt im September (09) 2018 (18)
- *SAP S/4HANA 1909*, eingeführt im September (09) 2019 (19)
- *SAP S/4HANA 2020* (ab dieser Version ohne Monat im Produktnamen)
- *SAP S/4HANA 2021*

Hier finden Sie neben dem Universal Journal, dem neuen Cash Management und den Konnektoren für Central Finance auch Änderungen in den Logistikmodulen. Aus der Perspektive des Finanzwesens sind die wichtigsten Änderungen, die sich mit SAP S/4HANA ergeben:

- Die Ablösung der Debitoren- und Kreditorengeschäfte durch den *Geschäftspartner*,
- die Erweiterung der Materialnummer (jetzt 40 Zeichen),
- die Einführung der neuen Bestandsführungstabelle MATDOC,
- das transaktionsbasierte Material-Ledger wird für die Bestandsbewertung obligatorisch.

Ab SAP S/4HANA 1610 profitieren Kunden, die die Istkostenrechnung nutzen, von einer weiteren Änderung, nämlich der Einführung von zwei neuen Tabellen:

- **MLDOC** erfasst die in der Istkalkulation zu berücksichtigenden Materialbewegungen und Preisänderungen und
- **MLDOCCCS** beinhaltet die zugehörige Kostenschichtung. Die Schritte des Kalkulationslaufs wurden komplett überarbeitet, um von der neuen Architektur zu profitieren.

Ich werde auf diese Änderungen in späteren Kapiteln zurückkommen, aber ein klares Verständnis der relevanten Unterschiede ist hilfreich, bevor Sie sich mit den Details des Universal Journal befassen.

2 Finanzbuchhaltung und Controlling

Die Module Finanzbuchhaltung und Controlling wurden im deutschsprachigen Raum schon vor langer Zeit getrennt, und die Entscheidung, die beiden Anwendungen wieder in einem einzigen Buchungsbeleg zu vereinen, ist eine der bedeutendsten Änderungen von SAP S/4HANA Finance. Ziel dieser Entscheidung ist es, das interne und externe Berichtswesen aus derselben Datenquelle bereitzustellen. Falls Sie in der Vergangenheit Schwierigkeiten hatten, sich einen Reim auf den SAP-Ansatz zu machen, der das Konzept von Konten, Kostenstellen, Profitcentern usw. in einem einzigen Buchungsstring verfolgt – das Universal Journal wird sich Ihnen unmittelbar erschließen.

2.1 Einführung in das Universal Journal

Mit dem Universal Journal (Tabelle ACDOCA) ändert sich die Art und Weise, wie Bewegungsdaten für die Finanzberichterstattung gespeichert werden, erheblich. Es bietet enorme Vorteile, was die Möglichkeiten zur Harmonisierung der Anforderungen an das interne und externe Berichtswesen anbelangt, indem es aus demselben Belegspeicher liest, in dem das Konto das verbindende Element für alle Formen der Finanzberichterstattung darstellt. Sie werden aber auch weiterhin die verschiedenen Anwendungen verstehen müssen, in dem Maß, in dem Sie unterschiedliche Geschäftsvorgänge in jeder Anwendung ausführen müssen. D. h., Sie müssen nach wie vor Hauptbuchbelege in der Hauptbuchhaltung und Anlagenzu- und -abgänge in der Anlagenbuchhaltung erfassen, Verrechnungen und Abrechnungen im Controlling ausführen, Forschungs- und Entwicklungskosten im Investitionsmanagement aktivieren usw. Im Berichtswesen lesen Sie jedoch aus einer Quelle, unabhängig davon, ob Sie Daten für Ihr Konsolidierungssystem bereitstellen, das Berichtswesen für die Finanzbehörden erstellen oder interne Managemententscheidungen treffen.

Abbildung 2.1 verdeutlicht, wie das Universal Journal die Reporting-Dimensionen aus den separaten Anwendungen (Hauptbuchhaltung, Ergebnis- und Marktsegmentrechnung, Controlling, Anlagenbuchhaltung und Material-Ledger) kombiniert, um eine einheitliche Datenstruktur für Auswertungen bereitzustellen, bei der alle relevanten Dimensionen berücksichtigt werden.

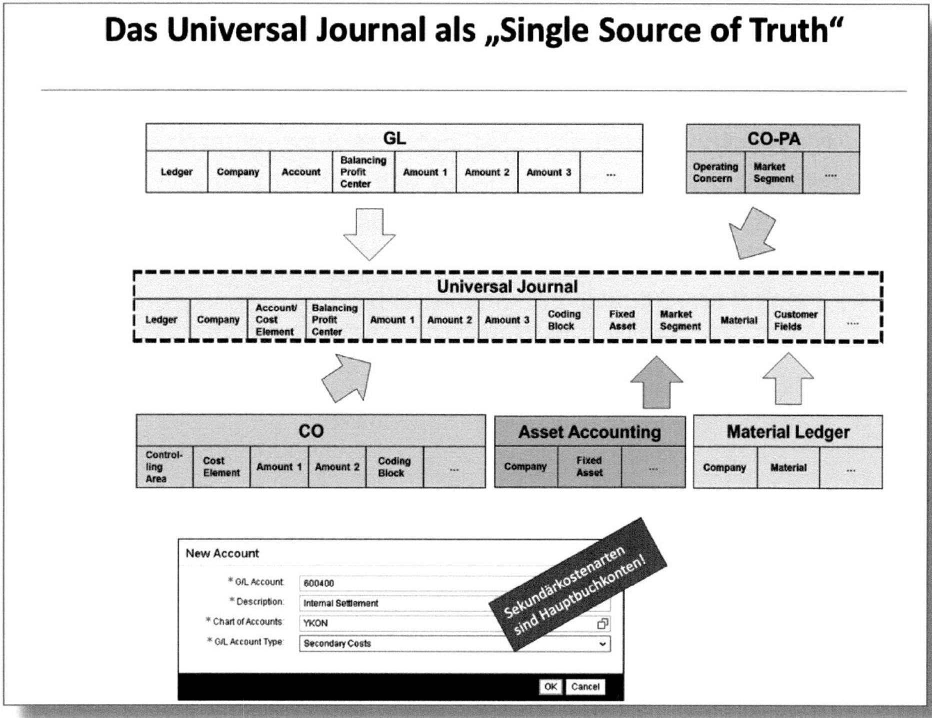

Abbildung 2.1: Kombinieren von Berichtsdimensionen im Universal Journal

Die Schlüsselfelder des Universal Journal haben Sie bereits in Abbildung 1.3 gesehen. Wenn wir nun die Details der neuen Einzelpostentabelle in Abbildung 2.2 betrachten, sehen wir, wie die bestehenden Felder der Hauptbuchhaltung, der Anlagenbuchhaltung, des Material-Ledgers und des Controllings über eine Reihe von Include-Strukturen im Universal Journal vereint werden und so Daten aus den vielen verschiedenen Geschäftsvorgängen zu einer *Single Source of Truth*, also einer einzigen Quelle der Wahrheit, für die Finanzberichterstattung in SAP S/4HANA zusammenführen.

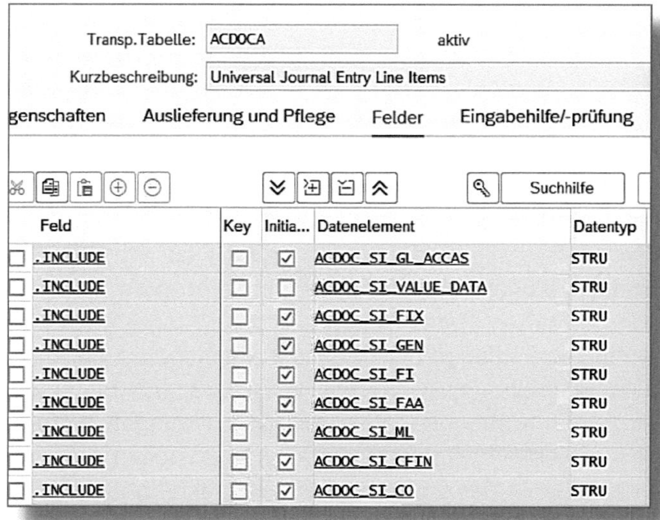

Abbildung 2.2: Zusammenführung der SAP-ERP-Anwendungen im Universal Journal

Die enorme Vereinfachung, die diese Struktur mit sich bringt, besteht darin, dass Sie statt auf separate Erlöszeilen in der Ergebnis- und Marktsegmentrechnung, der Profitcenter-Rechnung und der Finanzbuchhaltung zuzugreifen, die jeweils einen unterschiedlichen Detaillierungsgrad desselben Geschäftsvorgangs aufweisen, aus einem einzigen *Quellbeleg* in der Tabelle ACDOCA berichten können. Für das interne Berichtswesen können Sie beispielsweise Erlöszeilen für ein bestimmtes Produkt oder einen konkreten Kunden auswählen (Informationen, die als Merkmale erfasst werden und die Sie bei der Erstellung des Ergebnisbereichs in der Ergebnisrechnung auswählen können), und für das externe Berichtswesen wählen Sie dieselben Erlöszeilen über das Profitcenter oder den Buchungskreis im Beleg aus.

Wenn wir von einer »Single Source of Truth« sprechen, ist damit gemeint, dass wir anstelle von Datensätzen in mehreren Anwendungen verschiedene Aggregationen desselben Datensatzes betrachten, indem wir Felder aus den verschiedenen in Abbildung 2.2 gezeigten Include-Strukturen auswählen. Wie ich es bereits in Abschnitt 1.2.1 angesprochen habe, ist hier die Idee der spaltenorientierten Datenbank von Bedeutung. Selbst wenn wir Hunderte von Buchungskreisen, Tausende von Profitcentern und Zehntausende von Kunden haben, können diese viel effizienter abgefragt werden als in der Vergangenheit, als jede Anwendung noch ihren eigenen Datenspeicher aufbaute, um Informationen über diese Entitäten zu speichern.

In diesem Zusammenhang ist es lohnend, wenn Sie die verschiedenen Anwendungen verstehen, die in der Vergangenheit zur Aggregation der Daten verwendet wurden. Obwohl viele der relevanten Felder in der BSEG-Tabelle enthalten waren, konfigurierten Unternehmen ihre Finanzbuchhaltungsanwendungen mithilfe der *Verdichtung* so, dass die einzelnen Kostenstellen aus großen Personalabrechnungsbelegen bzw. die einzelnen Materialien aus großen Rechnungen entfernt wurden und nur das Kostenstellendetail in der Kostenstellenrechnung bzw. das Materialdetail in der Ergebnisrechnung beibehalten wurde. Diese unterschiedliche Granularität brachte beim Abgleich der verschiedenen Anwendungen ihre eigenen Herausforderungen mit sich, da bei der Aggregation wichtige Informationen verloren gingen.

Bevor wir uns den Neuerungen widmen, rufen wir uns noch einmal die allgemeinen Unterschiede zwischen den Datenbeständen in den verschiedenen Anwendungen ins Gedächtnis. Alle Anwendungen im Rechnungswesen aggregieren nach Periode und Geschäftsjahr, doch die anderen Berichtsdimensionen unterscheiden sich in jeder Anwendung. Das erschwert die Abstimmung und hat zur Folge, dass in Management-Meetings viel darüber diskutiert wird, wessen Version der Wahrheit korrekt ist, anstatt darüber zu sprechen, wie man auf die durch die Zahlen abgebildete Geschäftssituation reagieren soll.

Wenn SAP S/4HANA Finance ganz neu für Sie ist, können Sie direkt mit Abschnitt 2.2 fortfahren, da Sie sich dann nicht mit den historischen Unterschieden zwischen den verschiedenen Anwendungen befassen müssen.

2.1.1 Struktur der Hauptbuchhaltung

Hier kommt es darauf an, welche Version der SAP-Software Sie einsetzen. Wenn Sie eine Umstellung auf SAP S/4HANA anstreben, gibt es zwei verschiedene Optionen für die Hauptbuchhaltung:

- Die *Klassische Hauptbuchhaltung* ist ab SAP R/3 verfügbar und speichert Daten nach Konto, Buchungskreis und Geschäftsbereich, wie wir bei der Betrachtung von Tabelle GLT0 in Abbildung 1.2 sehen können. Wenn Sie andere Reporting-Dimensionen als den Buchungskreis und den Geschäftsbereich benötigen, können Sie zusätzliche Anwendungen für die Profitcenter-Rechnung und die Konsolidierungsvorbereitung aktivieren oder eigene Spezielle-Ledger-Anwendungen für die Kosten des Umsatzes, die Segmentberichterstattung usw. entwickeln. Die separaten Ledger für die Profitcenter-Rechnung, die Konsolidierungsvorbereitung usw. werden nicht mehr benötigt, da die Informationen im Universal Journal stehen. Dennoch werden diese Ledger fortgeschrieben und können aktuell weiterverwendet werden. Diese speziellen Ledger sind Teil des *Kompatibilitätsumfangs*. Das bedeutet, dass sie für eine Übergangszeit, aber nicht über das Jahr 2025 hinaus unterstützt werden. Zusätzlich zu diesen Ledgern speichert ein *Abstimmledger* die Ergebnisse sämtlicher buchungskreisübergreifenden Verrechnungen oder Abrechnungen im Controlling, die zum Periodenabschluss in der Hauptbuchhaltung erfasst werden müssen, indem die Transaktion *KALC* zur Generierung der entsprechenden Buchungsbelege ausgeführt wird. Die Umstellung auf das Universal Journal macht das Abstimmledger und die Transaktion *KALC* obsolet, da es nur noch einen Beleg im Rechnungswesen und Controlling gibt. Die Tabelle COFIT wird jedoch nicht mehr aktualisiert und die für das Kostenarten-Reporting angebotenen Legacy-Berichte werden nicht mehr unterstützt.
- Das *SAP-ERP-Hauptbuch* (früher unter der Bezeichnung *neues Hauptbuch* bekannt) ist seit SAP ERP verfügbar. Damit können Sie den grundlegenden Ansatz mit Konten, Buchungskreisen und Geschäftsbereichen erweitern, indem Sie zusätzliche Sze-

narien zur Unterstützung von Profitcenter-Rechnung, Kosten des Umsatzes, Konsolidierungsvorbereitung, Segmentberichterstattung usw. aktivieren. Die Aktivierung dieser Szenarien erweitert die Tabelle FAGLFLEXA für die Speicherung der Detailinformationen zu Profitcentern und Partner-Profitcentern, Funktionsbereichen und Partnerfunktionsbereichen, verbundenen Unternehmen und Partner-verbundenen Unternehmen, Segmenten und Partnersegmenten usw. Im Prinzip aktivieren diese Szenarien die Recherche für diese Dimensionen innerhalb des Hauptbuchs. Technisch betrachtet, haben Sie für alle Szenarien, die Sie zum Hauptbuch hinzugefügt haben, zusätzliche Aggregate angelegt. Mit der Aktivierung der Echtzeit-Integration in CO wurde das Abstimmledger obsolet, sodass jede buchungskreisübergreifende (oder auch Profitcenter-übergreifende, funktionsbereichsübergreifende usw.) Verrechnung oder Abrechnung eine Buchung im Hauptbuch auslösen würde, um die Änderung widerzuspiegeln. Dies ist im Vergleich zur klassischen Hauptbuchhaltung ein Fortschritt, allerdings ist die Anzahl der Dimensionen, die Sie sicher zur Aggregatstabelle FAGLFLEXA hinzufügen können, beschränkt. Mit dem Universal Journal müssen Sie die verschiedenen Szenarien des Berichtswesens nicht mehr separat aktivieren – die Spalten werden automatisch aktualisiert, wenn Sie die richtigen Zuordnungen in Ihren Stammdaten vornehmen, und Sie können ganz nach Ihrem Bedarf weitere Dimensionen zum Kontierungsblock hinzufügen.

Oft wird fälschlicherweise angenommen, dass das Universal Journal die einzige Tabelle ist, die für die Hauptbuchhaltung eingesetzt wird. Tatsächlich existieren neben dem Universal Journal die alte Belegkopftabelle (BKPF) und die Belegpositionstabelle (BSEG) weiter, wie in Abbildung 2.3 dargestellt. Die Tabelle BSEG wird nach wie vor für den Ausgleich offener Posten und die damit verwandten Aufgaben verwendet. Die Einträge können aber verdichtet werden, um Entitäten wie das verkaufte Produkt oder die Kostenstellen zu entfernen, wenn die detaillierten Informationen nur im Universal Journal (ACDOCA) benötigt werden. Da die BSEG jedoch für die Verrechnung genutzt wird, müssen Sie das Material für die Waren-/Rechnungseingangsverrechnung aufbewahren.

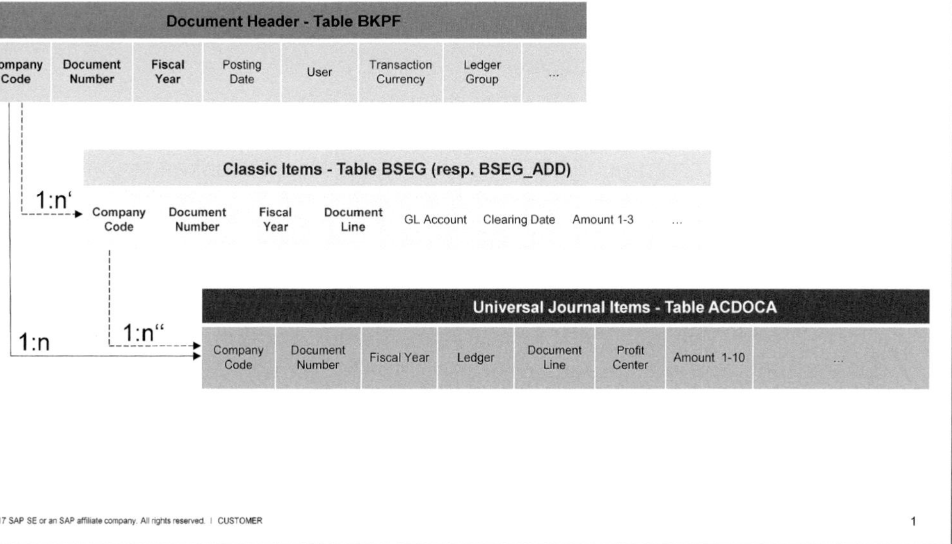

Abbildung 2.3: Datenmodell für Journalbuchungen

2.1.2 Struktur der Anlagenbuchhaltung

SAP S/4HANA Finance beinhaltet die neue Anlagenbuchhaltung. Deren neue Funktionen wurden zunächst als Business Function FIN_AA_CI_1 in EhP6 und FIN_AA_PARALLEL_VAL in EhP7 eingeführt. Die ursprüngliche Motivation entstand durch den Bedarf, zwischen Rechnungslegungsgrundsätzen zu wechseln, da US-Kunden ihre führende Bewertung zunehmend von US-GAAP (Generally Accepted Accounting Principles) auf IFRS (International Financial Reporting Standards) umstellten. Wenn Sie auf Abbildung 1.3 zurückblicken, werden Sie feststellen, dass das *Ledger* eines der Schlüsselfelder im Universal Journal ist. Während die Anlagenbuchhaltung durch das Angebot verschiedener Bewertungsbereiche für eine Anlage schon immer unterschiedliche Bewertungen unterstützt hat, werden im neuen Ansatz die unterschiedlichen Anlagenbewertungen für IFRS und die lokalen GAAPs in separaten, voneinander unabhängigen Ledgern gespeichert. In früheren Versionen der Software wurde die zweite Bewertung als *Delta* (oder Differenz) zur ersten Bewertung gespeichert und beim Periodenabschluss aktualisiert. Jetzt ist es möglich, die separaten Ledger in Echtzeit zu aktualisieren, sofern für den Bewertungsbereich Echtzeitbuchungen aktiviert wurden.

Die Anlagenbuchhaltung war von jeher mit der Hauptbuchhaltung integriert, in dem Sinne, dass Journalbuchungen für den Erwerb, den Abgang und die Neubewertung einer Anlage erstellt oder die Abschreibung des Anlagegutes im Hauptbuch verbucht werden konnten. Die Anlagenbuchhaltung war jedoch ein *Nebenbuch*, in dem detaillierte Informationen zur Anlagenbewertung gespeichert wurden. Die Hauptbuchhaltung speicherte aggregierte Informationen über die Anlagen im *Hauptbuch* (Tabellen GLT0 oder FAGLFLEXA). In der Einzelpostentabelle der Anlagenbuchhaltung (Tabelle ANEP) waren weder das Konto, das Profitcenter noch alle von mir aufgeführten Positionen für das Hauptbuch enthalten, und in der Finanzbuchhaltung wie auch im Controlling waren die anlagenbezogenen Felder nicht verfügbar. Die einzige **gemeinsame** Berichtsdimension von Hauptbuchhaltung und Anlagenbuchhaltung ist – neben Periode und Jahr – der Buchungskreis. Um die Anwendungen abzugleichen, mussten die Buchungen im Hauptbuch, die sich auf das Anlagevermögen bezogen (Kontenart A), gefunden und mit der Summe der Posten in der Anlagenbuchhaltung verglichen werden. Wenn Sie also beispielsweise eine manuelle Journalbuchung für ein Anlagenkonto erstellt haben, gab es keine Übereinstimmung, weil diese manuelle Buchung in der Anlagenbuchhaltungstabelle nicht existierte.

Inzwischen gibt es kein separates Nebenbuch für die Anlagenbuchhaltung mehr, und die Anlage ist ganz einfach eine zusätzliche Dimension im Hauptbuch, die sich neben Buchungskreis, Kostenstelle, Profitcenter usw. im Buchungsstring befindet. Dass das die anwendungsübergreifende Berichterstattung wesentlich erleichtert, werden wir sehen, wenn wir uns die Summen- und Saldenliste in Abschnitt 2.3.1 ansehen.

2.1.3 Kontierungen im Controlling

Obwohl die Kostenstellenrechnung, die Auftragsrechnung und die Projektrechnung im Controlling in der Regel als separate Anwendungen betrachtet werden, ist das Grundprinzip der Zuordnung von Kosten zu einer Kontierung (Kostenstelle, Auftrag, PSP-Element usw.) bei allen gleich.

Das Controlling bietet zwei Arten der Buchung für Istkosten:

- Die erste Buchungsart ist die *Primärkostenbuchung*. Dies bedeutet lediglich, dass die Hauptbuchbuchung gleichzeitig eine Zuordnung zur Kostenstelle, zum Auftrag oder zum Projekt, das für die Kosten verantwortlich ist, umfasst – so können z. B. Lohnbuchungen, Reisekosten und Anlagenabschreibungen einer Kostenstelle bzw. Materialaufwendungen einem Auftrag oder Projekt zugeordnet werden. Jedes für die Aufzeichnung dieser Buchungen verwendete Sachkonto ist mit einem Gegenstück in Form einer *Primärkostenart* im Controlling verknüpft, mit der solche Kosten erfasst werden. Zwischen den Primärkostenbuchungen und den zugehörigen GuV-Buchungen im Hauptbuch besteht eine Eins-zu-Eins-Beziehung. Die Buchungsposten in den beiden Anwendungen haben jedoch nicht unbedingt die gleiche Granularität. Das liegt daran, dass die Hauptbuchposten oft so konfiguriert sind, dass die Kostenstellen, Aufträge oder das Projekt verdichtet (also **entfernt**) werden, um das Datenvolumen zu reduzieren. Das ist häufig bei den Materialpositionen in der Rechnung der Fall, die gerne verdichtet werden, damit das Limit von 999 Einzelposten für die BSEG-Tabelle nicht überschritten wird.
- Die zweite Buchungsart ist die *Sekundärkostenbuchung*. Sie bedeutet, dass die Kosten weiterverrechnet oder abgerechnet werden. In unserem Beispiel könnten die der Kostenstelle zugeordneten Lohn-, Reise- und Abschreibungskosten mithilfe der Zeiterfassung, der Auftragsrückmeldung oder eines Gemeinkostenzuschlags auf Aufträge und Projekte verrechnet werden. Dies hätte zur Folge, dass die Kostenstelle entlastet und der Auftrag oder das Projekt unter einer *sekundären*

> *Kostenart* belastet werden. Die Auftrags- und Projektkosten können an Marktsegmente abgerechnet werden, wodurch der Auftrag oder das Projekt entlastet und die Marktsegmente belastet werden, wiederum unter einer sekundären Kostenart. Es gab nie eine Eins-zu-Eins-Beziehung zwischen diesen sekundären Kostenarten und den Sachkonten, da sie in ein einziges Abstimmkonto für den relevanten Geschäftsvorgang aggregiert wurden, unabhängig davon, ob Sie die Transaktion *KALC* oder die Echtzeit-Integrationsfunktionen in der SAP-ERP-Hauptbuchhaltung verwendeten. Bei der Umstellung auf SAP S/4HANA werden die Ergebnisse der Verrechnungen und Abrechnungen unter den sekundären Kostenarten gespeichert. Stellen Sie also sicher, dass Sie alle Konsolidierungssysteme, die auf Kontoinformationen zugreifen, entsprechend anpassen.

Am einfachsten kann man sich die Umstellung auf SAP S/4HANA so vorstellen: Bei *Primärkostenbuchungen* erweitern die Informationen zur Kontierung die Journalbuchung, um zu verdeutlichen, wo und warum Kosten angefallen sind. So erkennen wir, dass Gehälter auf eine *Kostenstelle* und Rohstoffkosten auf einen *Fertigungsauftrag* gebucht wurden. *Sekundärkostenbuchungen* hingegen erfassen die Beziehungen zwischen den *Sendern* und *Empfängern* von Verrechnungen oder Abrechnungen. Diese Beziehungen können zu Aktualisierungen der betroffenen Profitcenter, Funktionsbereiche usw. führen, was wiederum Journalbuchungen nach sich zieht, in denen die Auswirkungen der Verschiebung auf die zugehörigen *Partnerobjekte* aufgezeichnet werden. In Abschnitt 1.3 bin ich auf den Wegfall der Summentabellen für Primärkosten (COSP) und Sekundärkosten (COSS) eingegangen. Mit der Einführung des Universal Journal existieren diese Summensätze nur noch als *Kompatibilitätssichten*, bis die SAP alle Programme für eine direkte Selektion aus dem Universal Journal umgeschrieben hat. Die Reimplementierungsbemühungen ermöglichen zudem die Einführung des Ledgers zur Unterstützung unterschiedlicher Rechnungslegungsvorschriften und zusätzlicher Währungen durch Hinzufügen neuer Felder, die in den alten Tabellen nicht ohne Weiteres untergebracht werden konnten.

Das Controlling leistet jedoch mehr, als nur primäre Kosten und Erlöse zu sammeln und sekundäre Kosten zu erfassen. Für die statistischen Kennzahlen (COSR), die Tarife (COST), die Abweichungen (COSB) und das Obligo (COOI) existieren weiterhin getrennte Tabellen. In Kapitel 3 werden wir uns ansehen, wie die Berechnung dieser Elemente schrittweise umgestaltet wurde, um den neuen Strukturen gerecht zu werden.

2.1.4 Margenanalyse

Auch die Ergebnis- und Marktsegmentrechnung (CO-PA) galt im Allgemeinen als eine separate Anwendung innerhalb des Controllings. SAP ERP unterstützt zwei Arten von Ergebnis- und Marktsegmentrechnung: Die *Margenanalyse* (früher als »buchhalterische Ergebnisrechnung« bezeichnet) und die *kalkulatorische Ergebnisrechnung*.

Bevor SAP HANA ausgeliefert wurde, verwendeten jedoch die meisten Unternehmen zugunsten einer besseren Performance nur die kalkulatorische Ergebnisrechnung: Heutzutage ist die Margenanalyse die bevorzugte Wahl in SAP S/4HANA.

- Die *Margenanalyse* erfasst die Erlöse, Erlösschmälerungen und Umsatzkosten unter Primärkostenarten sowie das Ergebnis von Verrechnungen und Abrechnungen unter Sekundärkostenarten. Der Unterschied zur Kostenstellenrechnung, Auftrags- oder Projektbuchhaltung besteht darin, dass es sich bei der Kontierung nicht um eine eindimensionale Kostenstelle oder einen Auftrag handelt, sondern um ein mehrdimensionales Marktsegment oder eine Gruppe von Merkmalen, wie z. B. das verkaufte Produkt, den Kunden, der das Produkt gekauft hat, das Verkaufsbüro, den Vertriebskanal usw. Da der Ergebnisbereich konfigurierbar ist, verwendet jede Organisation ihre eigenen CO-PA-Merkmale. Mit dem Umstieg auf das Universal Journal wird für jedes der Merkmale in Ihrem Ergebnisbereich eine Spalte angelegt, und Berichtsdimensionen wie Kunde, Produkt und Vertriebsbüro stehen gleichberechtigt neben Buchungskreis, Profitcenter und Funktionsbereich.

- Die *kalkulatorische Ergebnisrechnung* verwendet dagegen den gleichen Ergebnisbereich mit denselben Merkmalen, wandelt aber die Konten/Kostenarten in *Wertfelder* um. Hier führt eine technische Begrenzung dazu, dass nur 200 Wertfelder unterstützt werden (in früheren Releases waren es 120). Aus diesem Grund gibt es typischerweise weit weniger Wertfelder als Konten, und es existieren Wertfelder für Positionen ohne Kontierung, wie z. B. statistische Frachtkosten oder Erlösschmälerungen. Da es gängige Praxis ist, in Rechnungen nicht nur die Kostenstelle, sondern auch die Materialnummer zu verdichten, weisen die Zeilen in der Hauptbuchhaltung häufig eine andere Granularität auf als die Zeilen in der Ergebnis- und Marktsegmentrechnung. Die kalkulatorische Ergebnisrechnung wird in SAP S/4HANA Finance weiterhin unterstützt, jedoch können die Daten aufgrund der Wertfelder nicht im Universal Journal zusammengefasst werden, und die Tabelle CE1 (die Einzelpostentabelle für die kalkulatorische Ergebnisrechnung) existiert weiterhin neben dem Universal Journal. Es gibt keinen Migrationsdienst, mit dem man von einem kalkulatorischen zu einem buchhalterischen Modell wechseln kann, da beide Modelle auf grundlegend verschiedenen Ansätzen beruhen (Konten vs. Kennzahlen).

Zur Veranschaulichung des neuen Ansatzes zeigt Abbildung 2.4 die App »Produktprofitabilität«. Zu den Dimensionen auf der linken Seite gehören Felder für die Marktsegmente (Branche, Geschäftsjahr, Geschäftsperiode usw.), aber auch Dimensionen aus der Hauptbuchhaltung, einschließlich Buchungskreis und (nicht dargestellt) Sachkonto und Ledger etc. Dies ist ein Beispiel dafür, wie Informationen aus den ehemals getrennten Anwendungen in SAP S/4HANA zusammengeführt werden. Sie werden feststellen, dass dieser Bericht nicht alle Sachkonten präsentiert, sondern eine aggregierte Sicht, in der fakturierte Forderungen (Faktur. Forderung), realisierte Erlöse usw. zu sehen sind. Diese Aggregationen ähneln den in der kalkulatorischen Ergebnisrechnung verwendeten Wertfeldern, werden aber über *semantische Tags* erstellt. Wir werden uns in Abschnitt 6.7 ansehen, wie Sie Ihre Konten diesen semantischen Tags zuordnen. Wenn es Sie interessiert, welche Sachkonten hinter jedem semantischen Tag stehen, können Sie aus der Liste der Dimensionen auf der linken Seite die

Dimension »Sachkonto« in die Berichtszeilen ziehen. So erkennen Sie, aus welchen Sachkonten die fakturierte Erlösbuchung besteht.

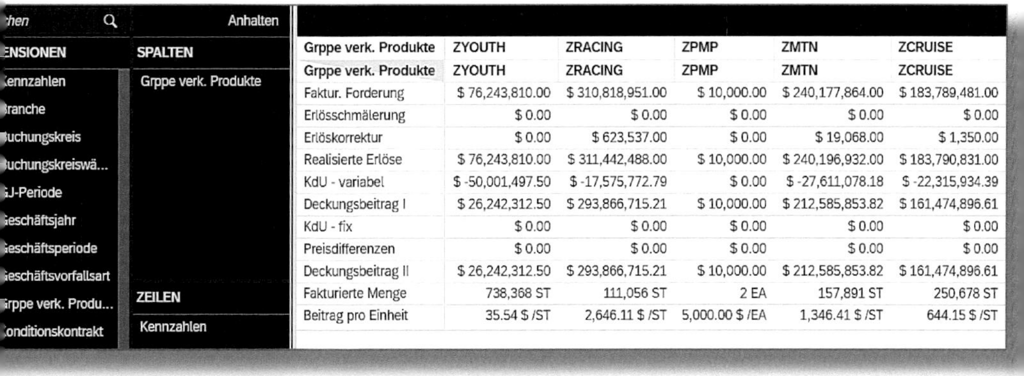

Grppe verk. Produkte	ZYOUTH	ZRACING	ZPMP	ZMTN	ZCRUISE
Grppe verk. Produkte	ZYOUTH	ZRACING	ZPMP	ZMTN	ZCRUISE
Faktur. Forderung	$ 76,243,810.00	$ 310,818,951.00	$ 10,000.00	$ 240,177,864.00	$ 183,789,481.00
Erlösschmälerung	$ 0.00	$ 0.00	$ 0.00	$ 0.00	$ 0.00
Erlöskorrektur	$ 0.00	$ 623,537.00	$ 0.00	$ 19,068.00	$ 1,350.00
Realisierte Erlöse	$ 76,243,810.00	$ 311,442,488.00	$ 10,000.00	$ 240,196,932.00	$ 183,790,831.00
KdU - variabel	$ -50,001,497.50	$ -17,575,772.79	$ 0.00	$ -27,611,078.18	$ -22,315,934.39
Deckungsbeitrag I	$ 26,242,312.50	$ 293,866,715.21	$ 10,000.00	$ 212,585,853.82	$ 161,474,896.61
KdU - fix	$ 0.00	$ 0.00	$ 0.00	$ 0.00	$ 0.00
Preisdifferenzen	$ 0.00	$ 0.00	$ 0.00	$ 0.00	$ 0.00
Deckungsbeitrag II	$ 26,242,312.50	$ 293,866,715.21	$ 10,000.00	$ 212,585,853.82	$ 161,474,896.61
Fakturierte Menge	738,368 ST	111,056 ST	2 EA	157,891 ST	250,678 ST
Beitrag pro Einheit	35.54 $ /ST	2,646.11 $ /ST	5,000.00 $ /EA	1,346.41 $ /ST	644.15 $ /ST

Abbildung 2.4: App »Produktprofitabilität«

2.1.5 Strukturen im Material-Ledger

Die Verwendung des Material-Ledgers in SAP S/4HANA sorgt immer wieder für Verwirrung. In SAP S/4HANA Finance ist die Nutzung des Material-Ledgers **optional**, aber seit SAP S/4HANA muss das transaktionale Material-Ledger **obligatorisch** verwendet werden. Wie wir bei der Margenanalyse gesehen haben, unterstützt SAP ERP zwei Ansätze für das Material-Ledger: das transaktionale Material-Ledger und die Istkalkulation. Die meisten Unternehmen sprechen allerdings vom Material-Ledger und meinen damit eigentlich, dass sie die zweite Option, die Istkalkulation, einsetzen.

- Das *vorgangsbezogene Material-Ledger* ist ein Nebenbuch wie die Anlagenbuchhaltung, jedoch gegliedert nach Buchungskreis, Bewertungskreis und Material. Aus Sicht des Material-Ledgers gilt für Materialien die *Preisfindung 2*, was ganz einfach bedeutet, dass bestandsbezogene Transaktionen in verschiedenen Währungen und nach unterschiedlichen Wertansätzen (Konzernbewertung, legale Bewertung und Profitcenter-Bewertung) erfasst werden. Sie können weiterhin mit dem gleitenden Durchschnittspreis arbeiten, der bei jeder Transaktionsaktualisierung berechnet wird, und Sie müssen zum

Periodenabschluss **keinen** Kalkulationslauf durchführen. Die Verwendung des vorgangsbezogenen Material-Ledgers wird mit SAP S/4HANA On-Premise Edition 1511 **obligatorisch**, auch wenn sie bereits seit SAP R/3 Release 4.0 verfügbar ist.

- Die *Istkalkulation* wird dagegen in Regionen und Branchen eingesetzt, für die eine gesetzliche oder betriebswirtschaftliche Anforderung besteht, Kaufpreis- und Produktionsabweichungen etc. zum Periodenabschluss den verkauften Waren und Waren im Bestand zuzuordnen. Bei dieser Option müssen Sie einen oder mehrere Kalkulationsläufe durchführen, um die Istkosten zum Periodenabschluss zu ermitteln. Die Istkalkulation wird in SAP S/4HANA weiterhin als **Option** unterstützt und kann zusätzlich in der Cloud aktiviert werden. Die Daten können nicht vollständig im Universal Journal zusammengefasst werden, und die Istkalkulationstabellen existieren weiterhin neben dem Universal Journal. SAP S/4HANA 1610 enthält eine neue, optimierte Version der Istkalkulation mit einer einfacheren Datenstruktur und weniger Abschlussschritten.

Abbildung 2.5 zeigt die App »Materialbewertungen verwalten«, in der Sie sehen können, dass die Bestandswerte für das Lager in zwei Währungen verfügbar sind: der Buchungskreiswährung (BWÄHR) und der Konzernwährung (KONZWÄHRNG).

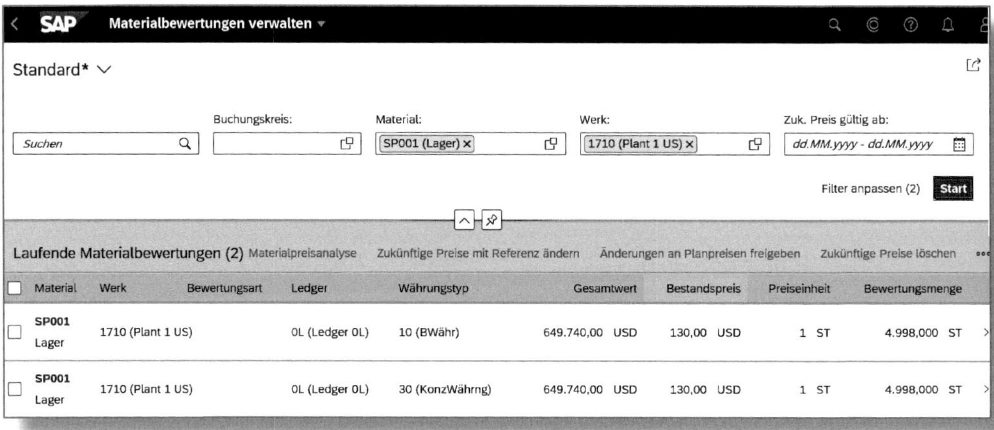

Abbildung 2.5: App »Materialbewertungen verwalten«

2.1.6 Andere Nebenbuchhaltungen

In Abbildung 2.1 sehen Sie, dass das Anlagen- und das Material-Nebenbuch zwar mit dem Hauptbuch verschmelzen, einige wichtige Nebenbücher aber separat bleiben. Die *Debitoren-* und *Kreditorenbuchhaltung* werden als getrennte Nebenbücher für die Offene-Posten-Verwaltung und den Zahlungsausgleich weitergeführt. Im Hauptbuch finden Sie nur das *Abstimmkonto* für den Lieferanten oder den Kunden. Dies hängt teilweise mit der Ausgleichslogik in der Kreditoren- und Debitorenbuchhaltung zusammen, wo mehrere Rechnungslegungsvorschriften und Währungen einander im Weg stehen., wenn Sie versuchen, einen offenen Posten für einen bestimmten Betrag auszugleichen. Die *Debitoren- und Kreditoren-Vertragskonten* bleiben ebenfalls getrennt, damit alle Details für die nutzungsbasierte Abrechnung usw. gespeichert werden können. Einige Branchenlösungen haben zudem ihre eigenen Nebenbücher, so etwa der SAP Bank Analyzer bzw. der SAP Insurance Analyzer für Finanzdienstleister oder das SAP Customer Activity Repository (CAR) in der Retail-Lösung. Diese sind auf der Ebene des Kontos und einiger wichtiger Berichtsdimensionen weiterhin mit dem Hauptbuch integriert.

Natürlich gibt es noch mehr Unterschiede zwischen den Anwendungen als die oben aufgeführten Berichtsdimensionen. Historisch gesehen, wurde im Finanzwesen mit drei Währungen gearbeitet, während es im Controlling nur zwei Währungen gab. Auch die Rechnungslegungsvorschriften wurden in jeder Anwendung unterschiedlich gehandhabt (Ledger in der Hauptbuchhaltung, Bewertungspläne in der Anlagenbuchhaltung, Versionen im Controlling, Währungstypen im Material-Ledger). Vielen dieser Unterschiede wird auch in SAP S/4HANA Finance Rechnung getragen. Ich werde die relevanten Änderungen in den folgenden Abschnitten behandeln.

2.2 Hauptbuchhaltung

In Kapitel 1 haben wir uns die neue Tabelle (ACDOCA) zum Speichern von Bewegungsdaten angesehen. Es ist jedoch sinnvoll, einige der erstellten Berichte zu betrachten, um ein Gefühl dafür zu entwickeln, was das Universal Journal möglich macht, allein weil die Daten in einer langen Zeichenkette vorliegen und nicht in separaten Brocken für jede einzelne Anwendung. Das bedeutet natürlich nicht, dass die gesamte Finanzberichterstattung mit einer Tabelle erledigt werden kann. Es gibt nach wie vor separate Berichte für die Anzeige der offenen Posten in der Kreditoren- und Debitorenbuchhaltung sowie Berichte für einzelne Stakeholder (z. B. Kostenstellenleiter und Projektleiter), die nach Kostenstelle, PSP-Element usw. selektieren. Wir werden jedoch in den folgenden Beispielen sehen, wie ein einfacher Bericht, die Summen- und Saldenliste, viele Berichtsanforderungen erfüllen kann, wenn Sie die entsprechenden Drill-Downs verwenden.

2.2.1 Summen- und Saldenliste

In Abbildung 2.6 sehen Sie eine Summen- und Saldenliste – eine Auflistung von Konten mit deren Anfangs- und Endbestand sowie mit Soll- und Habenseite für die aktuelle Buchungsperiode. In der Standardsicht sind die Zeilen des Berichts nach BUCHUNGSKREIS und SACHKONTO sortiert. In diesem Beispiel habe ich die Konten nach Bilanz-/GuV-Struktur gegliedert und das LEDGER in die allgemeinen Auswahlparameter aufgenommen. Wir fokussieren hier die Berichtsdimensionen und nicht die Zahlen, denn das Besondere an dem neuen Bericht ist die Möglichkeit, nicht nur nach Segmenten, Profitcentern, Funktionsbereichen, Geschäftsbereichen usw. aufzuschlüsseln – wie es mit den Drill-Down-Berichten in der Hauptbuchhaltung möglich war –, sondern nach jeder der Berichtsdimensionen, die wir auf der linken Seite des Bildschirms sehen. Die hier abgebildete Liste ist viel länger, wenn Sie weiter nach unten scrollen.

Es gibt viele neue Optionen, wie etwa das Anlagevermögen und andere anlagenbezogene Felder aus der Anlagenbuchhaltung, die Kostenstellen, Leistungsarten, Aufträge, PSP-Elemente usw. aus dem Controlling, die CO-PA-Merkmale, die die Marktsegmente darstellen, und die bestandsbezogenen Felder aus dem Material-Ledger anzuzeigen. Das bedeutet, dass Sie, anstatt zu einem separaten Bericht zu navigieren, einfach einen Drill-Down von der Summen- und Saldenliste durchführen können, indem Sie eine der DIMENSIONEN auf der linken Seite auswählen und sie entweder zu SPALTEN oder zu ZEILEN verschieben, um auf die benötigten Informationen zuzugreifen. Diese Optionen gelten natürlich nicht nur für die Summen- und Saldenliste; die zusätzlichen Dimensionen werden in SAP Fiori durchgängig angeboten.

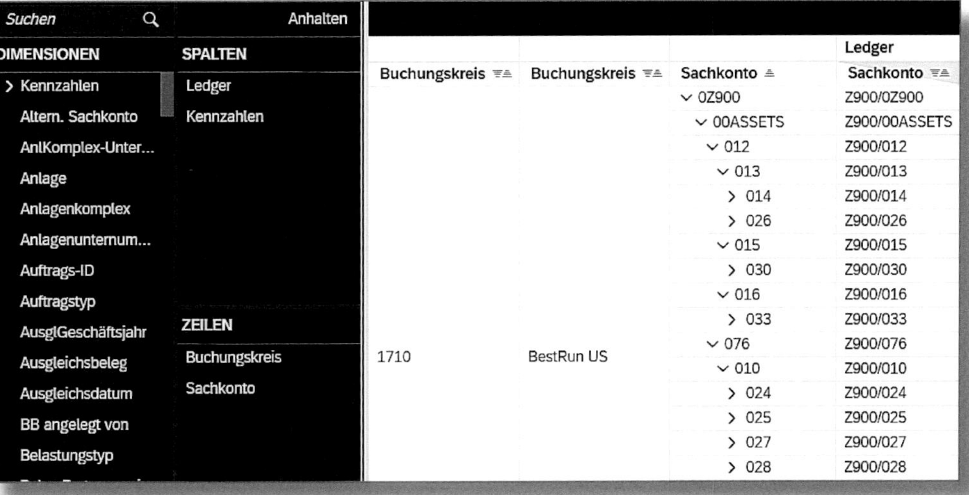

Abbildung 2.6: App »Summen- und Saldenliste« mit Buchungskreis und Sachkonten

Abbildung 2.7 zeigt ein sehr einfaches Beispiel, bei dem ich den BUCHUNGSKREIS aus den Zeilen entfernt habe. Dann habe ich unter DIMENSIONEN weiter nach unten zu KOSTENSTELLE (in Abbildung 2.6 nicht sichtbar) gescrollt und diese Dimension einbezogen, um einen anderen Zeilensatz im Bericht zu erstellen. Diese Aktion hat einen Aufriss ausgelöst, sodass wir jetzt die KOSTENSTELLE und das SACHKONTO in den Zeilen des Berichts sehen. In der Vergangenheit mussten Sie zu einem separaten Bericht in der Kostenstellenrechnung navigieren, um die gleichen Kosten je Kostenstelle zu sehen.

In diesem Beispiel habe ich die Kostenstelle vor das Sachkonto gesetzt, sodass alle angezeigten Kosten den Kostenstellen zugeordnet sind. Wenn wir die Reihenfolge der Dimensionen so ändern, dass das Sachkonto an erster Stelle steht, könnte es zusätzliche Buchungen auf ein Konto geben, die dann als NICHT ZUGEORDNET ausgewiesen werden. Das liegt daran, dass die meisten Konten auch Buchungen auf Aufträge, Projekte usw. erfassen. Um diese Kontierungen anzuzeigen, müssten wir unsere Drill-Down-Dimensionen wieder ändern und neben oder anstelle der Kostenstelle Aufträge oder Projekte hinzufügen. Wenn wir in den nächsten Abschnitten die Anwendungen betrachten, die Daten für das Universal Journal liefern, werden wir uns ansehen, wie jede dieser Dimensionen für die Berichterstattung gefüllt wird.

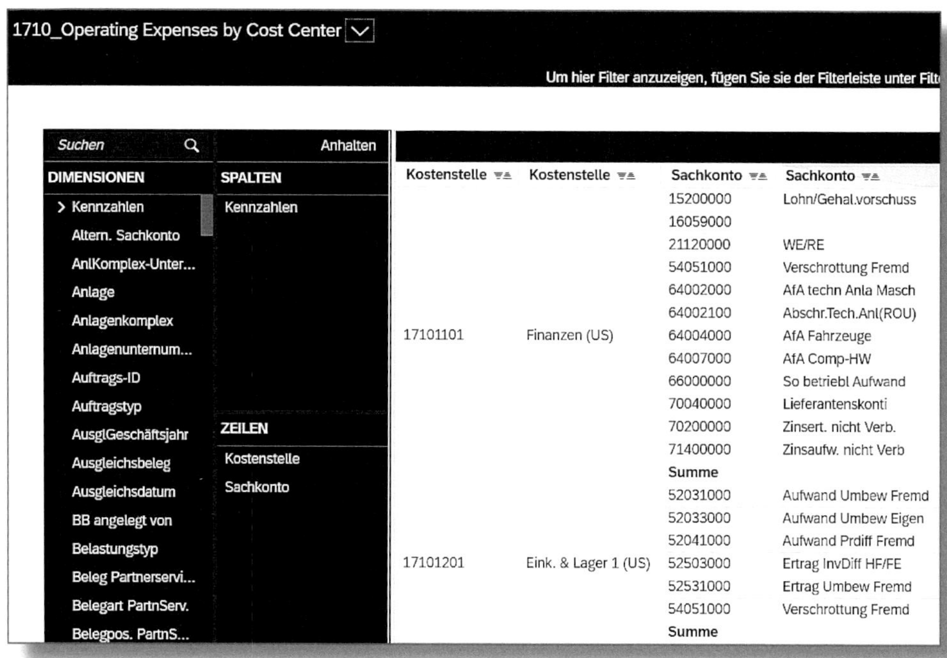

Abbildung 2.7: App »Summen- und Saldenliste« mit Kostenstellen und Sachkonten

Wenn Sie die Möglichkeiten für das Reporting auf Basis des Universal Journal durchdenken, ist es sinnvoll, die diversen Berichtsdimensionen zu betrachten und zu überlegen, wie sie von den verschiedenen Anwendungen gefüllt werden. Im Wesentlichen ist das Universal Journal eine *dünnbesetzte Matrix*. Mit anderen Worten, einige Felder, etwa für die Periode und das Geschäftsjahr, werden für jeden gebuchten Vorgang gefüllt, aber zu diesem bleiben auch viele Felder leer. Falls Sie in der Vergangenheit mit der Ergebnis- und Marktsegmentrechnung gearbeitet haben, werden Sie bereits mit dem Begriff der *nicht zugeordneten Kosten* vertraut sein. Das Besondere an einer SAP-HANA-Datenbank ist, dass alle nicht gefüllten Spalten automatisch *komprimiert* werden. Das bedeutet, dass es kein Problem ist, wenn die Datenbank Felder enthält, die nur selten gefüllt werden, da diese in der Datenbank keinen Platz belegen.

- Berichtsdimensionen wie Buchungskreis, Geschäftsbereich, Profitcenter, Segment usw. werden von **jedem** Geschäftsvorgang gefüllt. Alle Finanzvorgänge müssen innerhalb eines Buchungskreises stattfinden. Sämtliche Kosten und Erlöse werden automatisch den Profitcentern zugeordnet, wobei die Ableitungsregeln der zugeordneten Kostenstellen, Aufträge und Projekte verwendet werden. Damit die Bilanzpositionen den richtigen Profitcentern zugeordnet werden, müssen Sie die entsprechenden Belegaufteilungsregeln einrichten. So wird sichergestellt, dass der Bericht immer einen Wert für diese Entitäten enthält.
- Andere Berichtsdimensionen werden nur von **bestimmten** Geschäftsvorgängen gefüllt – z. B. werden die Anlagenfelder nur von den Anlagenbewegungen, die Materialfelder nur von den Warenbewegungen und die Kostenstellen, Aufträge und Projekte nur dann gefüllt, wenn diese als Kontierungen im Geschäftsvorgang vorhanden sind. Die Partnergesellschaft wird ausschließlich bei buchungskreisübergreifenden Vorgängen gefüllt. Bleibt das Feld leer, wird in der Berichtszeile lediglich NICHT ZUGEORDNET angezeigt.

2.2.2 Berichtsdimensionen in der Hauptbuchhaltung

Das Universal Journal beinhaltet alle Kontierungen der Hauptbuchhaltung. Wenn Sie also zum entsprechenden Abschnitt der ACDOCA-Tabelle blättern, werden Sie die Felder aus Abbildung 2.8 wiedererkennen. Diese sind identisch mit den Hauptbuchszenarien (Segment-, Profitcenter- und Umsatzkostenberichterstattung und Konsolidierungsvorbereitung), aber die Felder sind im Universal Journal immer verfügbar und müssen nicht separat als Szenarien aktiviert werden. Dies ist ein gutes Beispiel für den Unterschied zwischen SAP S/4HANA Finance und den früheren Anwendungen:

- Bei SAP S/4HANA Finance gibt es keine Summentabelle und diese Felder sind **immer** gefüllt, sofern Sie in Ihren Stammdaten die richtigen Zuordnungen zu Ihren Profitcentern, Geschäftsbereichen und Funktionsbereichen vorgenommen haben.
- Wenn Sie früher den Aktivierungsschritt ausgeführt haben, generierte das System die relevanten Felder in der vorherigen Summentabelle FAGLFLEXA. Jede Änderung der Zuordnung in den Berichtsdimensionen bedeutete daher, dass Sie die Summen in der Tabelle FAGLFLEXA korrigieren mussten.

Beachten Sie, dass Sie für jede Berichtsdimension in der Hauptbuchhaltung auch das Äquivalent *Partnerdimension* haben, sodass Dimensionspaare angezeigt werden (Profitcenter und Partner-Profitcenter, Funktionsbereich und Partner-Funktionsbereich usw.). Ich werde dies bei der Betrachtung von Zuordnungen noch eingehender behandeln, da sich eine Zuordnung von Kostenstelle zu Kostenstelle auch auf die verknüpften Profitcenter, Funktionsbereiche usw. auswirken kann und diese Zuordnung die entsprechenden Partnerinformationen aktualisiert.

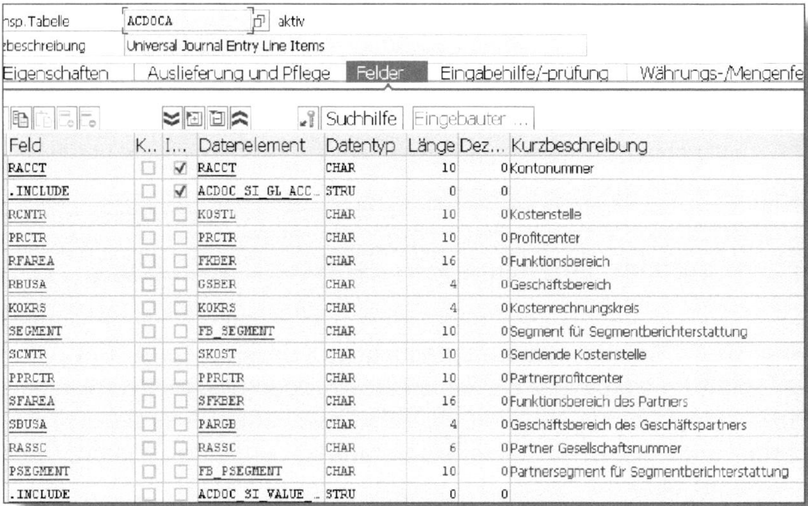

nsp.Tabelle ACDOCA aktiv
beschreibung Universal Journal Entry Line Items
Eigenschaften | Auslieferung und Pflege | Felder | Eingabehilfe/-prüfung | Währungs-/Mengenfe
Suchhilfe | Eingebauter ...

Feld	K..	I...	Datenelement	Datentyp	Länge	Dez...	Kurzbeschreibung
RACCT	☐	☑	RACCT	CHAR	10	0	Kontonummer
.INCLUDE	☐	☑	ACDOC_SI_GL_ACC...	STRU	0	0	
RCNTR	☐	☐	KOSTL	CHAR	10	0	Kostenstelle
PRCTR	☐	☐	PRCTR	CHAR	10	0	Profitcenter
RFAREA	☐	☐	FKBER	CHAR	16	0	Funktionsbereich
RBUSA	☐	☐	GSBER	CHAR	4	0	Geschäftsbereich
KOKRS	☐	☐	KOKRS	CHAR	4	0	Kostenrechnungskreis
SEGMENT	☐	☐	FB_SEGMENT	CHAR	10	0	Segment für Segmentberichterstattung
SCNTR	☐	☐	SKOST	CHAR	10	0	Sendende Kostenstelle
PPRCTR	☐	☐	PPRCTR	CHAR	10	0	Partnerprofitcenter
SFAREA	☐	☐	SFKBER	CHAR	16	0	Funktionsbereich des Partners
SBUSA	☐	☐	PARGB	CHAR	4	0	Geschäftsbereich des Geschäftspartners
RASSC	☐	☐	RASSC	CHAR	6	0	Partner Gesellschaftsnummer
PSEGMENT	☐	☐	FB_PSEGMENT	CHAR	10	0	Partnersegment für Segmentberichterstattung
.INCLUDE	☐	☐	ACDOC_SI_VALUE_...	STRU	0	0	

Abbildung 2.8: Kontierungsteil der Universal Journal-Tabelle

Beachten Sie, dass die Felder in Abbildung 2.8 Teil des Hauptbuchs sind. Wenn Sie in der Vergangenheit die Profitcenter-Rechnung über einen separaten Tabellensatz abgewickelt oder Special Ledger für die Handhabung der Funktionsbereiche für die Kosten des Umsatzes verwendet haben, denken Sie daran, dass diese Schnittstellen zwar noch bis 2025 unterstützt und die Daten in diesen Tabellen aktualisiert werden. Diese Anwendungen gelten als Teil des Kompatibilitätsumfangs und werden nach diesem Datum nicht mehr unterstützt. Wenn Sie jedoch ganz neu beginnen, ist es sinnvoll, von Anfang an das Universal Journal zu verwenden, um diese Berichtsdimensionen zu bearbeiten, anstatt zusätzliche Ledger anzulegen. Ausführliche Informationen zum Unterschied zwischen der Profitcenter-Rechnung im Universal Journal und der klassischen Profitcenter-Rechnung finden Sie im SAP-Hinweis 2425255 – »Profitcenter-Rechnung im Universal Journal in SAP S/4HANA, on-premise edition«.

Im Fall der Kostenstelle wird die Einzelpostentabelle COEP bei Ist-Buchungen aus dem Finanzwesen nicht mehr fortgeschrieben, und alle neuen Berichtsanwendungen verwenden direkt die Tabelle ACDOCA. Wenn Sie mit Substitutionen und Validierungen arbeiten, um eine Kontierung zu wechseln oder Stammdatenkombinationen zu prüfen, gelten die bisherigen Regeln. Die einzigen Substitutionen, die nicht funktionieren, sind diejenigen, die auf dem Abstimmledger basieren. Das bedeutet, dass Sie bei sekundären Kostenbuchungen keine Konten manipulieren können.

Statistische Buchungen werden weiterhin in COEP aufgezeichnet, und Sie können diese in den Berichten für die Kostenstellen, Aufträge und PSP-Elemente erkennen, indem Sie das Kennzeichen IST STATISTISCH im Navigationsblock markieren. Der Zugriff auf statistische Buchungen aus der Summen- und Saldenliste ist jedoch nicht möglich, da für diese Bereiche nur echte Kontierungen unterstützt werden.

In der Universal-Journal-Tabelle gibt es natürlich noch weitere Reporting-Felder. Wenn Sie durch die Tabelle blättern, finden Sie auch diejenigen, die für das Rechnungswesen der Bereiche Public Sector und Joint Venture sowie für die Immobilienverwaltung benötigt werden. Die Tabelle wird mit jedem Release um weitere Felder ergänzt.

Das Universal Journal enthält zudem Platzhalter für Kontierungsblock-Erweiterungen (INCL_EEW_COBL), die über das Kunden-Include

CI_COBL gefüllt werden, wie in Abbildung 2.9 gezeigt. Details zur Implementierung dieses Kunden-Includes finden Sie im SAP-Hinweis 2143232 – »So fügen Sie dem Kontierungsblock ein Kundenfeld ohne Änderung hinzu« und den zugehörigen Hinweisen.

Die Cloud-Edition bietet neue Optionen für die Erweiterung des Universal Journal um benutzerdefinierte Felder. Diese sind in dem in Abbildung 2.9 dargestellten Platzhalter INCL_EEW_ACDOC enthalten und können in allen Fiori-Anwendungen verwendet werden, die Daten aus dem Universal Journal anzeigen. Sie können diese Felder mit der App »Benutzerdefinierte Felder und Logik« erstellen, indem Sie den Geschäftskontext *Buchungsbelegposition* zum Füllen von INCL_EEW_ACDOC oder den Geschäftskontext *Kontierungsblock* zum Füllen von INCL_EEW_COBL auswählen. Dieser Ansatz wird in Abschnitt 6.6 näher erläutert.

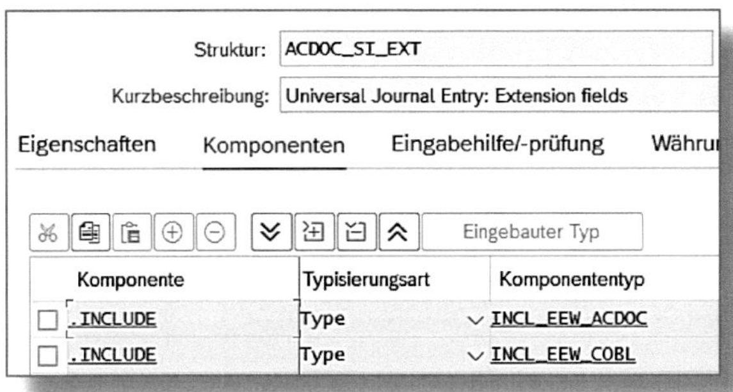

Abbildung 2.9: Platzhalter für Erweiterungsfelder im Universal Journal

2.2.3 Konten und Kostenarten

In Abbildung 2.7 habe ich nach Sachkonto und Kostenstelle aufgeschlüsselt. Ein weiterer wesentlicher Aspekt der Zusammenführung von Finanzbuchhaltung und Controlling ist, dass wir die Sachkonten nicht mehr in Kostenarten umwandeln, sondern beide miteinander verschmelzen. Abbildung 2.10 zeigt die Stammdaten für ein Sachkonto/eine Kostenart. In der Vergangenheit bot das Feld KONTOART die Optionen BILANZ und GEWINN UND VERLUST.

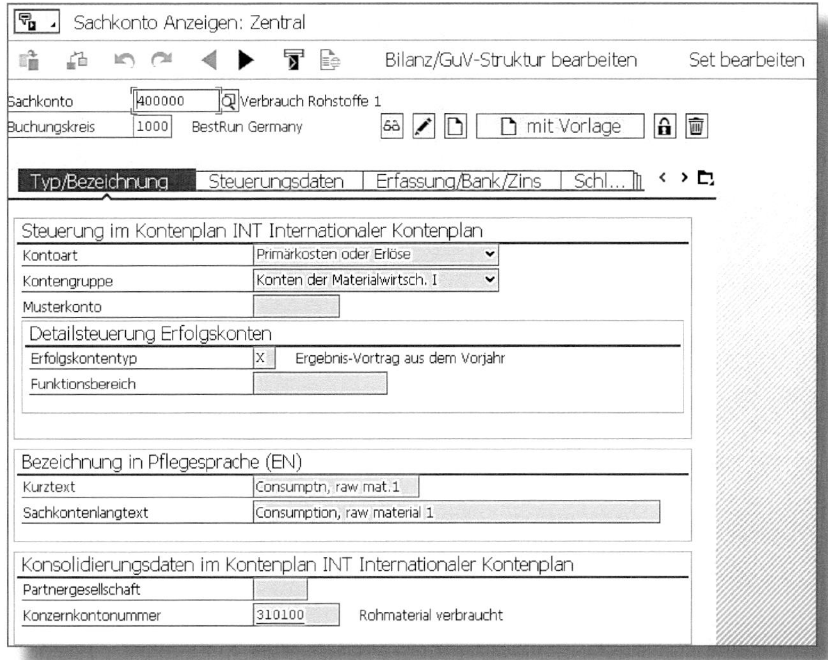

Abbildung 2.10: Sachkonto für Primärkosten oder Erlöse

Die dargestellte KONTOART *Primärkosten oder Erlöse* gilt für alle Gewinn- und Verlustkonten, denen früher eine separate Kosten- oder Erlösart zugewiesen war. In der Regel werden Sie weiterhin einige Erfolgskonten haben, zu denen es kein Gegenstück in Form einer Kostenart gibt. Diese haben die KONTOART *nicht betriebliche Aufwände/Erträge*. Der Unterschied liegt darin, dass nicht betriebliche Konten nicht einer Kostenstelle, einem Auftrag, einem Projekt usw. zugeordnet werden können (obgleich sie für die Erfassung von Ware in Arbeit zu einem Auftrag oder Projekt nutzbar sind). Sobald Sie ein Konto als Kontoart PRIMÄRKOSTEN ODER ERLÖSE kennzeichnen, müssen Sie die entsprechende Buchhaltungsposition einer Kostenstelle, einem Auftrag oder einem Projekt zuordnen, sofern es sich um eine Kostenposition handelt. Wenn es sich um eine Erlösposition oder eine Erlösschmälerungsposition handelt bzw. die Kosten des Umsatzes dargestellt werden, muss die Zuordnung an eine Kombination von CO-PA-Merkmalen erfolgen. Wenn Sie in einem neuen Projekt Konten einrichten, vergewissern Sie sich, dass Sie über die *Feldstatusgruppen* für jedes Sachkonto die richtigen Kontierungen aktivieren und Standardkontierungen einrichten, für den Fall, dass die Materialkosten nicht automatisch im Rahmen des Geschäftsvorgangs zugeordnet werden können.

Obgleich das Konto und die Kostenart im Universal Journal prinzipiell im Feld KONTO zusammengeführt werden, finden Sie die bekannte Einstellung KOSTENARTENTYP weiterhin, wenn Sie in Abbildung 2.10 auf die Registerkarte STEUERUNGSDATEN navigieren.

Abbildung 2.11 zeigt, dass die Materialkosten in diesem Fall PRIMÄRKOSTEN sind. Beachten Sie, dass Sie Materialkosten unter dem SACHKONTO *400000* nur buchen können, wenn Sie auch eine Kostenstelle, einen Auftrag, ein Projekt oder ein anderes CO-Objekt fortschreiben.

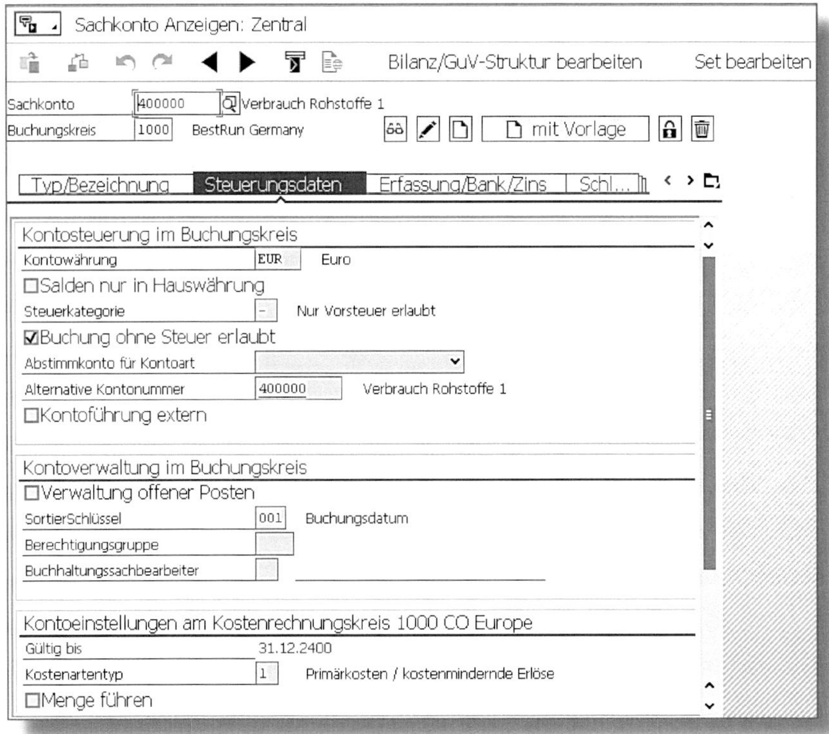

Abbildung 2.11: Sachkonto mit Angabe des Kostenartentyps

Diese Verknüpfungen vereinfachen zwar das Reporting, aber denken Sie daran, dass das System in einigen Fällen die Kontodimension weiterhin als Konto und eine zugehörige Kostenart behandelt. Daher müssen Sie sicherstellen, dass Sie bei der Gestaltung

- Ihrer Berechtigungen sowohl für das Konto (Berechtigungsobjekt F_SKA_BUK) als auch für die Kostenart (Berechtigungsobjekt K_CSKB) eine Berechtigung haben, bevor Sie die Stammdaten ändern können;
- Ihrer Periodenabschlussprozesse jedes Konto in der Finanzwesen-Lösung zugelassen/gesperrt ist und dass die relevanten Geschäftsvorgänge (Primärbuchung, Umlage, Abrechnung) im Controlling explizit erlaubt sind. SAP plant, diese Einstellungen in einer zukünftigen Ausgabe zusammenzuführen.

Wenn Projekt- und Auftragskosten als Ware in Arbeit (im Folgenden auch WIP) oder Anlagen im Bau aktiviert werden sollen, existieren darüber hinaus separate Konten, die nicht 1:1 mit den Kostenarten übereinstimmen, die zur Ermittlung der Ware in Arbeit herangezogen werden.

2.2.4 Ledger-Typen

Wenden wir uns nun wieder den betriebswirtschaftlichen Impulsen für den Wechsel zu SAP S/4HANA Finance zu. Ein häufiger Grund besteht darin, dass mehrere *Rechnungslegungsvorschriften* berücksichtigt werden müssen. Tatsächlich handhaben Kunden das schon seit Jahren so, indem sie in ihren Kontenplänen verschiedene Nummernkreise verwenden, um allgemeine Konten, IFRS-spezifische Konten und Konten, die nur für lokale Rechnungslegungsvorschriften gelten, zu trennen und dann bei einer Zuordnung oder im Berichtswesen die entsprechenden Kontengruppen auszuwählen. (Sie kennen das vielleicht als »Mickey-Mouse-Ansatz«, wobei die allgemeinen Konten der Kopf der Maus und die speziellen Konten die Ohren der Maus sind.)

Der *Ledger-Ansatz* wurde ursprünglich mit dem Special Ledger eingeführt und dann in das SAP-ERP-Ledger übernommen. Wie Sie in

Kapitel 1 gesehen haben, ist das Ledger nun eines der Schlüsselfelder des Universal Journal und bietet Ihnen eine saubere Möglichkeit, Daten nach den verschiedenen Rechnungslegungsvorschriften zu trennen. So könnten Sie z. B. ein Ledger für die Bewertung nach Ihrer allgemeinen Rechnungslegungsvorschrift (z. B. IFRS) und ein anderes für die Bewertung nach verschiedenen lokalen Rechnungslegungsvorschriften führen, die in Ihrem Unternehmen erforderlich sind (z. B. US-GAAP, japanische GAAP, französische GAAP usw.). Möglicherweise benötigen Sie auch ein drittes Ledger für die Steuerberichterstattung. Aus Sicht der System-Architektur bedeutet dies, dass eine neue Buchungszeile im Universal Journal erstellt wird, um die im Rahmen einer jeden Rechnungslegungsvorschrift erforderliche Bewertung wiederzugeben. In der Regel wird der Geschäftsvorgang selbst nur einmal erfasst; es gibt also eine einzige Warenbewegung, eine einzige Lieferantenrechnung, eine einzige Zeitbestätigung usw. Die mit diesem Geschäftsvorgang verbundenen Werte können jedoch je nach Rechnungslegungsvorschrift unterschiedlich sein. So kann es möglich sein, die Frachtkosten in der Lieferantenrechnung bei dem einen Ansatz zu aktivieren, bei dem anderen jedoch nicht. Für viele der Transaktionen zum Periodenabschluss kann für jede Rechnungslegungsvorschrift ein anderer Betrag gelten, sodass der Abschreibungsansatz für eine Sachanlage oder der Ansatz für die Erlösrealisierung bei jeder Rechnungslegungsvorschrift unterschiedlich sein kann.

Sie erreichen die Ledger-Einstellungen über den IMG-Pfad FINANZBUCHHALTUNG • GRUNDEINSTELLUNGEN FINANZBUCHHALTUNG • LEDGER • LEDGER • EINSTELLUNGEN FÜR LEDGER UND WÄHRUNGSTYPEN DEFINIEREN. In Abbildung 2.12 wurden mehrere Standard-Ledger eingerichtet, um die verschiedenen Berichtsanforderungen zu erfüllen. Normalerweise wird ein Ledger eingerichtet, um ein konsistentes Berichtswesen mit der gleichen Rechnungslegungsvorschrift für alle zugeordneten Buchungskreise zu ermöglichen (in diesem Beispiel 0L). Ein oder mehrere zusätzliche Ledger (in diesem Beispiel 2L, HG und US) werden erstellt, um die verschiedenen lokalen Berichtsanforderungen zu unterstützen, wobei jeder zugeordnete Buchungskreis eine eigene Rechnungslegungsvorschrift hat. Die hier gezeigten Einstellungen stammen aus einem Demosystem, bei dem HG für das deutsche GAAP und US für US-GAAP steht. Normalerweise würde das LEDGER 2L beide lokalen

Ansätze handhaben. Nur wenn in **allen** Buchungskreisen sowohl US-GAAP als auch IFRS gefordert sind, ist es sinnvoll, für jede Rechnungslegungsvorschrift ein eigenes Ledger zu führen. In Abbildung 2.13 sehen Sie, wie die Rechnungslegungsvorschriften dann der Kombination aus Buchungskreis und Ledger zugeordnet werden.

Ledger

Ledger	Ledger-Bezeichnung	Führend	Ledger-Typ	Erweiterungsledger...	Zugrunde liegendes Le...
OL	Ledger OL	☑	Festes Ledger	Standardbuchu...	
2L	Ledger 2L	☐	Festes Ledger	Standardbuchu...	
HG		☐	Festes Ledger	Standardbuchu...	
OE		☐	Erweiterungsledger	Einzelposten ...	OL
US	US GAAP	☐	Festes Ledger	Standardbuchu...	

Abbildung 2.12: Ledger-Einstellungen

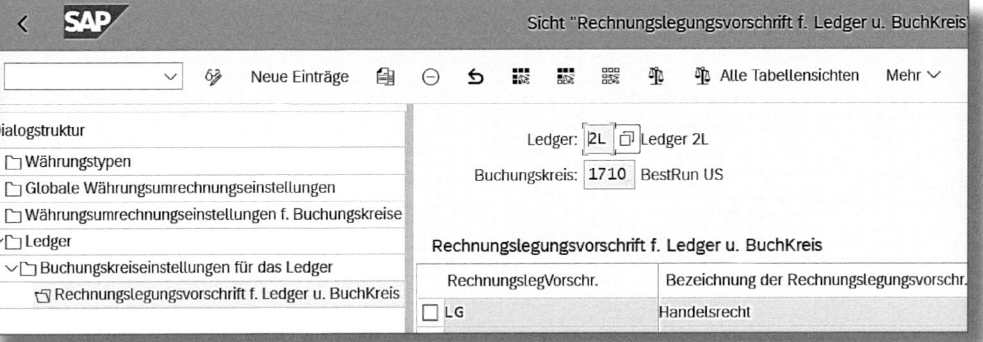

Abbildung 2.13: Zuordnung von Rechnungslegungsvorschriften zu Ledger und Buchungskreis

Wenn Sie in der Vergangenheit die *Konzernbewertung* zur Eliminierung von Zwischengewinnen oder die *Profitcenter-Bewertung* zur Behandlung von Buchungen zwischen Profitcentern mit Fremdpreiskonditionen verwendet haben, dann werden Sie sich daran erinnern, dass diese Bewertungen immer als Teil des führenden Ledgers 0L betrachtet wurden. Dieser Ansatz wird als *Ledger mit mehreren Bewertungssichten* bezeichnet und im Universal Journal beibehalten, indem die Spalte für die Konzernbewertung und die Spalte für die Profitcenter-Bewertung bei der Migration zu zusätzlichen Spalten in der Ledgerzeile werden. Beim Schreiben dieses Buches war das immer noch der bevorzugte Ansatz. Die Gründe dafür sind im SAP-Hinweis 2882025 – »Multiple Bewertungsansätze/Verrechnungspreise in SAP S/4HANA« beschrieben.

Alternativ können Sie bei einem neuen Projekt zusätzliche *Ledger mit einer Bewertungssicht* einrichten, um jeden Wertansatz abzubilden. Abbildung 2.14 zeigt beide Optionen: mit dem LEDGER L1, das alle drei Bewertungen über separate Spalten in einem gemeinsamen Ledger erlaubt (Ledger mit mehreren Bewertungssichten), und mit den LEDGERN L2, L3 und L4, die die LEGALE BEWERTUNG, die KONZERNBEWERTUNG und die Profitcenter-Bewertung (PROFITCENTER-BEWERT) separat erfassen (*Ledger mit einer Bewertungssicht*). Während dieses Buch geschrieben wurde, gab es jedoch noch Lücken in der Anlagenbuchhaltung, sollten Sie sich für die Verwendung von Ledgern mit einer Bewertungssicht entscheiden.

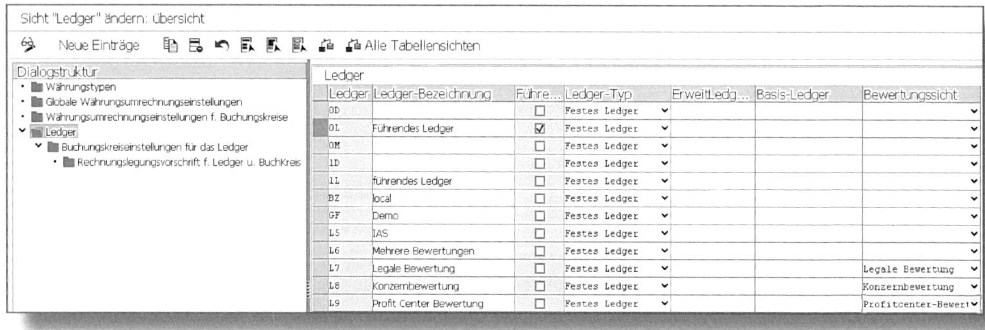

Abbildung 2.14: Ledger-Einstellungen für Konzern-, Profitcenter- und legale Bewertung

SAP S/4HANA Finance bietet die Möglichkeit, zusätzliche *Erweiterungsledger* anzulegen, die auf die zugrunde liegenden Haupt-Ledger verweisen. Diese ermöglichen es Ihnen, manuelle Journalbuchungen für spezielle Zwecke zu erstellen. So können Sie etwa Ihre Profitcenter-Buchungen nach einer Akquisition verfeinern oder nach einer Prüfung Korrekturbuchungen erstellen, indem Sie die entsprechenden manuellen Journalbuchungen vornehmen. Das Berichtswesen basiert immer auf einer Kombination aus Erweiterungsledger und Basis-Ledger.

Erweiterungsledger können auch verwendet werden, um vorausschauende Buchhaltungsinformationen und statistische Journalbuchungen zu erfassen. Der Ledger 0E wird in diesem Beispiel verwendet, um Kundenauftragsbuchungen zu erfassen, die noch nicht GAAP-relevant sind. Indem Sie die Buchungen in diesen Ledgern mit dem zugrunde liegenden Ledger kombinieren, können Sie einen Blick auf Ihre zukünftige Gewinn- und Verlustrechnung werfen. Wir werden diesen Ansatz genauer untersuchen, wenn wir uns in Kapitel 3 mit der vorausschauenden Buchführung beschäftigen.

2.2.5 Umgang mit Währungen

Die andere zentrale Einstellung im Zusammenhang mit den Ledgern bezieht sich auf *Währungen*. In SAP S/4HANA Finance Release 1503 konnten Sie jedem Ledger die Konzernwährung, eine Hauswährung für den Buchungskreis und eine weitere Währung zuordnen. Dies wurde in Release 1602 auf acht zusätzliche Währungen erweitert. Somit können Sie nun für jedes Ledger eine funktionale Währung, eine Indexwährung usw. hinzufügen, wenn Sie sie in dem jeweiligen Land benötigen.

Abbildung 2.15 zeigt die bekannten Währungseinstellungen: 00 für BELEGWÄHRUNG, 10 für BUCHUNGSKREISWÄHRUNG, 20 für KOSTENRECHNUNGSKREISWÄHRUNG, 30 für KONZERNWÄHRUNG, 40 für HARTWÄHRUNG usw. sowie die bekannten Währungskombinationen: 11 für die KONZERNBEWERTUNG (eliminierte zwischenbetriebliche Aufschläge) in BUCHUNGSKREISWÄHRUNG, 31 für die KONZERNBEWERTUNG in KONZERNWÄHRUNG und 32 für die Profitcenter-Bewertung (PROFITCENTER-BEW) in KONZERNWÄHRUNG, wobei Sie in der Spalte »Ausgangswährungstyp« (AUSGANGSWÄHRUN...) den Verweis zurück zum ursprünglichen Währungstyp sehen.

In SAP S/4HANA ist es außerdem möglich, neue Währungen anzulegen, hier als Y2, Y3 und Y4 dargestellt. Ich habe eine funktionale Währung Y2 eingerichtet und diese dann mit den Bewertungsoptionen für die Konzernbewertung und die Profitcenter-Bewertung kombiniert, indem ich in der Spalte zum Ausgangswährungstyp *Y2* eingetragen haben. Dies ist nützlich, wenn Sie ein Unternehmen haben, das in Kanada mit kanadischen Dollar als lokaler Währung operiert, aber den Großteil seiner Geschäfte mit den USA abwickelt und daher die Anforderung hat, parallel in US-Dollar als funktionale Währung zu berichten.

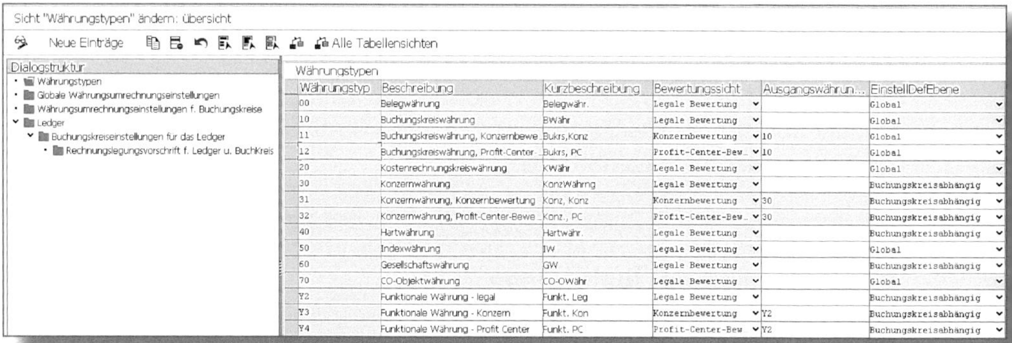

Sicht "Währungstypen" ändern: übersicht

Neue Einträge   Alle Tabellensichten

Dialogstruktur
- Währungstypen
- Globale Währungsumrechnungseinstellungen
- Währungsumrechnungseinstellungen f. Buchungskreise
- Ledger
  - Buchungskreiseinstellungen für das Ledger
    - Rechnungslegungsvorschrift f. Ledger u. BuchKreis

Währungstypen

Währungstyp	Beschreibung	Kurzbeschreibung	Bewertungssicht	Ausgangswährun...	EinstellDefEbene
00	Belegwährung	Belegwähr.	Legale Bewertung		Global
10	Buchungskreiswährung	BWähr	Legale Bewertung		Global
11	Buchungskreiswährung, Konzernbewe...	Bukrs,Konz	Konzernbewertung	10	Global
12	Buchungskreiswährung, Profit-Center-...	Bukrs, PC	Profit-Center-Bew...	10	Global
20	Kostenrechnungskreiswährung	KWähr	Legale Bewertung		Global
30	Konzernwährung	KonzWährng	Legale Bewertung		Buchungskreisabhängig
31	Konzernwährung, Konzernbewertung	Konz, Konz	Konzernbewertung	30	Buchungskreisabhängig
32	Konzernwährung, Profit-Center-Bewe...	Konz., PC	Profit-Center-Bew...	30	Buchungskreisabhängig
40	Hartwährung	Hartwähr.	Legale Bewertung		Buchungskreisabhängig
50	Indexwährung	IW	Legale Bewertung		Global
60	Gesellschaftswährung	GW	Legale Bewertung		Buchungskreisabhängig
70	CO-Objektwährung	CO-OWähr	Legale Bewertung		Global
Y2	Funktionale Währung - legal	Funkt. Leg	Legale Bewertung		Buchungskreisabhängig
Y3	Funktionale Währung - Konzern	Funkt. Kon	Konzernbewertung	Y2	Buchungskreisabhängig
Y4	Funktionale Währung - Profit Center	Funkt. PC	Profit-Center-Bew...	Y2	Buchungskreisabhängig

Abbildung 2.15: Währungstypen und zugehörige Einstellungen

Die Herausforderung bei nachfolgenden Editionen von SAP S/4HANA besteht darin, die Geschäftsprozesse so anzupassen, dass **alle** Währungsspalten mit der entsprechenden Logik aktualisiert werden. Zum Zeitpunkt der Veröffentlichung dieses Buches wurden die Währungen, die nicht in den operativen Prozessen geführt werden, im Zuge der Erstellung der Journalbuchung mit dem Wechselkurs zu diesem Stichtag gefüllt. Eine Währung, die in einer Verrechnung nicht enthalten ist, wird also umgerechnet, sobald die Journalbuchung für die resultierende Verrechnung erstellt wird.

Die Anlagenbuchhaltung und die Istkalkulation unterstützen derzeit drei Währungen, das Controlling unterstützt zwei. Dies ist besonders im Controlling kritisch, wo viele Prozesse (Verteilung, Umlage, Abrechnung etc.) die gesammelten Werte vom Sender selektieren und an einen oder mehrere Empfänger weitergeben. Dieser Ansatz funktioniert immer in zwei Währungen (Konzern und lokal), aber in einigen Prozessen werden die Werte für die dritte Währung direkt umgerechnet, was zu Ungenauigkeiten führt, wenn sich die Wechselkurse zwischenzeitlich geändert haben. Auch hier arbeitet die SAP an der Behebung dieser Probleme. Sie können den Fortschritt verfolgen, indem Sie im SAP-Hinweis 2894297 – »Behandlung von Währungen im Controlling in SAP S/4HANA« nach Updates suchen.

2.3 Anlagenbuchhaltung

Die neue Anlagenbuchhaltung wurde mit dem SAP Enhancement Package 7 für SAP ERP 6.0 als optionale Businessfunktion (FIN_AA_PARALLEL_VAL) eingeführt, d. h., Sie können diese potenziell bereits nutzen, auch wenn Sie SAP S/4HANA noch nicht einsetzen. Mit SAP S/4HANA Finance wird die neue Anlagenbuchhaltung verpflichtend, planen Sie also unbedingt Zeit dafür in Ihrem Projektplan ein. Auch wenn Sie die ERP-Hauptbuchhaltung einsetzen und noch nicht bereit sind, auf SAP S/4HANA Finance umzusteigen, sollten Sie in Erwägung ziehen, die neue Anlagenbuchhaltung zu aktivieren, wenn Sie ein modernes Enhancement Package (wie im SAP-Hinweis 1776828 – »Anlagenbuchhaltung (neu): Implementierung für Neukunden« dokumentiert) nutzen, da sie einige wichtige funktionale Vorteile bietet und den späteren Umstieg auf SAP S/4HANA erleichtern wird.

2.3.1 Berichtsdimensionen in der Anlagenbuchhaltung

Die erste Änderung besteht darin, dass das Datenmodell in der Anlagenbuchhaltung vereinfacht wurde, um eine Zusammenführung mit dem Universal Journal zu ermöglichen. Abbildung 2.16 stellt die anlagenbezogenen Felder im Universal Journal dar. Was wir hier sehen, sind die Bewegungsdaten, die früher in den Tabellen ANEK, ANEP, ANEA, ANLP und ANLC gespeichert waren und jetzt Teil der Tabelle ACDOCA sind. Die Namenskonvention für die Kompatibilitätssichten in der Anlagenbuchhaltung lautet:

- FAAV_ANEK usw. für die alten Strukturen und
- FAAV_ANEA_ORI usw. für den Zugriff auf die alten Tabellen.

Die Ablage statistischer Daten (z. B. für steuerliche Zwecke), die bisher in ANEP, ANEA, ANLP, ANLC gespeichert wurden, erfolgt jetzt in der Tabelle FAAT_DOC_IT, und zuvor in ANLP und ANLC gespeicherte Plandaten werden jetzt in FAAT_PLAN_VALUES abgelegt.

isp.Tabelle ACDOCA aktiv
beschreibung Universal Journal Entry Line Items
Eigenschaften | Auslieferung und Pflege | Felder | Eingabehilfe/-prüfung | Währungs-/Mengenfelder
Suchhilfe | Eingebauter ... 181 / 415

Feld	K...	I...	Datenelement	Datentyp	Länge	Dez...	Kurzbeschreibung
.INCLUDE	☐	☑	ACDOC_SI_FAA	STRU	0	0	OneDocument: Anlagenbuchhaltungsspezifische Felder
AFABE	☐	☐	AFABER	NUMC	2	0	Bewertungsbereich echt oder abgeleitet
ANLN1	☐	☐	ANLN1	CHAR	12	0	Anlagen-Hauptnummer
ANLN2	☐	☐	ANLN2	CHAR	4	0	Anlagenunternummer
BZDAT	☐	☐	BZDAT	DATS	8	0	Bezugsdatum
ANBWA	☐	☐	ANBWA	CHAR	3	0	Anlagen-Bewegungsart
MOVCAT	☐	☐	FAA_MOVCAT	CHAR	2	0	Bewegungsartentyp
DEPR_PERIOD	☐	☐	PERAF	NUMC	3	0	Periode der Abschreibungsrechnung
ANLGR	☐	☐	ANLGR	CHAR	12	0	Anlagenkomplex
ANLGR2	☐	☐	ANLGR2	CHAR	4	0	Unternummer eines Anlagenkomplexes
SETTLEMENT_RULE	☐	☐	BUREG	NUMC	3	0	Aufteilungsregelgruppe
.INCLU-_PN	☐	☐	FAA_S_ACDOC_ITE...	STRU	0	0	Prima Nota Felder FIAA der Belegposition Accounting Document
UBZDT_PN	☐	☐	UBZDT	DATS	8	0	Ursprüngliches Bezugsdatum der Bewegung
XVABG_PN	☐	☐	XVABG	CHAR	1	0	Kennzeichen Vollabgang buchen
PROZS_PN	☐	☐	PROZS	DEC	5	2	Prozentsatz Anlagenabgang
XMANPROPVAL_PN	☐	☐	XMANPROPVAL	CHAR	1	0	Kennzeichen Manuelle Anteilige Werte erfaßt

Abbildung 2.16: Anlagenbezogene Felder im Universal Journal

Wir können uns die Verwendung dieser Felder ansehen, wenn wir zur Summen- und Saldenliste zurückkehren und nach KOSTENSTELLE, SACHKONTO und ANLAGE aufschlüsseln, um die Buchungen für die Abschreibung zu erklären, wie in Abbildung 2.17 gezeigt. Sie können einfach weitere Drill-Downs ausführen, um auch die ANLAGENUNTERNUMMER, das BEZUGSDATUM und die ANLAGENBEWEGUNGSART zu erfassen. Auf diese Weisen haben wir die kontobezogenen Informationen aus dem Hauptbuch mit den anlagenbezogenen Informationen kombiniert und erkennen, dass das, was früher ein separates Nebenbuch für die Anlagenbuchhaltung war, jetzt einfach eine zusätzliche Berichtsdimension im Universal Journal ist.

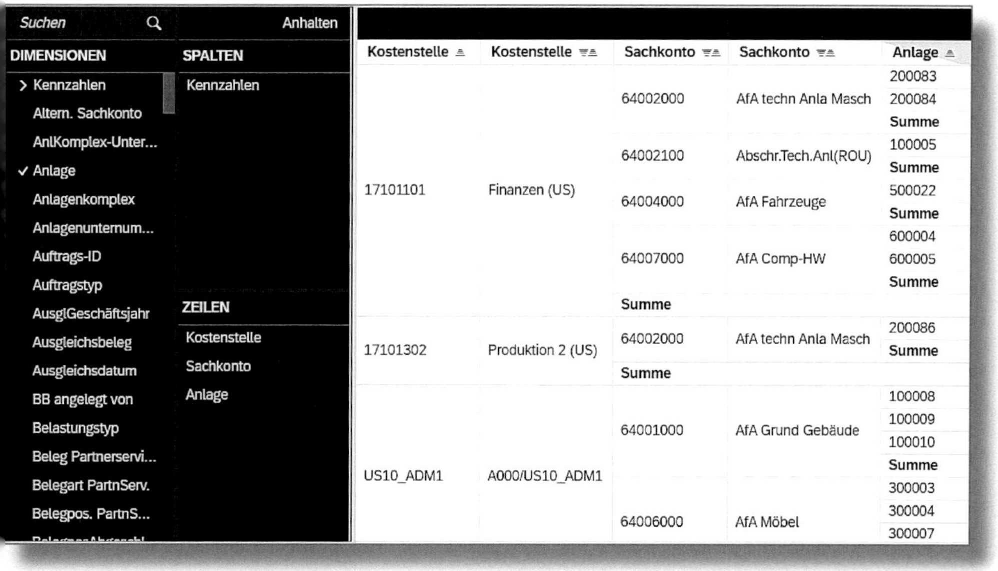

Suchen | Anhalten

DIMENSIONEN: Kennzahlen, Altern. Sachkonto, AnlKomplex-Unter..., ✓ Anlage, Anlagenkomplex, Anlagenunternum..., Auftrags-ID, Auftragstyp, AusglGeschäftsjahr, Ausgleichsbeleg, Ausgleichsdatum, BB angelegt von, Belastungstyp, Beleg Partnerservi..., Belegart PartnServ., Belegpos. PartnS...

SPALTEN: Kennzahlen

ZEILEN: Kostenstelle, Sachkonto, Anlage

Kostenstelle	Kostenstelle	Sachkonto	Sachkonto	Anlage
17101101	Finanzen (US)	64002000	AfA techn Anla Masch	200083
				200084
				Summe
		64002100	Abschr.Tech.Anl(ROU)	100005
				Summe
		64004000	AfA Fahrzeuge	500022
				Summe
		64007000	AfA Comp-HW	600004
				600005
				Summe
		Summe		
17101302	Produktion 2 (US)	64002000	AfA techn Anla Masch	200086
				Summe
		Summe		
US10_ADM1	A000/US10_ADM1	64001000	AfA Grund Gebäude	100008
				100009
				100010
				Summe
		64006000	AfA Möbel	300003
				300004
				300007

Abbildung 2.17: App »Summen- und Saldenliste« mit Kostenstelle, Sachkonto und Anlage

In der Vergangenheit hätten Sie diese Informationen in den Anlagenberichten gesehen, die die Anlagenbestandslisten nach Anlagenklasse, Kostenstelle, Werk usw. ausgewiesen haben, aber nicht in den Hauptbuch- oder Kostenstellenberichten. Jetzt werden die drei Elemente in einem einzigen Bericht kombiniert. Allmählich wird deutlich, wie ein einziger Bericht die Berichtsumgebung radikal vereinfacht und möglicherweise zahlreiche Tabellenkalkulationen mit Lookup-Tabelle aus Ihren Berichtsprozessen entfernt.

Wie sich die Granularität der Buchungslogik ändert, erkennen Sie am einfachsten, wenn Sie die Journalbuchung für eine Abschreibungsbuchung wie in Abbildung 2.18 betrachten. Hier sehen Sie für jede Anlage eine eigene Bilanzzeile und die entsprechende Aufwandszeile mit der Zuordnung zu einer Kostenstelle und dem abgeleiteten Funktionsbereich. In SAP ERP bot dieser Beleg nur eine aggregierte Sicht auf die anlagenbezogenen Buchungen im Hauptbuch.

Beleg anzeigen: Hauptbuchsicht

Mehr

BuKr	Pos	Konto	SK	Bezeichnung	Betrag HW	HWähr	Betrag	Währg	Kostenst.	GsBe	FktBereich	Prctr	Segment
1710	1	17001000		000000100008 0000	21.667,00-	USD	21.667,00-	USD				US10_PC10	Z_SEG0
1710	2	64001000		AfA Grund Gebäude	21.667,00	USD	21.667,00	USD	US10_ADM1		Z9400	US10_PC10	Z_SEG0
1710	3	17001000		000000100009 0000	17.750,00-	USD	17.750,00-	USD				US10_PC10	Z_SEG0
1710	4	64001000		AfA Grund Gebäude	17.750,00	USD	17.750,00	USD	US10_ADM1		Z9400	US10_PC10	Z_SEG0
1710	5	17001000		000000100010 0000	16.424,00-	USD	16.424,00-	USD				US10_PC10	Z_SEG0
1710	6	64001000		AfA Grund Gebäude	16.424,00	USD	16.424,00	USD	US10_ADM1		Z9400	US10_PC10	Z_SEG0
1710	7	17001000		000000100011 0000	33,00-	USD	33,00-	USD				USPS_LPC02	Z_L200
1710	8	64001000		AfA Grund Gebäude	33,00	USD	33,00	USD	USPS_LCC03		A200	USPS_LPC02	Z_L200
1710	9	17001000		000000100012 0000	51,00-	USD	51,00-	USD				USPS_LPC02	Z_L200
1710	10	64001000		AfA Grund Gebäude	51,00	USD	51,00	USD	USPS_LCC03		A200	USPS_LPC02	Z_L200
1710	11	17002000		000000200026 0000	37,00-	USD	37,00-	USD				YB110	1000_A
1710	12	64002000		AfA techn Anla Masch	37,00	USD	37,00	USD	17101201		YB20	YB110	1000_A
1710	13	17002000		000000200027 0000	898,00-	USD	898,00-	USD				US10_PLR	Z_SEG1
1710	14	64002000		AfA techn Anla Masch	898,00	USD	898,00	USD	US10_PLR		Z9200	US10_PLR	Z_SEG1

Abbildung 2.18: Beleganzeige für Abschreibungsbuchungen

Was sich nicht ändert, ist die Anlage an sich. Der Schlüssel zu diesem Bericht ist die Zuordnung der Anlage zum Konto und die zeitabhängige Verknüpfung mit der zugehörigen Kostenstelle. Klar strukturierte Stammdaten sind für das Befüllen der Berichtsdimensionen des Universal Journal essenziell. Diese Einstellungen müssen daher dringend überprüft werden, um sicherzustellen, dass sie korrekt sind und das richtige Profitcenter und Segment abgeleitet werden kann.

! Batch-Input-Programme für die Transaktion AB01 in BAPIs umwandeln

Sollten Sie vorhaben, neue Anlagen per Batch-Input anzulegen, beachten Sie bitte, dass Batch-Input-Programme für *AB01* in der neuen Anlagenbuchhaltung nicht mehr unterstützt werden. Wenn Sie kundeneigene Programme mit Batch-Input verwenden, müssen Sie diese in BAPIs umwandeln, bevor Sie neue Anlagen generieren können.

2.3.2 Ledger und Bewertungsbereiche

In der Vergangenheit wurden in der Anlagenbuchhaltung immer *Bewertungsbereiche* für die Durchführung verschiedener Bewertungen verwendet, Sie werden also daran gewöhnt sein, dass mehrere Bewertungsbereiche mit einer einzigen Anlage im *Asset Explorer* verbunden sind. Die Änderung bei der neuen Anlagenbuchhaltung besteht darin, dass der Bewertungsbereich 01 mit dem führenden Ledger nicht mehr fest verbunden ist, und Sie nun einfach die Bewertungsbereiche zu den relevanten Ledgern zuordnen können. Im Prinzip werden die Bewertungsbereiche als vollständige Ledger geführt, die in Echtzeit fortgeschrieben werden, und nicht als Delta-Ledger, die nur zum Periodenabschluss aktualisiert werden. Das sorgt für einen deutlich klarer strukturierten Reporting-Prozess. Es gibt nun einen Schritt im IMG, der Ihnen erlaubt, den Bewertungsbereich mit dem relevanten Ledger zu verknüpfen und festzulegen, ob die Buchung in Echtzeit oder in regelmäßigen Abständen ausgeführt werden soll. Beachten Sie jedoch, dass dies zum Zeitpunkt der Veröffentlichung dieses Buches noch einige Einschränkungen mit sich bringt: Da Sie ein Ledger nicht zum Universal Journal hinzufügen und mit historischen Daten füllen können, können Sie auch keinen Bewertungsbereich in der Anlagenbuchhaltung hinzufügen, der im Nachhinein mit dem Universal Journal verknüpft wird.

Es ist außerdem möglich, Anlagen gemäß einigen Rechnungslegungsvorschriften als Aktiva zu behandeln, sie aber von anderen Ledgern auszuschließen (einseitige Buchungen).

Wenn Sie die SAP-ERP-Hauptbuchhaltung verwendet haben, sind Sie vermutlich bereits mit dem Konzept der *Erfassungssicht* vertraut, in der die von der liefernden Anwendung bereitgestellten Daten angezeigt werden, und mit der *Hauptbuchsicht*, die die angereicherten Daten (wenn Profitcenter und Segment Daten enthalten) darstellt. Die neue Anlagenbuchhaltung greift diese Idee auf, indem die Rechnung für eine erworbene Anlage wie zuvor die Daten liefert, diese aber anfänglich auf ein technisches *Verrechnungskonto* gebucht werden.

In Abbildung 2.19 ist die ERFASSUNGSSICHT für einen beispielhaften Anlagenzugang von einem externen Anbieter zu sehen.

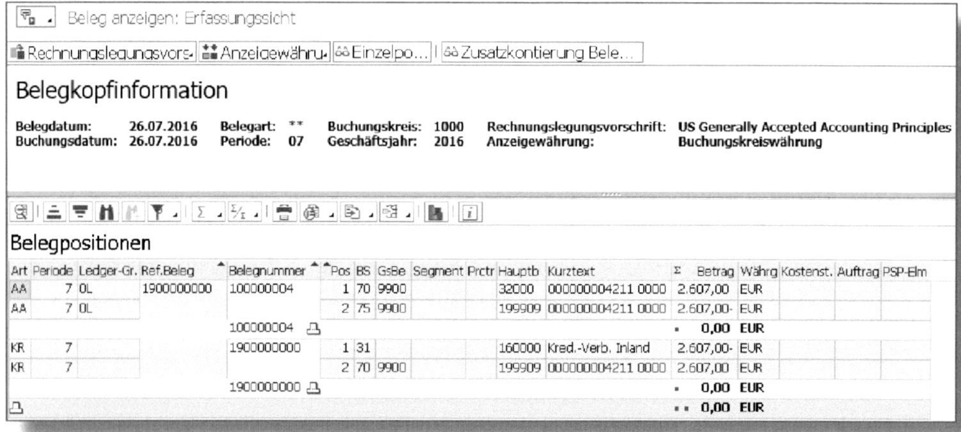

Art	Periode	Ledger-Gr.	Ref.Beleg	Belegnummer	Pos	BS	GsBe	Segment	Prctr	Hauptb	Kurztext	Σ Betrag	Währg	Kostenst.	Auftrag	PSP-Elm
AA	7	0L	1900000000	100000004	1	70	9900			32000	000000004211 0000	2.607,00	EUR			
AA	7	0L			2	75	9900			199909	000000004211 0000	2.607,00-	EUR			
				100000004								• 0,00	EUR			
KR	7			1900000000	1	31				160000	Kred.-Verb. Inland	2.607,00-	EUR			
KR	7				2	70	9900			199909	000000004211 0000	2.607,00	EUR			
				1900000000								• 0,00	EUR			
												•• 0,00	EUR			

Abbildung 2.19: Erfassungssicht mit Verrechnungskonto 199909

Dieser Erfassungsbeleg löst die Anlage mehrerer Buchhaltungsbelege aus: einen für jede aktive Rechnungslegungsvorschrift. Die spezifischen Belege nach Rechnungslegungsvorschriften werden mit dem technischen Verrechnungskonto (199909) verrechnet, sodass sich ein Saldo von null ergibt. Sie können dann eine der Rechnungslegungsvorschriften manuell anpassen – beispielsweise um Frachtkosten für jede Rechnungslegungsvorschrift anders auszuweisen.

2.4 Kostenstellenrechnung, Auftrags- und Projektabrechnung

Die neue Hauptbuchhaltung bietet eine Option, die Kostenstelle in die Tabelle FAGLFLEXA zu integrieren. Für Aufträge, Projekte, Geschäftsprozesse, Netzpläne und andere Kontierungen müssen Unternehmen jedoch separat im Controlling berichten. In Abschnitt 2.2.1 haben wir uns in der Summen- und Saldenliste bereits die Drill-Down-Option nach Kostenstelle angesehen. Das ist jedoch erst die Hälfte der Geschichte. Wir müssen ebenso verstehen, wie diese Kosten anderen Kostenträgern im System zugerechnet werden. Wir werden ebenso betrachten, welche Rolle der Objektnummer und der Partnerobjektnummer zukommt, und wie sich diese bei SAP S/4HANA Finance ändert.

2.4.1 Berichtsdimensionen für Kostenstellen, Aufträge und Projekte

Die Grundprinzipien der in Abschnitt 2.2.1 gezeigten Aufschlüsselung von Summen- und Saldenlisten bis zu den Kostenstellen gelten gleichermaßen für Kosten, die Aufträgen, PSP-Elementen, Netzplänen, Netzplan- und Geschäftsprozessen sowie allen Objekten zugeordnet sind, die bisher als CO-Objekte betrachtet wurden. Es ist zudem möglich, statistische Buchungen auf Aufträge und Projekte zu erfassen und darüber zu berichten, indem das Kennzeichen IST STATISTISCH in den neuen Berichten gesetzt wird.

! Keine Kostenträger und Kostenträgerhierarchien mehr

In Bezug auf Abwärtskompatibilität stellen Kostenträger und Kostenträgerhierarchien die große Ausnahme dar. Diese werden künftig nicht mehr unterstützt.

Sie werden feststellen, dass alle Funktionen für Kostenträgerhierarchien aus dem Menü PERIODISCHES PRODUKT-CONTROLLING und das Teilmenü KOSTENTRÄGERRECHNUNG ALLGEMEIN aus dem Menü SAP EASY ACCESS entfernt wurden. Für Kostenträgerhierarchien, die in erster Linie für die Berichterstellung verwendet werden, ist die Empfehlung, stattdessen *Verdichtungshierarchien* zu verwenden. Für alle, die daran gewöhnt sind, Kosten zu erfassen, die später auf die zugeordneten Produktkostensammler und Aufträge verteilt werden, gilt die Empfehlung, stattdessen die Funktion *Verteilung von Verbrauchsmengendifferenzen* im Material-Ledger-Menü zu verwenden (dafür ist keine Istkalkulation erforderlich, sie werden jedoch häufig in diesem Kontext genutzt).

Beachten Sie in Abbildung 2.20, dass das Universal Journal weiterhin aus Gründen der Abwärtskompatibilität die Objektnummer und die Partnerobjektnummer enthält. Es gliedert außerdem die Objektnummer auf, um die neuen Felder ACCAS (KONTIERUNG) und ACCASTY (OBJEKTTYP) zu füllen, sodass wir nun eine separate Spalte haben, die *KS* für Kostenstelle, *OR* für Auftrag, *PS* für Projekt usw. enthält. Im Berichtswesen verwenden Sie den Objekttyp in Kombination mit dem zugehörigen Feld, z. B. AUFNR für die Auftragsnummer und PS_POSID für das PSP-Element (Projektstrukturplan) zur Auswahl der relevanten Zeilen für die Berichterstellung. Das bedeutet, dass es nun deutlich einfacher ist, Berichte für die Kontierungen zu erstellen, da Sie die CO-Objektnummer nicht mehr entpacken müssen, wie es in den klassischen Einzelpostenberichten und bei der Extraktion von Kosten an SAP BW der Fall ist. Sie werden außerdem feststellen, dass jedes Objekt über ein äquivalentes *Partnerobjekt* verfügt. Dadurch können Sie ganz einfach berichten, auf welche Weise ein Allokationszyklus Kosten von einer Kostenstelle zur nächsten belastet, oder wie die Zeiterfassung verwendet wird, um Kostenstellenkosten einem Netzplan, Auftrag oder Projekt zu belasten.

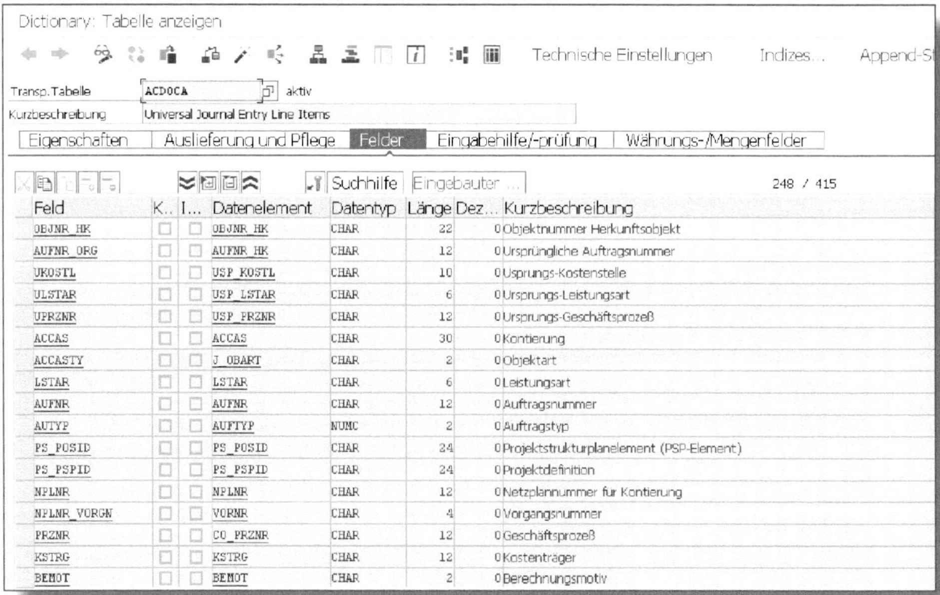

Dictionary: Tabelle anzeigen

Technische Einstellungen Indizes... Append-St

Transp.Tabelle ACDOCA aktiv

Kurzbeschreibung Universal Journal Entry Line Items

Eigenschaften | Auslieferung und Pflege | Felder | Eingabehilfe/-prüfung | Währungs-/Mengenfelder

Suchhilfe Eingebauter ... 248 / 415

Feld	K..	I...	Datenelement	Datentyp	Länge	Dez...	Kurzbeschreibung
OBJNR_HK			OBJNR_HK	CHAR	22	0	Objektnummer Herkunftsobjekt
AUFNR_ORG			AUFNR_HK	CHAR	12	0	Ursprüngliche Auftragsnummer
UKOSTL			USP_KOSTL	CHAR	10	0	Usprungs-Kostenstelle
ULSTAR			USP_LSTAR	CHAR	6	0	Ursprungs-Leistungsart
UPRZNR			USP_PRZNR	CHAR	12	0	Ursprungs-Geschäftsprozeß
ACCAS			ACCAS	CHAR	30	0	Kontierung
ACCASTY			J_OBART	CHAR	2	0	Objektart
LSTAR			LSTAR	CHAR	6	0	Leistungsart
AUFNR			AUFNR	CHAR	12	0	Auftragsnummer
AUTYP			AUFTYP	NUMC	2	0	Auftragstyp
PS_POSID			PS_POSID	CHAR	24	0	Projektstrukturplanelement (PSP-Element)
PS_PSPID			PS_PSPID	CHAR	24	0	Projektdefinition
NPLNR			NPLNR	CHAR	12	0	Netzplannummer für Kontierung
NPLNR_VORGN			VORNR	CHAR	4	0	Vorgangsnummer
PRZNR			CO_PRZNR	CHAR	12	0	Geschäftsprozeß
KSTRG			KSTRG	CHAR	12	0	Kostenträger
BEMOT			BEMOT	CHAR	2	0	Berechnungsmotiv

Abbildung 2.20: Felder für CO-Kontierungen im Universal Journal

Wenn Sie Abbildung 2.21 mit Abbildung 2.7 vergleichen, werden Sie feststellen, dass es sich hier wieder um eine Kombination aus einem Konto und einer Kostenstelle handelt. Diesmal geht es allerdings darum, wie diese Kosten einem Partnerempfänger (in diesem Fall ein Auftrag) über eine Leistungsart belastet werden. Die Materialkostenbuchung in Abbildung 2.6 wurde mit einem offenen Posten für eine Lieferantenzahlung verrechnet, aber in diesem Fall liegt eine interne Buchung vor, bei der eine Kostenstelle entlastet und ein weiterer Empfänger belastet werden, und zwar unter einer Sekundärkostenart, wie diese bisher bezeichnet wurde. In vielen Fällen findet die Belastung von der Kostenstelle zu einem Auftrag oder einem Projekt statt, weshalb die Zuordnung der Partnerkostenstelle zurückgenommen wird.

Dieses Muster tritt immer dann auf, wenn eine direkte Leistungsverrechnung gebucht (wie hier, entweder über die Zeiterfassung oder die Auftragsrückmeldung), Gemeinkosten umgelegt, Allokationszyklen ausgeführt oder Aufträge und Projekte abgerechnet werden. Es gibt immer einen *Sender* und einen *Empfänger* (oder auch mehrere Sender und Empfänger), und der Wertfluss wird in einem Konto erfasst.

Diese Sender-Empfänger-Beziehung führt uns zurück zu Abbildung 2.8, in der wir die Kontierungspaare Profitcenter und Partner-Profitcenter, Funktionsbereich und Partnerfunktionsbereich usw. betrachtet haben. Eine einfache Verrechnung entlastet eine Kostenstelle und belastet eine andere. Außerdem kann sie auf Basis der Kostenstellenstammdaten potenziell einen Wechsel von Profitcentern, Funktionsbereichen usw. auslösen. Diese Dimensionen werden zudem im Universal Journal aktualisiert. D. h., dass eine Verrechnung nun keine Buchung mehr ist, die im Controlling stattfindet, und die in der Folge in der Finanzbuchhaltung dargestellt wird, sei es durch Ausführung der Transaktion *KALC* oder das Anlegen eines Buchungsbelegs des Typs COFI. Stattdessen ist die Verrechnung einfach eine besondere Art von Journalbuchung der Belegart CO.

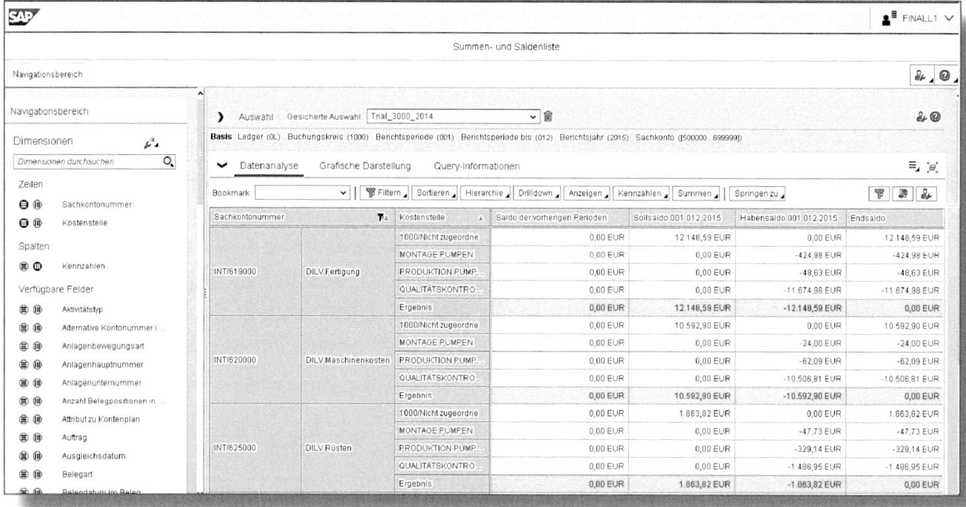

Abbildung 2.21: App »Summen- und Saldenliste« mit Zuordnung der Maschinenzeit

2.4.2 Kostenarten und das Hauptbuch

Eine der grundlegenden Änderungen bei SAP S/4HANA Finance ist, dass die Sekundärkostenarten nun nicht mehr separat bestehen, sondern als Sachkonten in Erscheinung treten. Die alte Transaktion *KA06* (Sekundärkostenart anlegen) leitet Sie nun zur Transaktion *FS00* (Sachkonto ändern) um, ebenso wie die alte *KA01* (Primärkostenart anlegen). Während der Migration werden Sekundärkostenarten für alle Buchungskreise, die dem CO-Bereich zugeordnet sind, zu den Sachkontentabellen migriert (SKA1, SKB1 und SKAT). Abbildung 2.22 zeigt die Sachkontenstammdaten für eine Sekundärkostenart zur Verrechnung von Maschinenkosten (KOSTENARTENTYP 43). Alle Sender-Empfänger-Beziehungen, die als Ergebnis einer Verrechnung auftreten, werden wie zuvor durch einen Kostenartentyp dargestellt: *43* für innerbetriebliche Leistungsverrechnungen (wie in Abbildung 2.22 dargestellt), *21* für interne Abrechnungen, *41* für Gemeinkostenzuschläge und *42* für Umlagen. Die grundlegende Änderung bei SAP S/4HANA Finance ist, dass der Beleg, der diesen Wertefluss aufzeichnet (Kostenstelle an Auftrag in Abbildung 2.21), die Kostenstelle entlastet und den Auftrag unter einem Sachkonto des Typs »Sekundärkostenart« belastet. Wenn sich die Reporting-Dimensionen ändern, aktualisiert er außerdem gemeinsam alle betroffenen Profitcenter, Segmente, Funktionsbereiche usw., anstatt einen CO-Beleg und einen Abstimmbeleg in FI zu generieren.

Abbildung 2.22: Sachkonto für eine sekundäre Kostenart mit Kostenartentyp

Diese Verknüpfung vereinfacht den Abschlussprozess, da sie festlegt, dass Sie nichts abstimmen müssen, um die Konsistenz der FI- und CO-Daten sicherzustellen. Wenn Sie über einen sogenannten *Soft Close* nachdenken, sollten Sie die Aktivierung einer zusätzlichen Business Function CO_ALLOCATIONS in Betracht ziehen, damit Sie Gemeinkosten in Echtzeit verrechnen können. So wird sichergestellt, dass das System beispielsweise beim Buchen von Materialkosten auf ein Projekt die Bedingungen im Kalkulationsschema prüft und ggf. Materialgemeinkosten zuordnet sowie dabei eine Doppelbuchung generiert: eine für die Materialkosten und eine für die Gemeinkosten. Dasselbe Prinzip gilt für direkte Leistungsverrechnungen und Umbuchungen, bei denen die entsprechenden Gemeinkosten als eine Doppelbuchung berechnet werden, die von der Verrechnung weiterverarbeitet werden muss.

Ich habe aufgezeigt, dass alle Primärkostenarten und die meisten Sekundärkostenarten einfach Sachkonten der entsprechenden Kontoart sind. Die zur Erfassung von Ware in Arbeit, Ergebnisermittlung, Earned Value usw. verwendeten Kostenarten, müssen als Ausnahme zu dieser Logik betrachtet werden. Die berechnete Ware in Arbeit wird hier mit dem zugehörigen Kostenartentyp 31 (ERGEBNISERMITTLUNG) aktualisiert, während die Abrechnung ein WIP-Konto der Kontoart NEUTRALE AUFWENDUNGEN ODER ERTRÄGE aktualisiert.

2.4.3 Verrechnungen

Bei einem Umstieg auf SAP S/4HANA Finance können Sie alle Verteilungszyklen, Umlagezyklen, Zyklen der indirekten Leistungsverrechnung etc. wie bisher nutzen. Die SAP hat begonnen, diese Anwendungen unter dem Begriff *Universelle Verrechnung* zu überarbeiten. Dies beinhaltet:

- Planumlagen und -verteilungen (OP1809)
- Istumlagen und -verteilungen auf Kostenstellen (OP1809)
- Top-Down-Verteilung in der Margenanalyse (OP1909, FPS1)
- Istumlage zur Margenanalyse (OP2021)

Der Ansatz der universellen Verrechnung liefert neue Anwendungen zur Pflege der Zyklen (»Verrechnungen verwalten«), Durchführung von Allokationen (»Verrechnungen ausführen«) und Analyse der Ergebnisse (»Verrechnungen verwalten«). Anstelle der Mehrfachtransaktionen in SAP ERP (*KSU1-3* für Kostenstellenumlagen, *KSV1-3* für Kostenstellenverteilungen usw.) wird in der neuen Benutzeroberfläche zwischen der Verwendung der Felder VERRECHNUNGSKONTEXT (Kostenstellen, Profitcenter, Ergebnis- und Marktsegmentrechnung usw.) und VERRECHNUNGSART (Verteilung, Umlage, Top-Down-Verteilung usw.) unterschieden. Hinter den Kulissen wählen die neuen Anwendungen direkt aus dem Universal Journal aus und können mit mehreren Rechnungslegungsvorschriften und Währungen umgehen. Abbildung 2.23

zeigt die App »Verrechnungen verwalten«. Der Verrechnungskontext ist in diesem Beispiel Kostenstellen und die Verrechnungsart ist Umlage. Sie können in derselben Benutzeroberfläche zwischen geplanten und tatsächlichen Kosten umschalten, indem Sie Ist/Plan (hier nicht zu sehen) wählen. Ich habe beispielhaft den Zyklus WC1 für die Gemeinkostenverrechnung von Wasser und Infrastruktur sowie das Segment SEG1 für die Verrechnung der gebuchten Beträge nach festen Prozentsätzen von einer Senderkostenstelle auf mehrere Empfängerkostenstellen gewählt.

Die neue Anwendung ist zwar intuitiver als die bisherigen Transaktionen, aber beachten Sie, dass es neben den Funktionen zum Erstellen, Kopieren und Löschen auch ein Excel-Upload-Symbol gibt. Darüber können Sie die Zyklen in einer Tabellenkalkulation pflegen und sie dann vor dem Periodenabschluss in das System einfügen. Dies ist besonders nützlich, wenn Sie mit manuell eingetragenen Prozentsätzen oder Beträgen als Bezugsbasis arbeiten.

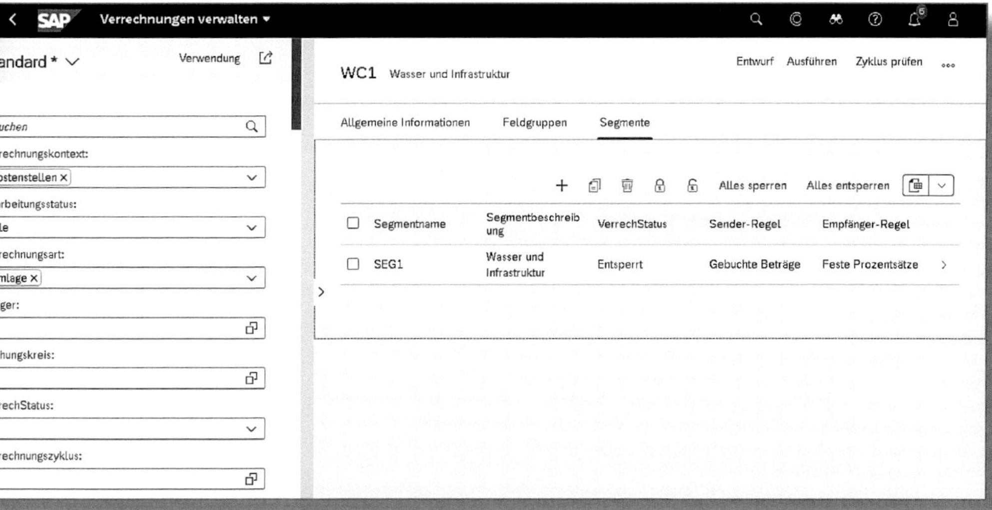

Abbildung 2.23: App »Verrechnungen verwalten« – Segmentdetails für die Verrechnung von Kostenstellen

Nachdem Sie die Sender, Empfänger und Bezugsbasen für Ihren Zyklus definiert haben, kann die Verrechnung mit der App »Verrechnungen ausführen« erfolgen (Abbildung 2.24). Hier sehen wir den Status für verschiedene Verrechnungszyklen und können zu den Ergebnissen navigieren, um die Sender und Empfänger der Verrechnung zu sehen.

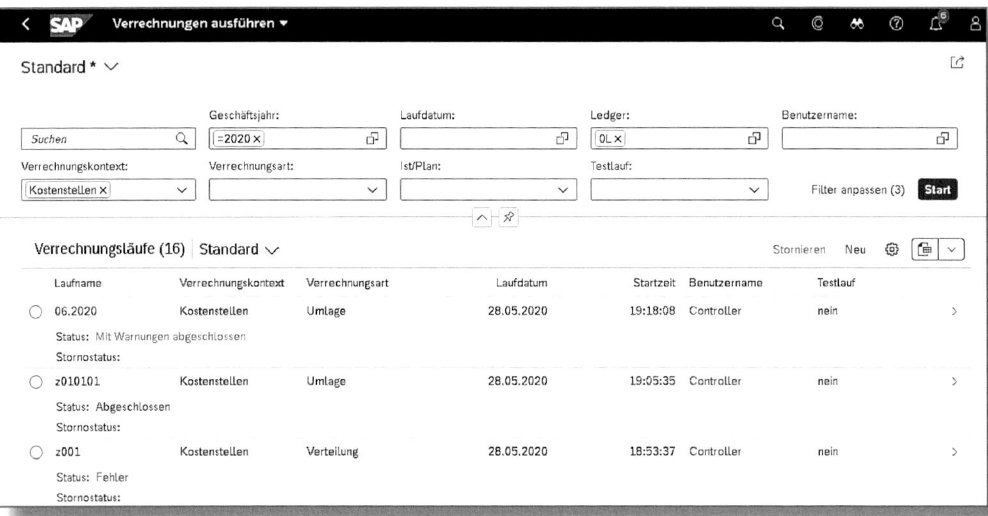

Abbildung 2.24: App »Verrechnungen ausführen«

In SAP ERP müssen die Sender und Empfänger einer Verteilung oder Umlage innerhalb eines Kostenrechnungskreises liegen, können aber buchungskreisübergreifend sein. Manche Unternehmen definieren Validierungen, um versehentliche buchungskreisübergreifende Verrechnungen zu verhindern, andere ignorieren diese implizite Barriere und verrechnen die Kosten buchungskreisübergreifend über die klassischen Transaktionen. Die universelle Verrechnung funktioniert bis OP2021 nur innerhalb eines Buchungskreises. Seit OP2021 gibt es eine neue Verrechnungsart, die buchungskreisübergreifende Verrechnungen unterstützt. In SAP ERP aktualisieren Verrechnungen die Sender- und Empfänger-Kostenträger, aber nicht die betroffenen Handelspartner, es sei denn, es wird eine Modifikation durchgeführt.

Diese Modifikation basiert auf den Summensätzen und wird in SAP S/4HANA nicht mehr unterstützt.

Während der Arbeit an diesem Buch wurden neben der App »Verrechnungen verwalten« weiterhin die klassischen Umlage- und Verteilungszyklen angeboten, da die App noch keine kumulativen Zyklen unterstützt.

2.4.4 Ledger und Versionen

Beachten Sie, dass in Abbildung 2.23 und Abbildung 2.24 alle Verrechnungen mit Bezug auf ein LEDGER und nicht auf eine Version durchgeführt werden. Dies ist ein ganz bewusster Schritt, mit dem das Ledger über alle Anwendungen im Controlling verfügbar gemacht wird. Sie finden die Ledger-Gruppe auch auf den Auswahlbildern in den manuellen Buchungstransaktionen, z. B. *KB11N* und *KB41N*. Wie in Abschnitt 2.2.4 besprochen, können wir nun das **Hauptbuch** verwenden, um alle Unterschiede zu behandeln, die mit den verschiedenen Rechnungslegungsvorschriften und den unterschiedlichen Bewertungsansätzen verbunden sind. Beachten Sie, dass die SAP derzeit ihre Transaktionen überarbeitet, um eine ledgerspezifische Abrechnung, Tarifermittlung usw. im Rahmen des *Universal Parallel Accounting* zu ermöglichen.

Aus Kompatibilitätsgründen müssen Sie jedoch noch eine Version für die Konzern- und Profitcenter-Bewertung (verfügbar ab Edition 1605) und eine für die parallele Bewertung von Herstellkosten (Business Function FIN_CO_COGM), verfügbar ab Edition 1610, zuordnen.

Mit SAP S/4HANA Finance werden die Versionen weiterhin für die Planung und für die Speicherung von Sollkosten, Abweichungen und Abgrenzungsdaten verwendet. Auf die in der Planung verwendete Version sowie auf die Berechnung von Sollkosten und Abweichungen werde ich in Kapitel 3 zurückkommen.

2.5 Margenanalyse

Wir haben uns gerade angesehen, wie Kostenstellen, Aufträge, Projekte, Geschäftsprozesse, Netzwerke usw. zu Berichtszwecken im Universal Journal erfasst werden. Die Margenanalyse (früher als buchhalterische Ergebnisrechnung bekannt) basiert auf der gleichen Idee, doch ist die Kontierung **mehrdimensional** und besteht aus einer Kombination der verschiedenen, in Ihrem Ergebnisbereich ausgewählten Merkmale (üblicherweise Produkt, Kunde, Verkaufsorganisation usw.).

Wenn Sie bereits mit der kalkulatorischen Ergebnisrechnung gearbeitet haben, sehen die Konfigurationsschritte insofern ähnlich aus, als dass Sie die Merkmale auswählen, über die Sie berichten möchten, und Ableitungsregeln für die Merkmale (z. B. Produktgruppe, Kundengruppe und Region) einrichten, die nicht direkt aus der Rechnung oder dem Lieferbeleg gelesen werden können, sondern aus den zugehörigen Stammdaten über Nachschlagetabellen usw. **abgeleitet** werden müssen. Mit der Eingliederung der Ergebnisrechnung in das Universal Journal ändert sich, dass Sie mit **Konten/Kostenarten** und nicht mit Wertfeldern arbeiten. Sie müssen also sicherstellen, dass alle relevanten Erlös-, Erlösschmälerungs- und Umsatzkostenkonten, die Sie in Ihrem Jahresabschluss darstellen möchten, als primäre Kostenarten der entsprechenden Kategorie definiert sind (siehe Abbildung 2.11).

Eine der wichtigsten Änderungen ist die Art und Weise, wie Umsatzkosten behandelt werden, da dieses Konto zu einer Kostenart in der Margenanalyse wird, das die CO-PA-Merkmale zum Zeitpunkt der Lieferung und nicht zum Zeitpunkt der Rechnungsstellung ableitet. Ich werde dies in Abschnitt 2.5.2 näher erläutern, wenn wir die Änderungen an der Umsatzkostenbuchung (COGS-Buchung) untersuchen.

Sie müssen außerdem die sekundären Kostenarten (siehe Abbildung 2.22), die Sie für die Abrechnung oder Verrechnung auf Marktsegmente verwenden, dahingehend überprüfen, ob sie ausreichend Transparenz bieten. Außerdem sollten Sie sicherstellen, dass Sie nicht nur eine einzige Abrechnungskostenart für die Verrechnung aller Aufträge und Projekte verwenden, obwohl Sie eigentlich die zur Verrechnung ausgewählten Kostenarten unterscheiden wollen.

2.5.1 Berichtsdimensionen in der Margenanalyse

Ein Standard-Ergebnisbereich kann bis zu 60 Merkmale enthalten (dieses Limit gilt auch noch mit SAP S/4HANA Finance). Wenn Sie den Ergebnisbereich aktivieren oder migrieren, erzeugt das System für jedes dieser Merkmale eine Spalte im Universal Journal. Sie erkennen diese Buchungen an dem Eintrag EO im neuen Feld ACCASTY (Kontierung). Viele sind bereits als Standardmerkmale vorhanden, aber jede Branche hat in der Regel eine Handvoll eigener Merkmale (z. B. Marke und Kategorie in der Konsumgüterindustrie), die dem Ergebnisbereich hinzugefügt werden und für die eine Spalte im Universal Journal erzeugt wird. Es gilt im Allgemeinen als Best Practice, einen einzigen Ergebnisbereich zu pflegen. Bei mehreren Ergebnisbereichen erzeugt das System für jedes unterschiedliche Merkmal eine Spalte, befüllt aber nur die Zeilen für den Ergebnisbereich.

Abbildung 2.25 zeigt die Felder für die CO-PA-Merkmale im Universal Journal. Wenn Sie in der Vergangenheit mit der buchhalterischen Ergebnisrechnung gearbeitet haben, werden Sie wissen, dass es früher Einstellungen gab, um die Anzahl der verwendeten Merkmale in der buchhalterischen Ergebnisrechnung im Vergleich zur kalkulatorischen Ergebnisrechnung zu reduzieren. Diese Einstellungen sind nun obsolet, und **alle** Merkmale im Ergebnisbereich befinden sich automatisch im Universal Journal. Die Tabelle CE4 (mit den Merkmalen) ist aus Kompatibilitätsgründen weiterhin vorhanden und wird nach wie vor von klassischen Berichten, wie z. B. *KE30*, gelesen. Die neuen Berichte lesen jedoch direkt aus dem Universal Journal. Denken Sie auch daran, dass die Währungseinstellungen für die Ergebnisrechnung vom Ledger gesteuert werden, sodass Sie immer über eine Konzernwährung und eine Hauswährung verfügen und die Möglichkeit haben, weitere Währungen hinzuzufügen, wie in Abschnitt 2.2.5 besprochen.

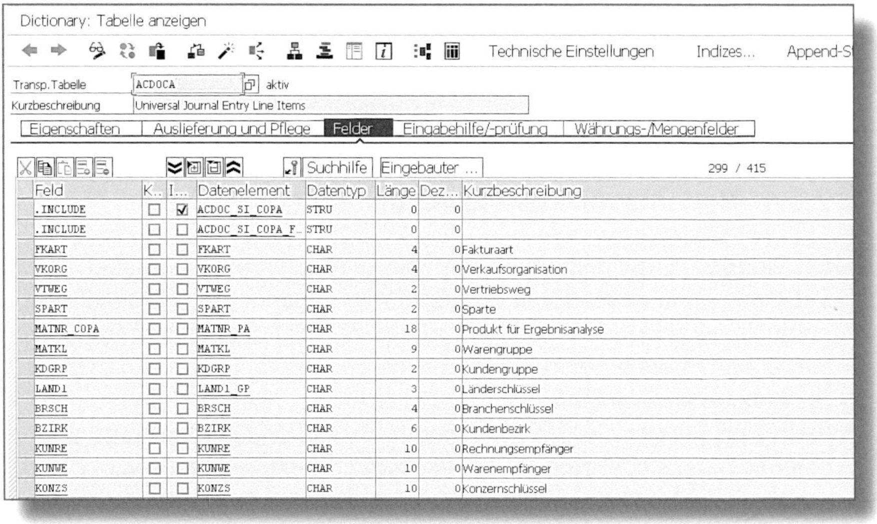

Dictionary: Tabelle anzeigen

Technische Einstellungen Indizes... Append-S

Transp.Tabelle ACDOCA aktiv

Kurzbeschreibung Universal Journal Entry Line Items

Eigenschaften | Auslieferung und Pflege | Felder | Eingabehilfe/-prüfung | Währungs-/Mengenfelder

Suchhilfe | Eingebauter ... 299 / 415

Feld	K...	I...	Datenelement	Datentyp	Länge	Dez...	Kurzbeschreibung
.INCLUDE	☐	☑	ACDOC_SI_COPA	STRU	0	0	
.INCLUDE	☐	☐	ACDOC_SI_COPA_F...	STRU	0	0	
FKART	☐	☐	FKART	CHAR	4	0	Fakturaart
VKORG	☐	☐	VKORG	CHAR	4	0	Verkaufsorganisation
VTWEG	☐	☐	VTWEG	CHAR	2	0	Vertriebsweg
SPART	☐	☐	SPART	CHAR	2	0	Sparte
MATNR_COPA	☐	☐	MATNR_PA	CHAR	18	0	Produkt für Ergebnisanalyse
MATKL	☐	☐	MATKL	CHAR	9	0	Warengruppe
KDGRP	☐	☐	KDGRP	CHAR	2	0	Kundengruppe
LAND1	☐	☐	LAND1_GP	CHAR	3	0	Länderschlüssel
BRSCH	☐	☐	BRSCH	CHAR	4	0	Branchenschlüssel
BZIRK	☐	☐	BZIRK	CHAR	6	0	Kundenbezirk
KUNRE	☐	☐	KUNRE	CHAR	10	0	Rechnungsempfänger
KUNWE	☐	☐	KUNWE	CHAR	10	0	Warenempfänger
KONZS	☐	☐	KONZS	CHAR	10	0	Konzernschlüssel

Abbildung 2.25: Felder für Marktsegmente im Universal Journal

Wenn Sie darüber nachdenken, welche Felder Sie in das Universal Journal aufnehmen möchten, ist es auch sinnvoll, sich zu überlegen, welche Felder wann gefüllt werden können. Die nützlichsten Informationen stammen in der Regel aus dem Fakturabeleg, da die vollständigen Detailinformationen zu Kunde, Produkt usw. in der Rechnung enthalten sind. Es ist üblich, die Materialdetaildaten mithilfe der Verdichtung aus der Rechnung im Buchhaltungsbeleg zu entfernen, da diese für die Offene-Posten-Verwaltung nicht benötigt werden. Demgegenüber kann das Universal Journal die Details Tausender von Materialzeilen verarbeiten, weshalb auf eine Verdichtung verzichtet werden kann. Ableitungsregeln können wie zuvor zusätzliche Felder für diese Materialzeilen befüllen. Was Sie für Berichtszwecke im Grunde sehen, ist die Belegsicht **wie gebucht**. Sollte dies erforderlich sein, können Sie Merkmalswerte zu einem späteren Zeitpunkt mit der Reorganisationsfunktion, die mit der Edition 1610 ausgeliefert wird, nachträglich neu zuordnen. So können Sie Korrekturen vornehmen, wenn sich Ihre Organisationsstruktur ändert, oder im Nachhinein die CO-PA-Merkmale anpassen.

2.5.2 Kosten des Umsatzes und Ergebnisrechnung

Vor der Einführung von SAP S/4HANA Finance war eines der Argumente für die kalkulatorische Ergebnisrechnung, dass die Buchung von Umsatzkosten (engl. Cost of Goods Sold oder kurz COGS) und die Abweichungsbuchung in separate Wertfelder aufgeteilt werden konnte, um mehr Transparenz in der Kostenaufgliederung zu schaffen. Nun gestatten neue Konfigurationseinstellungen, dass Sie die Kosten des Umsatzes wieder aufnehmen und basierend auf der Gewichtung der diversen Kostenelemente in der Standardkalkulation auf verschiedene Unterkonten umbuchen. Um diese *Aufteilung* zu konfigurieren, wählen Sie im IMG den folgenden Pfad: FINANZBUCHHALTUNG (NEU) • HAUPTBUCHHALTUNG (NEU) • PERIODISCHE ARBEITEN • INTEGRATION • MATERIALWIRTSCHAFT • KONTEN FÜR DIE AUFTEILUNG DER SELBSTKOSTEN DEFINIEREN.

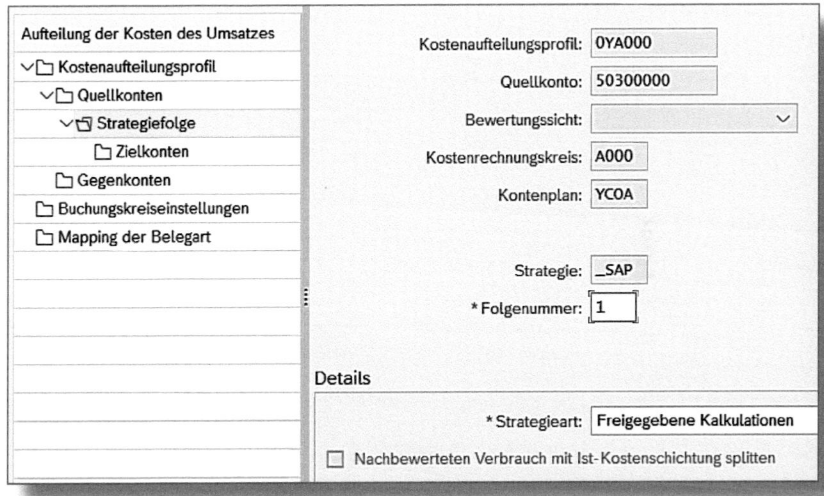

Abbildung 2.26: Kostenaufteilungsprofil mit Strategie für Umsatzkostensplittung

In Abbildung 2.26 ist ein Beispiel für ein KOSTENAUFTEILUNGSPROFIL mit QUELLKONTO *5030000* (das Umsatzkostenkonto) dargestellt. Die Kosten sind auf Basis der STRATEGIEART *Freigegebene Kalkulationen* (d. h. die Kalkulation, die zur Festlegung des Standardpreises für das

Material verwendet wird) aufzuteilen. Beachten Sie auch, dass diese vorläufige Umsatzkostensplittung später angepasst werden kann, um die Ergebnisse der laufenden Istkalkulation am Periodenabschluss widerzuspiegeln, indem Sie das Kennzeichen NACHBEWERTETEN VERBRAUCH MIT IST-KOSTENSCHICHTUNG SPLITTEN aktivieren.

Abbildung 2.27 zeigt die Zielkonten für ein beispielhaftes Aufteilungsschema zur Splittung der Umsatzkosten in vier Unterkonten. Um diesen Ansatz zu realisieren, können Sie die Kontierung für die Umsatzkostenbuchung unverändert lassen (achten Sie jedoch darauf, dass das Konto als »Kostenart« gekennzeichnet ist), müssen aber für jede der Kostenarten, die Sie in die Aufteilung einbeziehen wollen, neue Konten der Kontoart »Primärkosten« anlegen. Dabei muss es sich nicht um eine 1:1-Zuordnung handeln – Sie können einem Konto auch mehrere Kostenarten zuordnen.

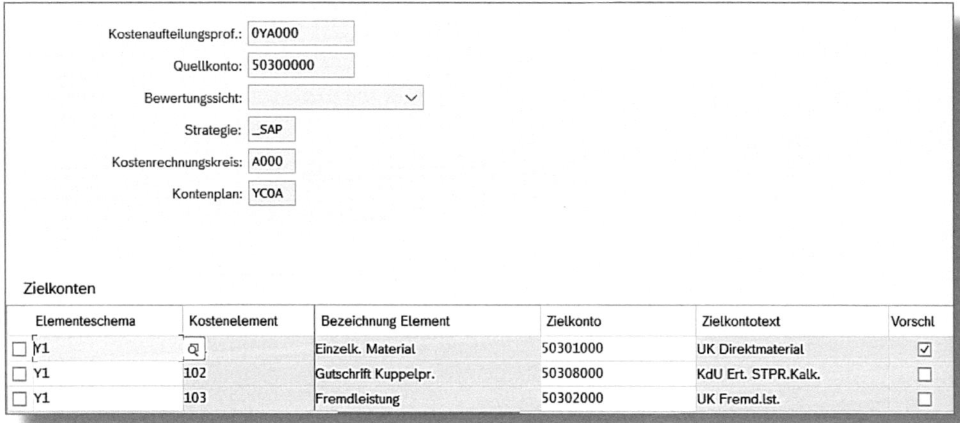
Kostenaufteilungsprof.: 0YA000
Quellkonto: 50300000
Bewertungssicht:
Strategie: _SAP
Kostenrechnungskreis: A000
Kontenplan: YCOA

Zielkonten

Elementeschema	Kostenelement	Bezeichnung Element	Zielkonto	Zielkontotext	Vorschl
Y1		Einzelk. Material	50301000	UK Direktmaterial	☑
Y1	102	Gutschrift Kuppelpr.	50308000	KdU Ert. STPR.Kalk.	☐
Y1	103	Fremdleistung	50302000	UK Fremd.lst.	☐

Abbildung 2.27: Kostenaufteilungsprofil mit Zielkonten für Umsatzkostensplittung

Abbildung 2.28 zeigt eine Umsatzkostenbuchung, die auf diesen Einstellungen basiert. Beachten Sie, dass die Kontierung in der Margenanalyse immer auf das Marktsegment erfolgt. Wir sehen, dass die Lieferung wie zuvor gebucht und dann storniert wird. Der gesamte Umsatzkostenwert wird dann gemäß der Konfiguration in Abbildung 2.27 aufgeteilt, um vier neue Buchungszeilen unter den entsprechenden Konten/Kostenarten zu erstellen.

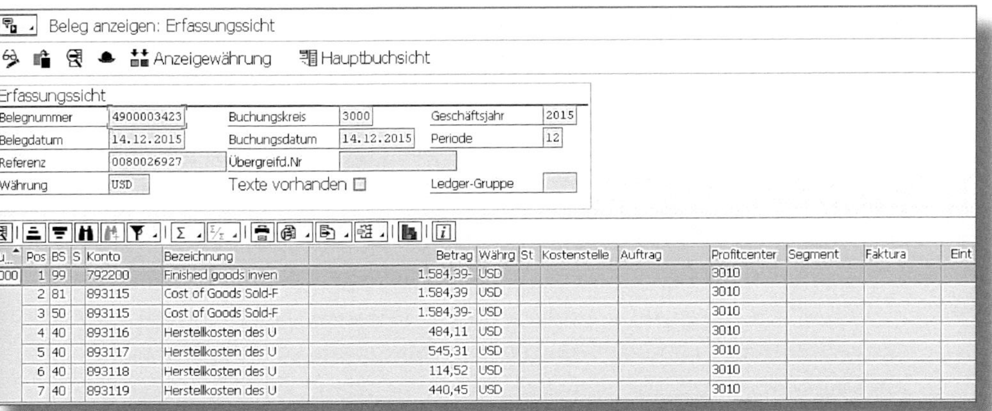

Pos	BS	S	Konto	Bezeichnung	Betrag	Währg	St	Kostenstelle	Auftrag	Profitcenter	Segment	Faktura
1	99		792200	Finished goods inven	1.584,39-	USD				3010		
2	81		893115	Cost of Goods Sold-F	1.584,39	USD				3010		
3	50		893115	Cost of Goods Sold-F	1.584,39-	USD				3010		
4	40		893116	Herstellkosten des U	484,11	USD				3010		
5	40		893117	Herstellkosten des U	545,31	USD				3010		
6	40		893118	Herstellkosten des U	114,52	USD				3010		
7	40		893119	Herstellkosten des U	440,45	USD				3010		

Abbildung 2.28: Kostenbeleg für Umsatzkostensplittung

Dies mag Ihnen wie eine neue Implementierungsoption für die Bewertungsstrategie erscheinen, mit der Sie die Standardkostenschichtung Wertfeldern in der kalkulatorischen Ergebnisrechnung zuordnen. Es gibt jedoch einen entscheidenden Unterschied: Beachten Sie in Abbildung 2.27, dass wir genau **ein** Kostenartenschema (ELEMENTESCHEMA) verwenden können. In einer Kontensicht können wir die Umsatzkosten entweder anhand der Herstellkosten (Hauptschichtung) oder anhand der Primärkostenelemente (Nebenschichtung) erklären, aber nicht beides. Bei der Margenanalyse müssen Sie sich für **ein** Kontenschichtungsschema entscheiden.

Weitere neue Einstellungen ermöglichen es Ihnen, die Produktionsabweichungen aufzugliedern und auf mehrere Unterkonten umzubuchen. Wählen Sie wiederum den folgenden Pfad im IMG: FINANZBUCHHALTUNG (NEU) • HAUPTBUCHHALTUNG (NEU) • PERIODISCHE ARBEITEN • INTEGRATION • MATERIALWIRTSCHAFT • KONTEN FÜR DIE AUFTEILUNG VON PREISDIFFERENZEN DEFINIEREN.

Wenn Sie die Istkalkulation verwenden, um die Umsatzkosten mit den Einkaufs- und Produktionsabweichungen zum Periodenabschluss zu aktualisieren, können Sie diese Abweichungen in die Margenanalyse einbeziehen, indem Sie die Parameter im Buchungsschritt des Kalkulationslaufs ändern und so den Verbrauch aktualisieren. Der Buchungsschritt im Kalkulationslauf ersetzt das Verfahren der Fortschreibung von Rechnungsbelegen mit den Istkosten aus dem periodischen Kalkulationslauf bzw. aus dem alternativen Bewertungslauf der kalkulatorischen Ergebnisrechnung mit der Transaktion *KE27* (periodische Bewertung). Wenn Sie die Istkalkulation einsetzen, beachten Sie, dass der Lieferbeleg nun Marktsegmenten zugeordnet ist und diese von der Istkalkulation als CO-Kontierungen betrachtet werden. Unter dem folgenden IMG-Menüpfad können Sie wählen, ob Sie die Umsatzkosten auf Sachkontenebene oder für einzelne Marktsegmente aktualisieren möchten: CONTROLLING • PRODUKTKOSTEN-CONTROLLING • ISTKALKULATION/MATERIAL-LEDGER • MATERIALFORTSCHREIBUNG • BEWEGUNGSARTENGRUPPEN VON MATERIALIEN ZUORDNEN (siehe Abbildung 2.29). Beachten Sie jedoch, dass die Fortschreibung durch die CO-Kontierung das bei der Nachkalkulation anfallende Datenvolumen deutlich erhöht.

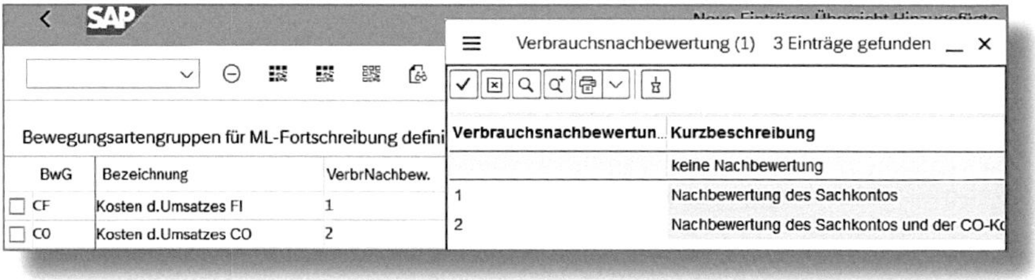

Abbildung 2.29: Einstellungen für die Umsatzkosten-Fortschreibung in der Istkalkulation

In der Vergangenheit konnten Sie nur die Liefermenge in der Liefermengeneinheit erfassen. Das Universal Journal bietet außerdem neue Spalten für zusätzliche Mengen, falls diese für Ihre Umsatzmeldung benötigen. Um die Konfiguration aufzurufen, folgen Sie dem Menüpfad CONTROLLING • ALLGEMEINES CONTROLLING • ZUSATZMENGEN • ZUSATZMENGENFELDER DEFINIEREN im IMG. Anschließend können Sie mithilfe eines Business Add-In (kurz *BAdI*) die Liefermenge in die von Ihnen gewünschte Mengeneinheit konvertieren. Ein Muster-BAdI (FCO_HOME_COEP_QUANTITY) wird mitgeliefert, um zu veranschaulichen, wie der Prozess funktioniert, aber Sie werden vermutlich Ihr eigenes BAdI erstellen, um die neuen Mengen entsprechend Ihren Geschäftsanforderungen zu gestalten. Schauen Sie hierzu im gleichen Teil des IMG unter ZUSATZMENGEN • BADI: SCHNITTSTELLE FÜR ZUSÄTZLICHE MENGEN.

2.5.3 Verrechnungen in der Margenanalyse

Wir haben uns zuvor angeschaut, wie man Erlöse und Umsatzkosten den Marktsegmenten zuordnet, aber die Möglichkeit der Zuordnung weiterer Kosten über Umlagezyklen, Abrechnung und Top-Down-Verteilung ist ebenso wichtig. Alle bisher bestehenden Umlagezyklen, Abrechnungsvorschriften und Top-Down-Verteilungstransaktionen funktionieren auch weiterhin. Wie wir aber in Abschnitt 2.4.3 gesehen haben, überarbeitet die SAP nach und nach die Verrechnungen, um eine moderne Benutzeroberfläche zu schaffen und mehrere Ledger, Währungen usw. zu unterstützen. Für die Top-Down-Verteilung hat dieser Prozess bereits begonnen.

In Abbildung 2.30 sehen Sie die App »Verrechnungen verwalten«, diesmal mit dem VERRECHNUNGSKONTEXT *Margin Analysis* und der VERRECHNUNGSART *Top Down Distribution*.

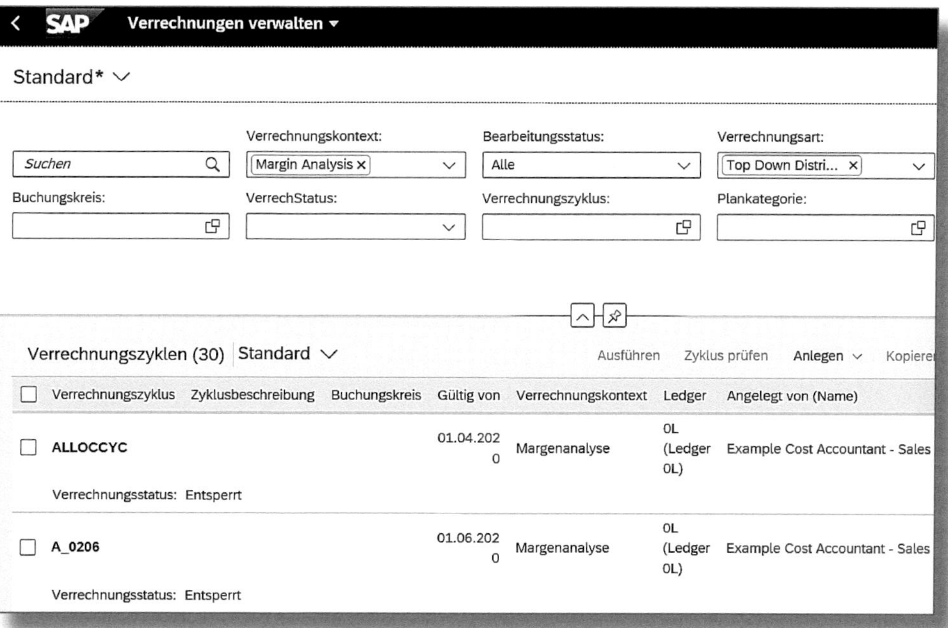

Abbildung 2.30: App »Verrechnungen verwalten« mit Zyklen für die Top-Down-Verteilung

Wenn Sie dieses Bild mit der Transaktion *KE28* (Top-Down-Verteilung) vergleichen, erkennen Sie, dass die Idee der Verrechnung mit einem Sender und einem Empfänger das Design der App bestimmt. Der Unterschied zwischen beiden besteht einfach darin, dass der Sender ein übergeordnetes Marktsegment ist (z. B. eine Region oder ein Buchungskreis) und der Empfänger ein granulares Marktsegment (z. B. alle verkauften Produkte, bedienten Kunden oder eine Kombination aus beidem).

In Abbildung 2.31 habe ich einen Verrechnungszyklus für die TOP-DOWN-VERTEILUNG ausgewählt und mit den Empfängern verbunden. Der gleiche Ansatz ist seit OP2021 für Umlagen von Senderkostenstellen auf Marktsegmente möglich.

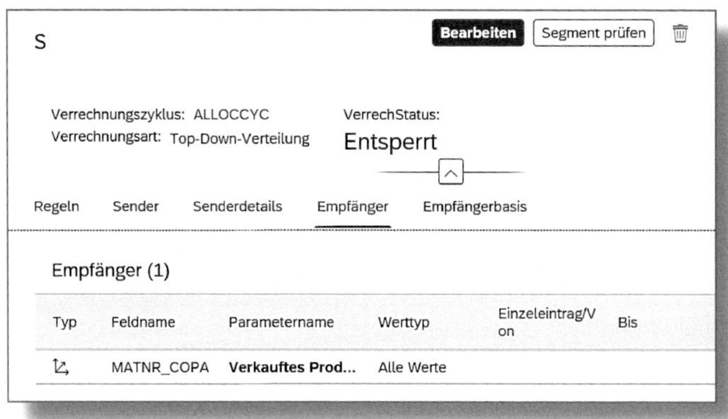

Abbildung 2.31: App »Verrechnungen verwalten« mit verkauftem Produkt als Empfänger

2.5.4 Predictive Accounting

Neben der Verwendung von Wertfeldern anstelle von Konten zeichnete sich die kalkulatorische Ergebnisrechnung auch durch die Möglichkeit aus, zukunftsbezogene Informationen (z. B. den Wert eingehender Kundenaufträge) und statistische Informationen (z. B. statistische Verkaufskonditionen) zu erfassen. Beide Optionen lassen sich jetzt in der Margenanalyse umsetzen.

Betrachten wir zunächst eingehende Kundenaufträge als Beispiel für das *Predictive Accounting*. Abbildung 2.32 zeigt die App »Kundenauftragseingang«, in der wir die für die Kundenaufträge erstellten Journalbuchungen sehen. Während der Anlage des eingehenden Kundenauftrags wird auch ein Finanzdokument im ERWEITERUNGSLEDGER OE erstellt (siehe Abbildung 2.12). Dieses Dokument wird in einem separaten Ledger gespeichert und hat zudem das Präfix PA, damit leicht zu erkennen ist, dass es sich nicht um eine GAAP-relevante Buchung handelt, sondern nur um einen Hinweis auf zukünftige Geschäfte. Beachten Sie auch die detaillierten Dokumentinformationen in der Positionsliste. Dort sehen wir, dass die Journalbuchung all denjenigen Marktsegmenten (Kundenauftrag, Verkaufsorganisation, verkauftes Produkt, Kunde usw.) zugeordnet wurde, die später bei der Erfassung der endgültigen Erlöse und Umsatzkosten verwendet werden. Ebenfalls von Bedeutung in dieser Liste sind die Daten: Die Auftragseingangswerte werden sofort ausgewiesen, während die voraussichtlichen Erlöse und Umsatzkosten auf den geplanten Liefer- und Rechnungsdaten basieren.

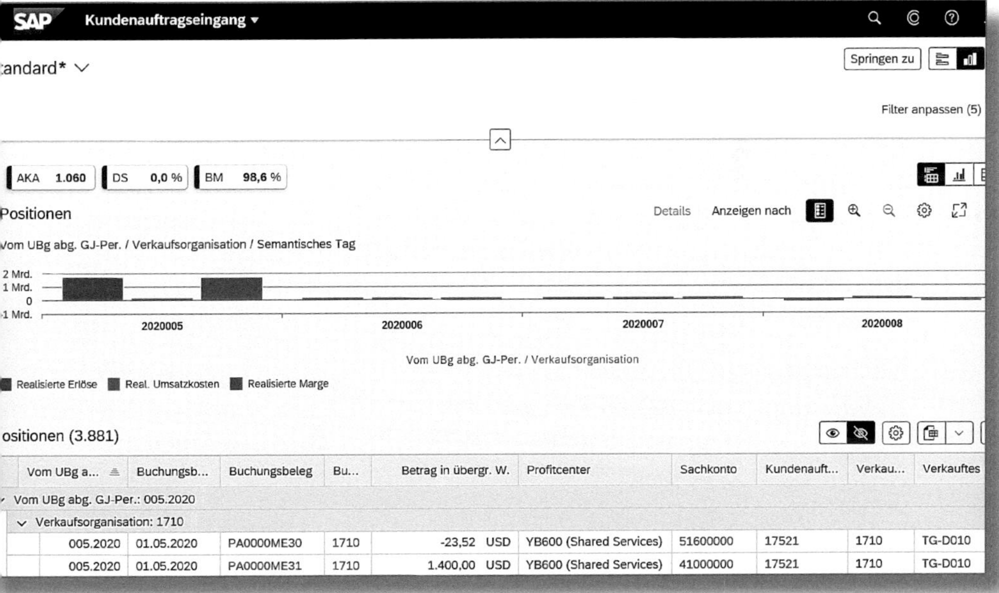

Abbildung 2.32: App »Predictive Accounting – Kundenauftragseingang«

Bei der App »Bruttomarge« aus Abbildung 2.33 besteht der Unterschied zur vorherigen Anwendung darin, dass sich die dargestellten Zahlen darauf beziehen, wann der Auftrag voraussichtlich fakturiert (VERMUTETE ERLÖSE) und geliefert (VERMUTETE UMSATZKOSTEN) wird.

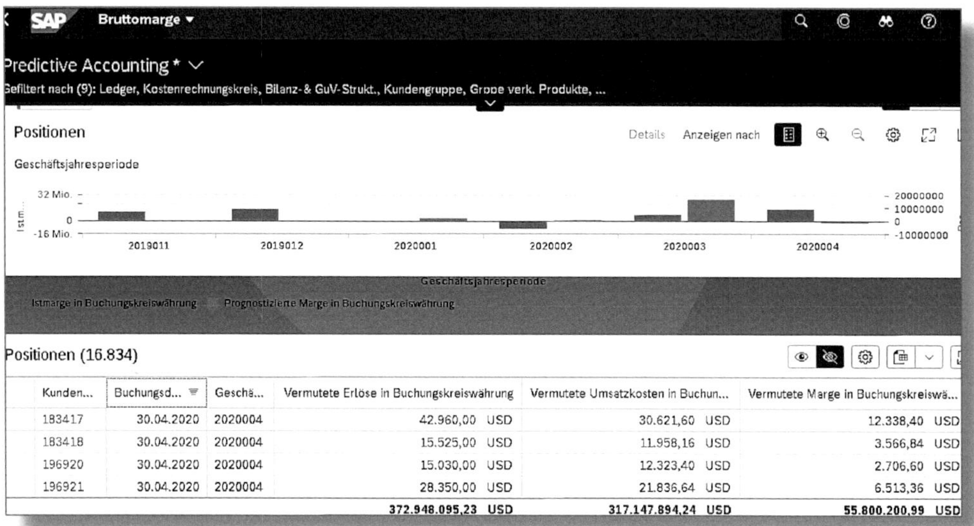

Abbildung 2.33: App »Predictive Accounting – Bruttomarge«

Während der Erfüllung des Kundenauftrags werden diese Zahlen für den Auftragseingang **reduziert**, bis die vorhergesagten Werte schließlich auf null reduziert sind und die Buchhaltungsbelege die Erlöse und Kosten der verkauften Waren ausweisen. Auch Änderungen der Kundenauftragsmengen oder Preise führen zu einer Anpassung der vorhergesagten Werte.

Die Einstellungen zur Aktivierung des Predictive Accounting finden Sie im IMG unter FINANZBUCHHALTUNG • PREDICTIVE ACCOUNTING. Bei der Betrachtung der neuen Optionen ist zu beachten, dass das Predictive Accounting in SAP S/4HANA 1909 nur die folgenden SD-Belegarten verarbeitet:

- Auftrag (C)
- Retoure (H)
- Kostenlose Lieferung (I)

- Gutschriftsanforderung (K)
- Lastschriftsanforderung (L)

In den folgenden Szenarien ist es noch nicht möglich, prädiktive Buchhaltungsbelege zu erstellen:

- Direkter Versand durch Dritte
- Innenumsätze (innerhalb des verkaufenden Buchungskreises)
- Dienstleistungsverkaufsszenarien

Einige Kunden zögern, sofort auf die buchhalterische Ergebnisrechnung umzusteigen, weil sie bislang ausgiebig die statistischen Verkaufskonditionen nutzten. Dabei konnten sie Kosten wie Fracht- oder Garantiekosten berücksichtigen, für die zwar ein Zusammenhang mit den Verkaufskonditionen besteht, deren Werte dem Kunden aber nicht in Rechnung gestellt, sondern einfach als zusätzliche Kosten berücksichtigt werden sollen.

Abbildung 2.34 zeigt eine Preiskonditionstabelle, in der die Konditionsart DCD1 für statistische Gewährleistungskosten (Kennzeichen »Statisch« (STATI...)) aufgenommen wurde. Um einen Vorhersagebeleg für die statistischen Kosten zu erstellen, müssen Sie das neue Kennzeichen »Kontierungsrelevant« (KONT...) verwenden. Wenn dieses Kennzeichen gesetzt ist, erzeugt das System eine Journalbuchung im Nebenbuch für die statistische Bedingung, sofern die entsprechende Kontenfindung in der Buchhaltungsspalte (in diesem Beispiel ERS) eingetragen ist.

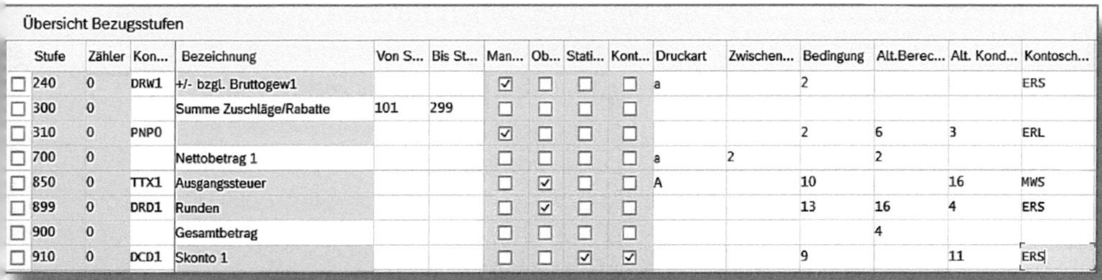

Übersicht Bezugsstufen

	Stufe	Zähler	Kon...	Bezeichnung	Von S...	Bis St...	Man...	Ob...	Stati...	Kont...	Druckart	Zwischen...	Bedingung	Alt.Berec...	Alt. Kond...	Kontosch...
☐	240	0	DRW1	+/- bzgl. Bruttogew1			☑	☐	☐	☐	a		2			ERS
☐	300	0		Summe Zuschläge/Rabatte	101	299	☐	☐	☐	☐						
☐	310	0	PNP0				☑	☐	☐	☐			2	6	3	ERL
☐	700	0		Nettobetrag 1			☐	☐	☐	☐	a	2		2		
☐	850	0	TTX1	Ausgangssteuer			☐	☑	☐	☐	A		10		16	MWS
☐	899	0	DRD1	Runden			☐	☑	☐	☐			13	16	4	ERS
☐	900	0		Gesamtbetrag			☐	☐	☐	☐				4		
☐	910	0	DCD1	Skonto 1			☐	☐	☑	☑			9		11	ERS

Abbildung 2.34: Statistische Preiskonditionen

Buchhaltungsunterlagen für eine Rechnung, die auf solchen Preiskonditionen basiert, trennen wiederum die GAAP-relevanten Werte (was dem Kunden in Rechnung gestellt wird) von den statistischen Konditionen. Der fakturierte Umsatz auf Basis der Preiskonditionen wird in einem normalen Buchhaltungsbeleg gespeichert. Ein zusätzlicher statistischer Buchhaltungsbeleg wird erzeugt, der die Werte für die Garantiekosten in einem separaten Ledger ausweist.

Wenn Sie Erweiterungsledger einrichten, um eingehende Kundenaufträge und statistische Verkaufskonditionen zu bearbeiten, ist es sinnvoll, zwei separate Ledger anzulegen. Während die Werte aus den Predictive-Accounting-Belegen für die eingehenden Kundenaufträge bei der Erfüllung und Fakturierung der Aufträge schrittweise reduziert werden, gilt dies nicht automatisch auch für die Werte der statistischen Verkaufskonditionen. Statistische Verkaufskonditionen werden nur im Rechnungsbeleg und nicht bei den eingehenden Kundenaufträgen berücksichtigt.

2.5.5 Neue Optionen zur Ableitung von CO-PA-Merkmalen

Während die CO-PA-Merkmale für Erlöse und Umsatzkosten immer sofort abgeleitet wurden, waren andere Deckungsbeiträge in SAP ERP nur möglich, wenn die Gemeinkosten mittels Verrechnung, Abrechnung etc. übernommen wurden. In SAP S/4HANA können Sie weiterhin Umlagezyklen ausführen, um Kosten von Ihren Kostenstellen in die Marktsegmente zu verlagern, oder Abrechnungen durchführen, um sie aus den Aufträgen und Projekten zum Periodenabschluss zu verschieben. Allerdings lohnt es sich, die neuen Optionen für die *Echtzeitableitung* für Kostenstellen, Aufträge und Projekte zu untersuchen. Anstatt auf den Periodenabschluss zu warten und erst dann eine Verrechnung auszuführen, um Kosten von der Marketingkostenstelle in die entsprechende Region zu bringen, können Sie hier Ableitungsregeln einrichten, um das Merkmal »Region« **sofort** zu aktualisieren, wenn die Kosten auf die relevante Kostenstelle gebucht werden.

Diese Ableitungen werden mit den bekannten Ableitungsregeln (Transaktion *KEDR*) eingerichtet. Bei Buchung der Kosten auf die Kostenstelle werden die entsprechenden CO-PA-Spalten im Universal Journal gefüllt. In Abbildung 2.35 sehen Sie eine beispielhafte Ableitungsregel, die, basierend auf den in der Registerkarte BEDINGUNG definierten Konditionen, das Land aus der Kostenstelle ableitet. Je nach erforderlicher Logik kann dies ein Stammdaten-Lookup oder eine vollständige Ableitung auf Basis von User Exits sein.

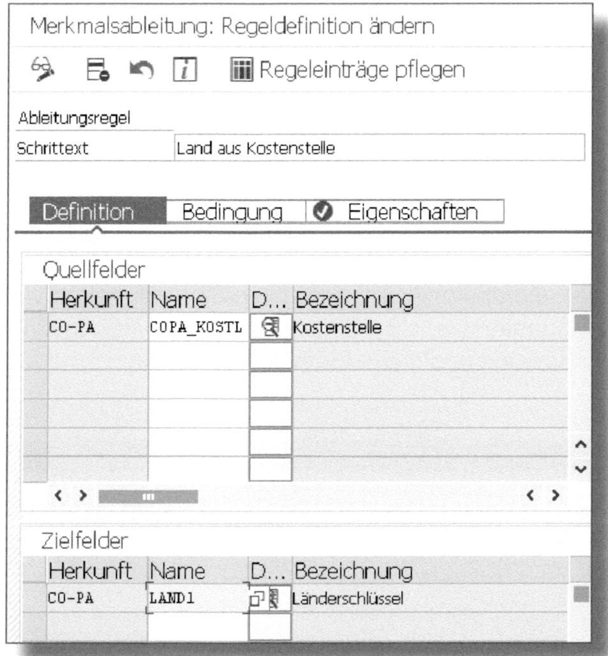

Abbildung 2.35: Ableitungsregel für die Ableitung des Landes aus der Kostenstelle

Für sehr einfache Beziehungen kann dies bedeuten, dass Sie eine Verrechnung am Periodenabschluss gar nicht benötigen, sondern die Zeile im Universal Journal sofort um die entsprechenden Merkmale erweitern können. Im Fall einer *Disaggregation*, bei der die Kosten auf der Kostenstelle mehreren Marktsegmenten zugeordnet werden sollen (z. B., wenn die Marketingkostenstelle für viele Produktgruppen oder Produkte arbeitet), müssen Sie wie bisher einen Verrechnungszyklus ausführen, um die Kostenstelle zu entlasten und jede Zeile für die Produkte am Periodenabschluss zu belasten. Dieses Abwarten kann auch aus betriebswirtschaftlicher Sicht sinnvoll sein, wenn Sie etwa die endgültigen Absatzmengen der verschiedenen Produkte als Grundlage Ihrer Verrechnung verwenden müssen.

Die Echtzeitableitung eignet sich hervorragend für kaufmännische Projektkosten, bei denen die CO-PA-Merkmale, wie Kunde und Produkt, einfach aus der zugehörigen Kundenauftragsposition abgeleitet werden können, sodass Sie gar nicht abrechnen müssen. Das funktioniert allerdings nur bei einem einzelnen Abrechnungsempfänger im CO-PA. Wenn Sie an mehrere Empfänger abrechnen wollen, müssen Sie dies wie bisher über Aufteilungsregeln tun, die die entsprechenden Empfängerobjekte enthalten.

Abbildung 2.36 zeigt die App »Projektprofitabilität« mit doppelter Zuordnung zum PROJEKT und zum VERKAUFTEN PRODUKT als Ergebnis der Ableitung. Die Berichtsdimensionen auf der linken Seite enthalten viele weitere CO-PA-Merkmale, wie z. B. KUNDE, KUNDENGRUPPE, SPARTE usw., die alle durch Ableitung und nicht durch traditionelle Abrechnung gefüllt wurden.

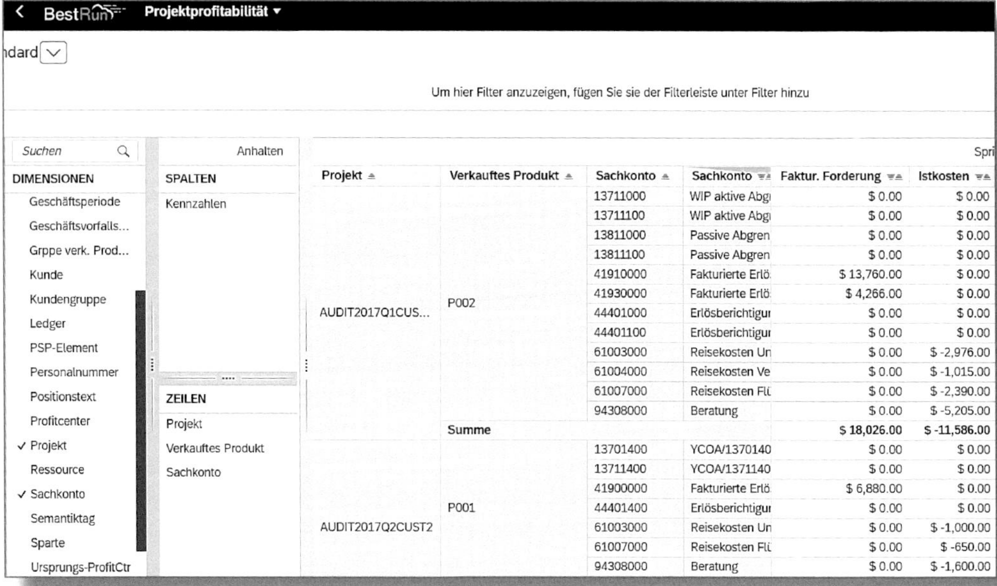

Abbildung 2.36: App »Projektprofitabilität«

2.5.6 Vorgangsbezogene Erlösrealisierung

Die SAP hat neben der Ableitung von CO-PA-Merkmalen bei projektbezogenen Erlös- und Kostenbuchungen auch den Zeitpunkt der Buchungen für WIP und angefallene Erlöse geändert.

Die Erlösrealisierung in SAP ERP nutzte die Ergebnisermittlung, um

- die über die Fakturierung hinausgehenden Erlöse zu berechnen, wenn die Bewertung auf Basis der PoC(Percentage of Completion)-Methode erfolgte,
- die unfertigen Erzeugnisse zu berechnen, wenn die Bewertung auf der Grundlage der Completed-Contract-Methode erfolgte. Diese Werte wurden dann in der Ergebnisrechnung verrechnet.

Mit SAP S/4HANA 1610 wurde ein neuer Ansatz eingeführt, um Erlöse sofort bei Buchung der entsprechenden Kosten zu erfassen. Das bedeutet, dass mit jeder Buchung, die Zeit oder Material für ein Projekt erfasst, ein Teil des Erlöses gemäß den geplanten Kosten und Erlösen realisiert wird. Die resultierende Buchung auf dem Projekt mit den neuen Buchungszeilen für ERLÖSBERICHTIGUNGEN und WIP für angefallene Erlöse (Geschäftsvorgang TBRR) sehen Sie in Abbildung 2.37.

BestRun Einzelposten anzeigen

Standard *
Gefiltert nach (7): Ledger, Buchungskreis, Status, Anzeigewährung, Externe PSP-Element-ID, ...

Einzelposten (14) Standard *

Sachkonto	Bezeichng Sachkonto	Gesch...	Buchungsbeleg	Buchungs...	Betrag in übergr. W.	Betrag in BuKrsWä...	PSP-Element
44401400 (Erlösbe...	Erlösbrchtgng Festpr	TBRR	100039048	07/05/2017	-473.00 USD	-473.00 USD	AUDIT2017Q2C...
13711400		TBRR	100039048	07/05/2017	473.00 USD	473.00 USD	AUDIT2017Q2C...
44401400 (Erlösbe...	Erlösbrchtgng Festpr	TBRR	100039049	07/06/2017	-473.00 USD	-473.00 USD	AUDIT2017Q2C...
13711400		TBRR	100039049	07/06/2017	473.00 USD	473.00 USD	AUDIT2017Q2C...
44401400 (Erlösbe...	Erlösbrchtgng Festpr	TBRR	100039058	07/05/2017	-387.00 USD	-387.00 USD	AUDIT2017Q2C...
13711400		TBRR	100039058	07/05/2017	387.00 USD	387.00 USD	AUDIT2017Q2C...
44401400 (Erlösbe...	Erlösbrchtgng Festpr	TBRR	100039059	07/06/2017	-387.00 USD	-387.00 USD	AUDIT2017Q2C...
13711400		TBRR	100039059	07/06/2017	387.00 USD	387.00 USD	AUDIT2017Q2C...
44401400 (Erlösbe...	Erlösbrchtgng Festpr	TBRR	100039067	09/08/2017	-1,021.25 USD	-1,021.25 USD	AUDIT2017Q2C...
13711400		TBRR	100039067	09/08/2017	1,021.25 USD	1,021.25 USD	AUDIT2017Q2C...
44401400 (Erlösbe...	Erlösbrchtgng Festpr	TBRR	100039067	09/08/2017	-698.75 USD	-698.75 USD	AUDIT2017Q2C...
13711400		TBRR	100039067	09/08/2017	698.75 USD	698.75 USD	AUDIT2017Q2C...
44401400 (Erlösbe...	Erlösbrchtgng Festpr	TBRR	100039068	09/08/2017	3,440.00 USD	3,440.00 USD	AUDIT2017Q2C...
13701400		TBRR	100039068	09/08/2017	-3,440.00 USD	-3,440.00 USD	AUDIT2017Q2C...
					0.00 USD	0.00 USD	

Abbildung 2.37: Journalbuchungen für vorgangsbezogene Erlösrealisierung

2.5.7 Argumente für die kalkulatorische Ergebnisrechnung

Wenn Sie in der Vergangenheit die kalkulatorische Ergebnisrechnung verwendet haben, gibt es keinen Grund, diese sofort zu deaktivieren. Die Schnittstellen aktualisieren die Tabelle CE1 (für die kalkulatorische Ergebnisrechnung) wie bisher, und Sie können die Fortschreibung über die Kostenrechnungskreiseinstellungen abschalten, wann immer Sie dazu bereit sind. Einige Kunden lassen beide Ansätze parallel laufen, um Vergleichsdaten aufzubauen, mit dem langfristigen Ziel, die kalkulatorische Ergebnisrechnung zu deaktivieren. In manchen Fällen kann es dennoch gute Gründe geben, die kalkulatorische Ergebnisrechnung weiter zu verwenden.

- Die buchhalterische Ergebnisrechnung erfasst die Vorgangsarten F (Fakturierung), B (Direktbuchung aus FI), C (Auftrags- und Projektabrechnung) und D (Verrechnungen). Sollten Sie andere Vorgangsarten, wie z. B. A (Kundenauftragseingang), verwenden, können Sie wählen, ob Sie weiterhin die kalkulatorische Ergebnisrechnung oder die neuen, mit dem Predictive Accounting ausgelieferten Optionen nutzen wollen.
- Die buchhalterische Ergebnisrechnung ist, da auch kontenbasiert, bereits mit der Hauptbuchhaltung abgestimmt, sodass die Kalkulation immer für die Bewertung der Warenbewegung herangezogen wird. Wenn Sie mehrere Kalkulationen erfassen, um unterschiedliche Planungsannahmen darzustellen, ist die weitere Verwendung der kalkulatorischen Ergebnisrechnung möglich.

Keine dieser Herangehensweisen ist besser oder schlechter als die andere. Es handelt sich lediglich um unterschiedliche Ansätze, die sich gegenseitig ergänzen. Der Kontenansatz ist an sich mit der Hauptbuchhaltung abgestimmt. Es gibt also immer eine Erlösposition mit den zugehörigen CO-PA-Merkmalen. Der kalkulatorische Ansatz bietet hingegen mehr Freiheit hinsichtlich der Erfassung verschiedener Annahmen und statistischer Kosten im Ergebnismodell. Wenn Sie nur die kalkulatorische ohne die buchhalterische Ergebnisrechnung ausführen, dann werden Verrechnungen und Abrechnungen nicht zu Ergebnisobjekten (Kontierungsart EO), sondern nur zu Abstimmobjekten (Kontierungsart AO) zugeordnet. Dadurch wird einfach sichergestellt, dass alle Sekundärkostenbuchungen ausgeglichen sind. Sie erhalten jedoch keinen vollständigen Überblick über die Details, die Sie für die Analyse benötigen.

2.6 Material-Ledger und Istkalkulation

So wie zwei Arten der Ergebnisrechnung existieren, gibt es auch zwei Arten des Material-Ledgers in SAP S/4HANA:

- Zum einen können Sie das Material-Ledger als *Bestandsnebenbuch* verwenden, das die Bestandswerte in mehreren Währungen erfasst. Diese Option ist in SAP S/4HANA **obligatorisch** und wird bei der Migration aktiviert, wodurch die Bestandswerte in mehreren Währungen in das Universal Journal geschrieben werden.
- Meistens wird der Begriff Material-Ledger synonym mit der *Istkalkulation* verwendet. Bei diesem Ansatz werden Warenbewegungen, Rechnungen und Auftragsabrechnungen gesammelt, und am Periodenabschluss werden dann mithilfe eines oder mehrerer Kalkulationsläufe die *gewichteten Durchschnittskosten* (der periodische Einheitspreis) berechnet. Diese Option wird in SAP S/4HANA weiterhin für Branchen unterstützt, die regelmäßig die Istkostenrechnung verwenden, wie z. B. Chemie, Pharmazie und Lebensmittel, sowie für Länder, die die Istkalkulation vorschreiben, wie z. B. Brasilien.

Abbildung 2.38 zeigt die Felder für das Material-Ledger im Universal Journal. Beachten Sie, dass die Felder alle Arten von Sonderbestand enthalten, die sich auf das Material beziehen.

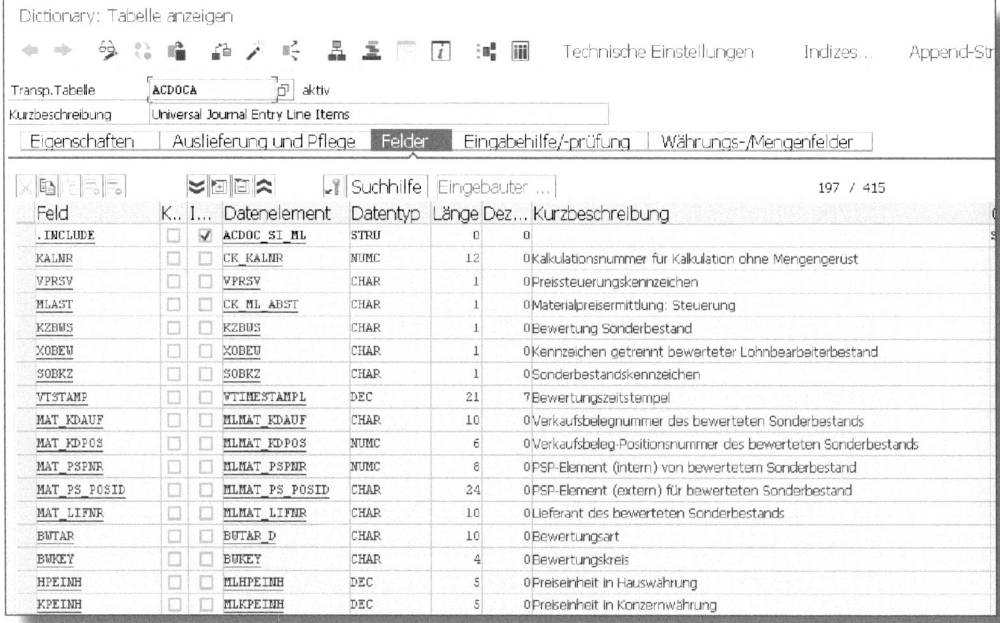

Abbildung 2.38: Felder für das Material-Ledger im Universal Journal

2.6.1 Änderungen an der Materialbuchhaltung in Edition 1511

Im Hinblick auf die Auswirkungen der Bestandsdatenerfassung im Universal Journal sollten Sie beachten, dass sich ab SAP S/4HANA 1511 das Datenmodell für die Bestandsführung (MM-IM) grundlegend ändert. Mit dem Wechsel zum MaterialLedger werden die Bestandsbewertungstabellen in MM, auf die früher direkt über die Sicht BUCHHALTUNG im Materialstamm zugegriffen wurde, z. B. EBEW und EBEWH (Bewertung Kundenauftragsbestand), MBEW und MBEWH (Materialbewertung), OBEW und OBEWH (Subunternehmer Bestandsbewertung) sowie QBEW und QBEWH (Projektbestandsbewertung), ersetzt und die Bestandswerte werden direkt aus dem Material-Ledger gelesen. Was wir hier sehen, ist ein Beispiel für das *Prinzip des Einzelnen*, angewandt auf die Bestandsbewertung. Wo wir früher zwei Belege hatten – einen in MM-IM (Bestandsführung) und einen in ML (Material-Ledger) –, gibt es nun nur noch einen einzigen Beleg.

Der Wegfall von Aggregaten begann schon im Finanzwesen und setzt sich nun in der Bestandsführung fort. Wo früher Summentabellen zum Einsatz kamen, um die Bestandszahlen für ein Werk oder einen Lagerort bzw. die Werte von Sonderbeständen wie Projektbestand, Kundenauftragsbestand, Konsignationsbestand, Transitbestand usw. zu speichern, werden diese Werte nun direkt aus der neuen Bewegungsdatentabelle *MATDOC* aggregiert. Reine Aggregattabellen, die die Werte nach Bestandsart speichern, wurden vollständig entfernt. Andere bleiben erhalten, wenn sie zum Speichern echter Stammdaten (z. B. Name und Beschreibung, Gewicht, Zuordnung zu einem Profitcenter usw.) benötigt werden, aber die Gesamtbestandszahlen ohne großen Aufwand aggregieren. Diese werden aufgrund ihrer Doppelnutzung in früheren Releases als *Hybridtabellen* bezeichnet.

- Es gibt eine neue Belegtabelle MATDOC, die alle Warenbewegungen aufzeichnet. Wie Sie in Kapitel 1 gelernt haben, als wir den Wegfall der Aggregattabellen im Finanzwesen betrachteten, beschleunigt diese neue Tabelle die Verarbeitung, weil Sie nun eine Warenbewegung einfach durch Einfügen eines neuen Belegs in die Datenbank erfassen können, ohne die zugehörigen Stammdatentabellen zu sperren.
- Tabellen wie MARC (Werksdaten für Material), MARD (Lagerortdaten für Material) und MCHB (Chargenbestände) existieren weiterhin, um Produktattribute zu speichern, die sich nicht regelmäßig ändern. Sie werden jedoch nicht mehr zur Speicherung aggregierter Bestandswerte verwendet, sondern die Daten werden direkt aus der neuen Tabelle MATDOC aggregiert.
- Die Tabellen für Lieferanten-, Kundenauftrags-, Projekt- und Transitbestand wurden komplett entfernt, und auch hier werden alle Bestandswerte direkt aus der neuen Tabelle MATDOC aggregiert.
- Die zusätzlichen Historientabellen, die früher für alle Bestandstabellen MARCH, MARDH, MCHBH usw. vorhanden waren, wurden entfernt.

Wenn Sie noch nicht mit dem Material-Ledger gearbeitet haben, finde Sie in Abbildung 2.39 den Materialstamm für einen Rohstoff mit dem vorgangsbezogenen Material-Ledger (PREISERMITTLUNG 2). Bestandswerte werden in drei Währungen gespeichert: Buchungskreiswährung, Konzernwährung und, wie in diesem Fall, Hartwährung. Anhand dieses Beispiels wollen wir die Auswirkungen der neuen Bestandsverwaltung verstehen:

- Felder wie Sparte, Bewertungsklasse, Bewertungstyp, Preissteuerung usw. sind *Produktattribute* und werden weiterhin in den alten Stammdatentabellen gespeichert.
- Die Felder Standardpreis und Periodischer Verkaufspreis werden im Material-Ledger hinterlegt. Beachten Sie, dass Sie bei vorgangsbezogener Preisermittlung trotzdem einen gleitenden Durchschnittspreis verwenden können, der bei jeder Warenbewegung und jedem Rechnungseingang den Preis neu kalkuliert. Es wird jedoch nicht empfohlen, einen statistischen gleitenden Durchschnittspreis neben einem Standardpreis zu verwenden, da ersterer nur berechnet werden kann, wenn die Tabellen während der Warenbewegung kurzzeitig gesperrt sind.
- Lagerbestände werden im laufenden Betrieb aus der neuen Tabelle MATDOC berechnet.

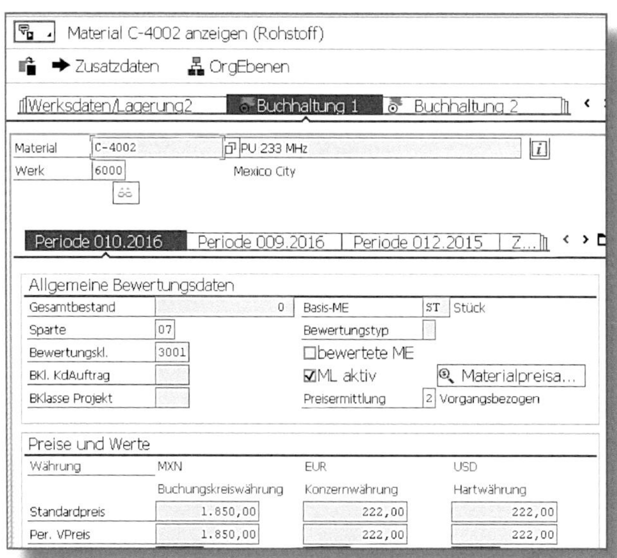

Abbildung 2.39: Materialstamm mit vorgangsbezogenem Material-Ledger

2.6.2 Änderungen zur Istkalkulation in Edition 1610

Wenn Sie die Istkalkulation nutzen, bringt SAP S/4HANA einige wesentliche Vereinfachungen. Zum einen werden der periodische Kalkulationslauf und der alternative Bewertungslauf, wie in Abbildung 2.40 dargestellt, nun in einem einzigen *Istkalkulationscockpit* zusammengeführt. Dort können Sie über die Einstellungen unter APPLIKATION zwischen beiden Ansätzen umschalten. Für die bisherige periodische Kalkulation wird die Applikation »Istkalkulation« und für die bisherige alternative Bewertung die Anwendung »Alternative Bewertung« eingesetzt. Die Schritte wurden ebenfalls kombiniert und lauten wie folgt:

- Die SELEKTION bleibt gleich und bestimmt die Werke, die in den Kalkulationslauf aufgenommen werden. Normalerweise nehmen Sie alle Werke in einem Buchungskreis auf.
- In der VORBEREITUNG werden die Reihenfolge für die Kalkulation im periodischen Lauf und die Kumulation für den alternativen Bewertungslauf festgelegt. Wenn Sie mit periodenübergreifenden Zeitbereichen arbeiten, müssen Sie nicht mehr erst periodische Kalkulationsläufe und dann einen alternativen Bewertungslauf erstellen, um die einzelnen Läufe zu kumulieren. Sie können einfach einen Kalkulationslauf für einen längeren Zeitraum erstellen und diesen verwenden, um die für die Istkalkulation erforderlichen Buchungen direkt zu kumulieren.
- Die ABRECHNUNG fasst die einstufige und mehrstufige Preisermittlung, die Nachbewertung der Ware in Arbeit (WIP) und die Nachbewertung der Kosten des Umsatzes in einem Schritt zusammen. Das System unterscheidet nicht mehr zwischen einstufiger und mehrstufiger Preisermittlung, d. h. die Transaktionen für die Materialkontenfindung *PRV* und *KDV* sind obsolet geworden.
- ABSCHLUSS BUCHEN umfasst die Buchungsposten zur Aktualisierung von Bestand, WIP und Umsatzkosten. Wie wir in Abschnitt 2.5.2 gesehen haben, stößt dieser Schritt ab SAP S/4HANA 1809 auch die Neubewertung der Kostenschichtung für die Umsatzkosten an. Außerdem müssen Sie für Entlastungsbuchungen auf der Kostenstelle eine neue Transaktion für die Materialkontenfindung *PRL* anlegen. Innerhalb des alternativen Bewertungslaufs entfällt der Deltabuchungslauf.

Stattdessen müssen Sie einen Buchungslauf erstellen und diesen kumulieren lassen, um eine Quartals- oder Year-to-Date-Ansicht zu erhalten, indem Sie die entsprechenden Perioden in den Auswahlparametern eingeben.

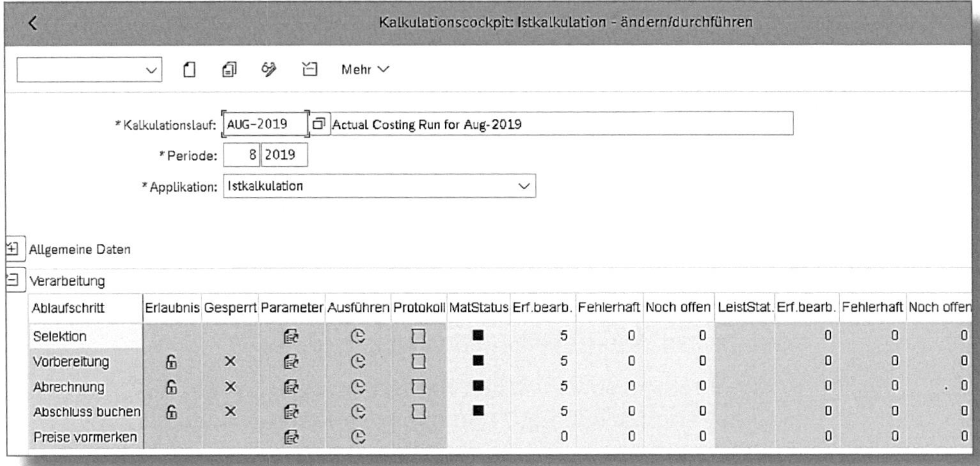

Ablaufschritt	Erlaubnis	Gesperrt	Parameter	Ausführen	Protokoll	MatStatus	Erf.bearb.	Fehlerhaft	Noch offen	LeistStat.	Erf.bearb.	Fehlerhaft	Noch offen
Selektion							5	0	0		0	0	0
Vorbereitung		×					5	0	0		0	0	0
Abrechnung		×					5	0	0		0	0	0
Abschluss buchen		×					5	0	0		0	0	0
Preise vormerken							0	0	0		0	0	0

Abbildung 2.40: Kalkulationscockpit für die Istkalkulation

Die zweite größere Änderung wird Ihnen in der Transaktion »Materialpreisanalyse« auffallen, die in Abbildung 2.41 dargestellt ist. Hier sehen Sie, wie das Preisermittlungsschema (Spalten MENGE, Mengeneinheit M, VORLÄUFIGE BEWERTUNG, PREISDIFFERENZEN, KURSDIFFERENZEN, ISTWERT und PREIS) und das Elementeschema (Spalten MATERIAL, MASCHINENZEIT, PERSONAL, RÜSTEN, MATERIALGEMEINKOSTEN (MGK), FERTIGUNGSGEMEINKOSTEN (FGK), FRACHT und ZWISCHENGEWINN) in einer Sicht zusammengefasst wurden.

Hinter den Kulissen wurden neue Tabellen für die Istkalkulationsbelege (MLDOC) und die Kostenschichtung (MLDOCCCS) eingeführt.

Zusätzlich zu den Architekturänderungen können Sie mit der in Abbildung 2.42 und Abbildung 2.43 dargestellten App »Material-Wertschöpfungskette anzeigen« die in der Istkalkulation erfassten Werte verwenden, um den Materialfluss vom Rohmaterial bis zum Fertigprodukt zu verfolgen. In Abbildung 2.42 ist der Beginn der Wertschöpfungskette mit der Verwendung des Rohstoffs RAW122 und der Kostenstelle 0010101301/LEISTUNG 11 in der PRODUKTION dargestellt.

Materialpreisanalyse

Kalkulationscockpit | Kalkulationslauf setzen | Mehr | Beenden

Meldungen | Objekt | Abschlussbeleg | Originalbeleg | WIP

Kategorie	Me...	M...	Vorl. Bew.	Preisdiff.	Kursdiff.	Istwert	Preis	ZwGewinn	Mat...	Masch..	Pers...	Rüst..	MKG	FKG	Fracht	ZwGew.
Anfangsbestand	0	EA	0,00	0,00	0,00	0,00	0,00	0,00	0,00	0,00	0,00	0,00	0,00	0,00	0,00	0,00
Zugänge	3	EA	376,20	1,20-	0,00	375,00	125,00	63,06	360,00	0,00	0,00	0,00	0,00	0,00	15,00	63,06
Bestellung (Konzern)	3	EA	376,20	1,20-	0,00	375,00	125,00	63,06	360,00	0,00	0,00	0,00	0,00	0,00	15,00	63,06
ML-FG-P300/LT01	0	EA	0,00	0,00	0,00	0,00	0,00	0,00	0,00	0,00	0,00	0,00	0,00	0,00	0,00	0,00
1000000087 WE in b	1	EA	125,40	0,40-	0,00	125,00	125,00	20,99	120,00	0,00	0,00	0,00	0,00	0,00	5,00	20,99
1000000085 WE in b	1	EA	125,40	0,40-	0,00	125,00	125,00	21,05	120,00	0,00	0,00	0,00	0,00	0,00	5,00	21,05
1000000082 WE in b	1	EA	125,40	0,40-	0,00	125,00	125,00	21,02	120,00	0,00	0,00	0,00	0,00	0,00	5,00	21,02
Σ Kumulierter Bestand	3	EA	376,20	1,20-	0,00	375,00	125,00	63,06	360,00	0,00	0,00	0,00	0,00	0,00	15,00	63,06
Verbrauch	2	EA	250,80	0,80-	0,00	250,00	125,00	42,04	240,00	0,00	0,00	0,00	0,00	0,00	10,00	42,04
Bestellung (Konzern)	2	EA	250,80	0,80-	0,00	250,00	125,00	42,04	240,00	0,00	0,00	0,00	0,00	0,00	10,00	42,04
ML-FG-P300 LT03	2	EA	250,80	0,80-	0,00	250,00	125,00	42,04	240,00	0,00	0,00	0,00	0,00	0,00	10,00	42,04
Verbrauchsnachbe	0	EA	0,00	0,80-	0,00	0,80-	0,00	42,04	240,00	0,00	0,00	0,00	0,00	0,00	10,00	42,04
ML-FG-P300/LT0	0	EA	0,00	0,00	0,00	0,00	0,00	0,00	0,00	0,00	0,00	0,00	0,00	0,00	0,00	0,00
1000000086 UL a	1	EA	125,40	0,00	0,00	125,40	125,40	0,00	0,00	0,00	0,00	0,00	0,00	0,00	0,00	0,00

Abbildung 2.41: Materialpreisanalyse

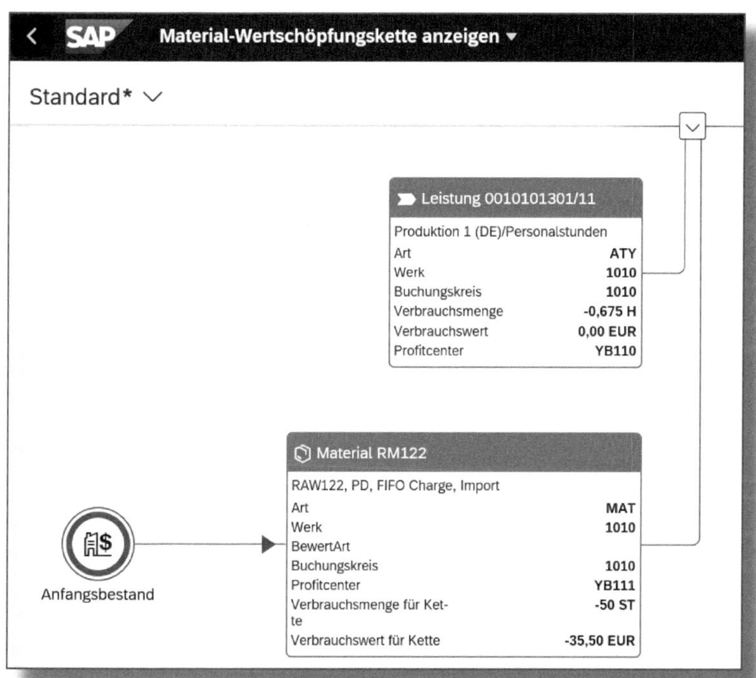

Abbildung 2.42: App »Material-Wertschöpfungskette« – verwendete Rohstoffe und Leistungen

Abbildung 2.43 zeigt den nächsten Schritt in der Wertschöpfungskette, bei dem weitere Leistungen in der Produktion in Anspruch genommen werden, um das fertige Produkt, das MATERIAL FG126, zu liefern. Diese App bietet gegenüber der einfachen Materialpreisanalyse aus Abbildung 2.41 den großen Vorteil, dass man in der Istkalkulation einfach durch den gesamten Materialfluss navigieren kann und bei jedem Schritt die anfallenden Kosten im Detail sieht.

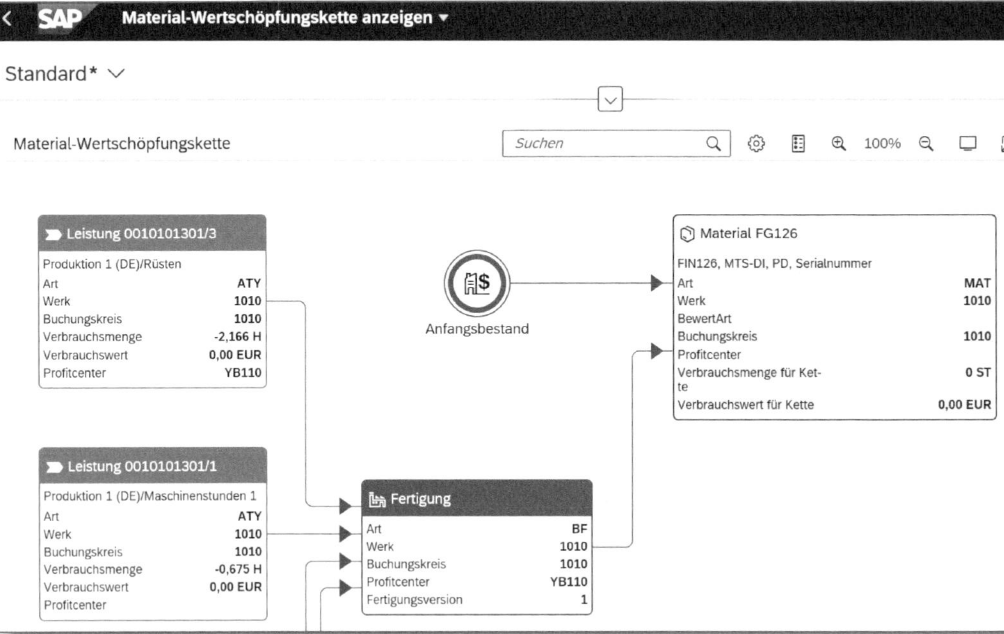

Abbildung 2.43: App »Material-Wertschöpfungskette« – Verwendung von Leistungen im Endprodukt

Nachdem wir nun die wichtigsten Aspekte des SAP-Rechnungswesens beleuchtet haben, wenden wir uns der Planung zu. Viele Unternehmen betrachten dies als einen wichtigen Teil des Controllings, und wir werden uns ansehen, wie man damit übermäßige Ausgaben bei der Erstellung von Journalbuchungen verhindern kann.

3 Planung und S/4HANA Finance

SAP S/4HANA Finance bietet einen neuen Ansatz für die Finanzplanung. In SAP ERP war die Planung Teil der Finanzlösung und umfasste separate Planungstransaktionen für die Kostenstellen-, Auftrags-, Projekt-, Marktsegment-, Profitcenter- und Hauptbuchplanung usw., die jeweils zur Aktualisierung einzelner Summensätze herangezogen wurden. Der Unterschied liegt darin, dass die klassischen Planungstransaktionen die Summensätze aktualisieren und durch weitere Transaktionen verbunden sind, die beispielsweise die Plankosten für die Kostenstelle an die Profitcenterplanung übertragen. SAP S/4HANA Finance bietet eine einzige Planungstabelle, die die verschiedenen Dimensionen in einem gemeinsamen Modell zusammenfasst, so wie wir das bereits für das Universal Journal gesehen haben.

3.1 Argumente für ein einziges Planungsmodell

Wenn Sie bereits eine Planung innerhalb von SAP ERP durchgeführt haben, werden Ihnen die Planungstransaktionen für Kostenstellenplanung (Transaktion *KP06*), Auftragsplanung (Transaktion *KPF6*), Projektplanung (Transaktion *CJR2*), Marktsegmentplanung (Transaktion *KEPM*), Profitcenter-Planung, Hauptbuchplanung (Transaktion *GP12N*) usw. vertraut sein. Dabei handelt es sich im Wesentlichen um Detailpläne für die in Kapitel 2 besprochenen Kontierungen (Kostenstelle, Auftrag, PSP-Element) und CO-PA-Merkmale sowie die Aggregationen dieser Pläne nach Profitcenter, Buchungskreis usw.

In SAP ERP schreiben diese Planungsanwendungen die Summentabellen fort, d. h. Kostenstellenplanung, Auftragsplanung, Projektplanung und CO-PA-Planung aktualisieren die Tabellen COSP und COSS, Hauptbuchplanung und Profitcenter-Planung aktualisieren die Tabelle FAGLFLEXP. Die neue Architektur für die Erfassung der Istkosten erforderte auch Änderungen bei der Speicherung der Plankosten, was zur Erstellung eines alleinigen Planungseinzelpostens führte, der die

Ist-Einzelposten im Universal Journal widerspiegelt. Eine vollständige Beschreibung der Umstellung von den klassischen Planungstransaktionen auf das Einzelplanungsmodell finden Sie im SAP-Hinweis 2142447 – »Cost Center Planning by Cost Element«.

Viele Überlegungen zu den aktuellen Einzelposten gelten auch für ein Planungsmodell, wie wir in Abbildung 1.8 gesehen haben. Genauso wie wir erwarten, dass die Lohnkosten von der Kostenstelle dem zuständigen Profitcenter, dem Funktionsbereich usw. zugeordnet werden, erwarten die Anwender bei der Eingabe von Plandaten, dass die Lohnkosten pro Kostenstelle erfasst werden und das System die betroffenen Funktionsbereiche, Profitcenter, Buchungskreise usw. aktualisiert. Dasselbe gilt für die Eingabe von Materialkosten für ein Projekt oder einen Auftrag. Und auch, wenn wir zur Planung der Sekundärkosten die Leistungsverwendung auf dem Projekt eintragen, erwarten wir, dass die entsprechenden Partnerobjekte fortgeschrieben werden. Nur so können wir sicherstellen, dass Plan- und Ist-Kosten in den gleichen Berichtsdimensionen vorliegen. In SAP ERP führte dies zum Einsatz von Übernahmeprogrammen, die Daten aus dem Kostenstellenplan übernehmen und auf Profitcenter-Ebene aggregieren usw.

In der Planung arbeiten wir mal auf der detailliertesten Stufe, wie dem Auftrag, dem Projekt oder einem CO-PA-Merkmal, und mal auf einem höheren Aggregationslevel, wie dem Buchungskreis oder dem Profitcenter. Hier fasst die Planungsanwendung die detaillierten Plandaten immer zu höheren Aggregationen zusammen. Der umgekehrte Prozess der Aufschlüsselung der auf höherer Ebene gesetzten Ziele auf Kostenstellen usw. (ein Prozess, der als *Disaggregation* bezeichnet wird) ist ebenfalls möglich. Zudem kann nicht nur nach Berichtsdimensionen, sondern auch nach Knoten geplant werden. Sie könnten z. B. Löhne und Gehälter anstelle der ursprünglichen Konten planen, was bei einer Journalbuchung, die sich immer auf ein Konto bezieht, nicht machbar wäre.

Das Planungsmodell ist eine Kombination aus einer neuen *Planungstabelle ACDOCP* (verfügbar ab SAP S/4HANA 1610) und einem multidimensionalen Planungsmodell. Ursprünglich wurde die Technologie von SAP Business Planning and Consolidation (SAP BPC) in SAP

S/4HANA »eingebettet«, um leistungsfähige Simulationen mit den schnelleren Aggregationen und Disaggregationen von SAP BW on HANA zu ermöglichen. Mit der Einführung von SAP S/4HANA Cloud wurde ein zweites Planungsmodell auf Basis von SAP Analytics Cloud for Planning eingeführt, das mit jeder Edition sukzessive erweitert wird.

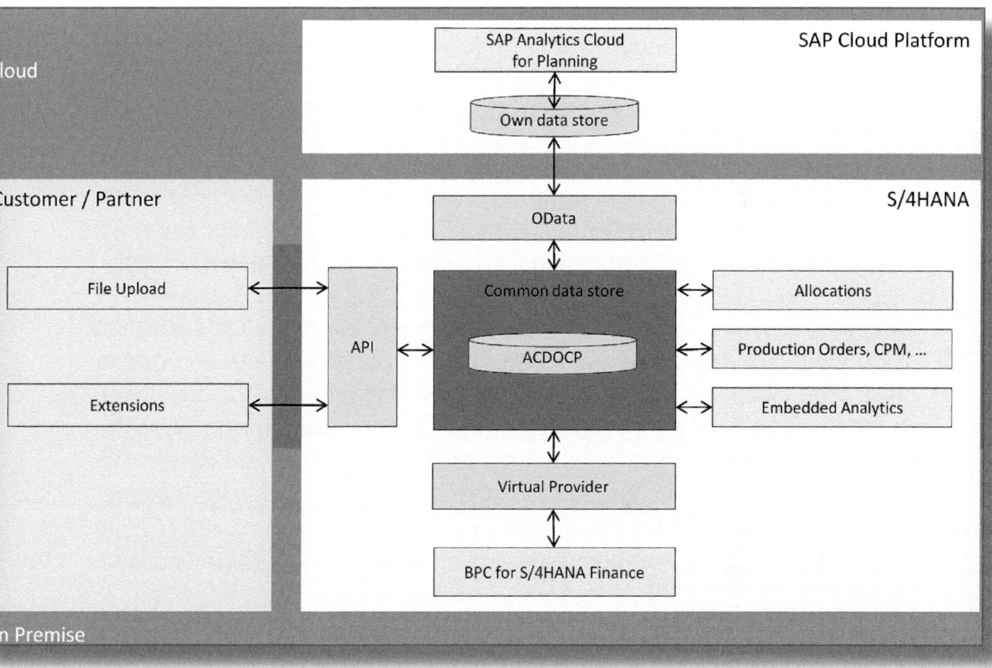

Abbildung 3.1: Planungsmodell in SAP S/4HANA

In Abbildung 3.1 sehen Sie die neue Planungstabelle ACDOCP und die verschiedenen Möglichkeiten, sie zu füllen:

- Der einfachste Ansatz besteht darin, einen Excel-Upload durchzuführen, um die Tabelle mit den manuell eingegebenen Plandaten zu füllen, oder eine API zu verwenden, um Plandaten aus einem externen Planungstool zu übertragen, wie links dargestellt.
- Einige Anwendungen, die in SAP S/4HANA laufen, können die Planungstabelle auch direkt aktualisieren. Dazu gehören Fer-

tigungs- und Instandhaltungsaufträge, die die neue Planungstabelle parallel zu den klassischen Planungstabellen (COSP und COSS) aktualisieren können, sowie kaufmännische Projekte, die nur die neue Planungstabelle fortschreiben. Auch die universelle Verrechnung (siehe Abschnitt 2.4.3) ist einsetzbar, um Planverteilungen und Umlagen durchzuführen, die aus der Planungstabelle lesen und in diese schreiben.

- Ganz oben sehen Sie SAP ANALYTICS CLOUD FOR PLANNING, welches auf der SAP Cloud Platform läuft und Konnektoren in Form von Datenservices nutzt, um Daten aus SAP S/4HANA auszuwählen oder dorthin zu schreiben.
- Unten ist SAP BPC optimiert für S/4HANA Finance, das seine Plandaten entweder in eigenen Cubes speichert oder einen virtuellen Provider zur Aktualisierung der Planungstabelle nutzt.

Die ursprünglich in SAP ERP ausgelieferten Planungstransaktionen sind weiterhin verfügbar und schreiben die Summensätze wie bisher fort. Eine Ausnahme bilden die Planungstransaktionen für die klassische Profitcenter-Rechnung, die zum Kompatibilitätsumfang gehören. Seit SAP S/4HANA 2020 existieren Transferprogramme, mit denen Daten aus diesen Tabellen nach ACDOCP übertragen werden können, sobald die Planung abgeschlossen ist (siehe SAP-Hinweis 2968212). In OP1909 sind diese zumindest als Downport verfügbar (siehe SAP-Hinweis 3007760).

Bevor wir uns die Planungsoptionen im Detail ansehen, betrachten wir die neue Planungstabelle, die im Mittelpunkt dieses Vorhabens steht.

3.1.1 ACDOCP – eine neue Tabelle für die Planung

In den Kapiteln 1 und 2 habe ich das Universal Journal und die Tabelle ACDOCA vorgestellt. SAP S/4HANA 1610 bietet eine entsprechende Planungstabelle, ACDOCP, wie in Abbildung 3.2 dargestellt. Hier werden Planungsdaten für Berichtszwecke gespeichert, sobald die Planung innerhalb von SAP Analytics Cloud oder SAP BPC on S/4HANA Finance abgeschlossen (siehe Abbildung 3.1), aus einer Tabellenkalkulation hochgeladen oder mit den Fertigungs- bzw. Instandhaltungsaufträgen in SAP S/4HANA erfasst wurde.

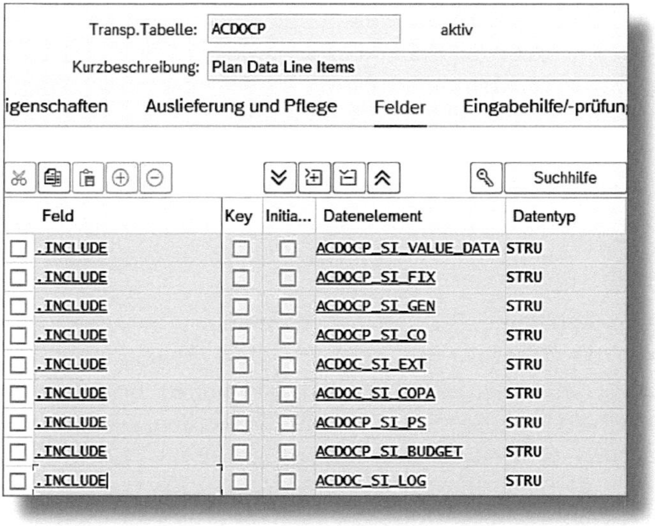

Transp.Tabelle: ACDOCP aktiv

Kurzbeschreibung: Plan Data Line Items

igenschaften Auslieferung und Pflege Felder Eingabehilfe/-prüfun

Suchhilfe

Feld	Key	Initia...	Datenelement	Datentyp
.INCLUDE	☐	☐	ACDOCP_SI_VALUE_DATA	STRU
.INCLUDE	☐	☐	ACDOCP_SI_FIX	STRU
.INCLUDE	☐	☐	ACDOCP_SI_GEN	STRU
.INCLUDE	☐	☐	ACDOCP_SI_CO	STRU
.INCLUDE	☐	☐	ACDOC_SI_EXT	STRU
.INCLUDE	☐	☐	ACDOC_SI_COPA	STRU
.INCLUDE	☐	☐	ACDOCP_SI_PS	STRU
.INCLUDE	☐	☐	ACDOCP_SI_BUDGET	STRU
.INCLUDE	☐	☐	ACDOC_SI_LOG	STRU

Abbildung 3.2: Tabelle Plandaten-Einzelposten

Auf den ersten Blick könnte man meinen, dass es sich gar nicht um die Plandatenzeilen handelt, sondern um das in Abbildung 2.2 dargestellte Universal Journal (ACDOCA-Tabelle), weil es so viele gemeinsame Elemente gibt. Die Planungstabelle sollte dieselben Berichtsdimensionen enthalten, die wir in Kapitel 2 besprochen haben. Beachten Sie, dass die für die GL-Kontierungen in ACDOCP_SI_GL_ACCASS enthaltenen Felder genau die gleichen sind wie die Berichtsdimensionen, die wir in Abschnitt 2.2.2 (z. B. Abbildung 2.8) gesehen haben. Gleichermaßen sind die CO-Felder in ACDOCP_SI_CO mit den Kontierungen aus Abschnitt 2.4.1 identisch (vgl. Abbildung 2.20). Insbesondere bei kundeneigenen Dimensionen, wie z. B. COBL-Erweiterungen oder den CO-PA-Merkmalen innerhalb eines Ergebnisbereichs, ist es wichtig, dass die Tabellenstrukturen nur an einer Stelle erweitert werden und die Planungstabelle auf die gleiche Struktur wie die eigentliche Einzelpostentabelle verweist. Dies sehen wir an den Feldern in ACDOC_SI_EXT (Erweiterungsfelder) und ACDOC_SI_COPA (CO-PA-Felder).

3.1.2 Plan-Kategorien

Während die Planungstabelle einerseits viele gemeinsame Felder mit der eigentlichen Einzelpostentabelle hat, unterscheidet sie sich andererseits dahingehend, dass ein Plan nicht als eine einzige Version der Wahrheit gedacht ist, sondern eher als ein Modell, das verschiedene Annahmen zur Entwicklung des zukünftigen Geschäfts widerspiegelt. Die verschiedenen Planungsprämissen sind den *Plankategorien* zugeordnet. Um diese anzuzeigen, folgen Sie dem IMG-Menüpfad CONTROLLING • CONTROLLING ALLGEMEIN • PLANUNG • KATEGORIE FÜR PLANUNG PFLEGEN.

Beachten Sie in Abbildung 3.3 die Unterscheidung zwischen den PLANKATEGORIEN, die über SAP BPC oder SAP SAC (PERIODISCHE PLANUNG UND KONSOLIDIERUNG) gefüllt werden, und denen, die über Anwendungen innerhalb von SAP S/4HANA gefüllt werden, wie z. B. der FERTIGUNGSAUFTRAG, für den es zwei Kategorien gibt – PLANORD01 und PLANORD02. Ähnliche Kategorien bestehen für die Planung von Projekten und Instandhaltungsaufträgen, wobei mit jeder Edition von SAP S/4HANA weitere Objekte in die neue Planungstabelle migriert werden.

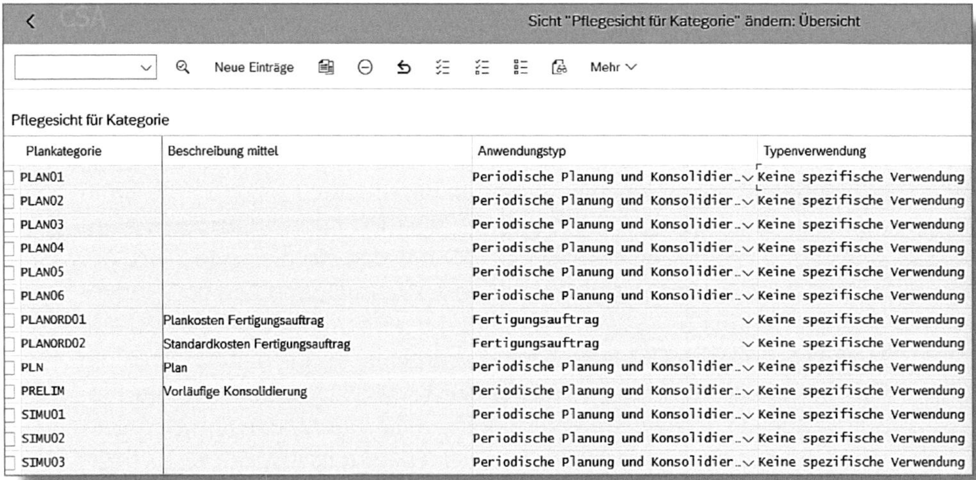

Sicht "Pflegesicht für Kategorie" ändern: Übersicht

Pflegesicht für Kategorie

Plankategorie	Beschreibung mittel	Anwendungstyp	Typenverwendung
PLAN01		Periodische Planung und Konsolidier…	Keine spezifische Verwendung
PLAN02		Periodische Planung und Konsolidier…	Keine spezifische Verwendung
PLAN03		Periodische Planung und Konsolidier…	Keine spezifische Verwendung
PLAN04		Periodische Planung und Konsolidier…	Keine spezifische Verwendung
PLAN05		Periodische Planung und Konsolidier…	Keine spezifische Verwendung
PLAN06		Periodische Planung und Konsolidier…	Keine spezifische Verwendung
PLANORD01	Plankosten Fertigungsauftrag	Fertigungsauftrag	Keine spezifische Verwendung
PLANORD02	Standardkosten Fertigungsauftrag	Fertigungsauftrag	Keine spezifische Verwendung
PLN	Plan	Periodische Planung und Konsolidier…	Keine spezifische Verwendung
PRELIM	Vorläufige Konsolidierung	Periodische Planung und Konsolidier…	Keine spezifische Verwendung
SIMU01		Periodische Planung und Konsolidier…	Keine spezifische Verwendung
SIMU02		Periodische Planung und Konsolidier…	Keine spezifische Verwendung
SIMU03		Periodische Planung und Konsolidier…	Keine spezifische Verwendung

Abbildung 3.3: Plankategorien in SAP S/4HANA

Abbildung 3.4 zeigt Details der PLANKATEGORIE: PLAN01. Diese steuert den KURSTYP für Währungsumrechnungen und enthält Kennzeichen zur Steuerung des Imports von Plandaten sowie des Kopierens und Löschens von Daten – Funktionen, die in SAP ERP über die Planversion gelenkt wurden.

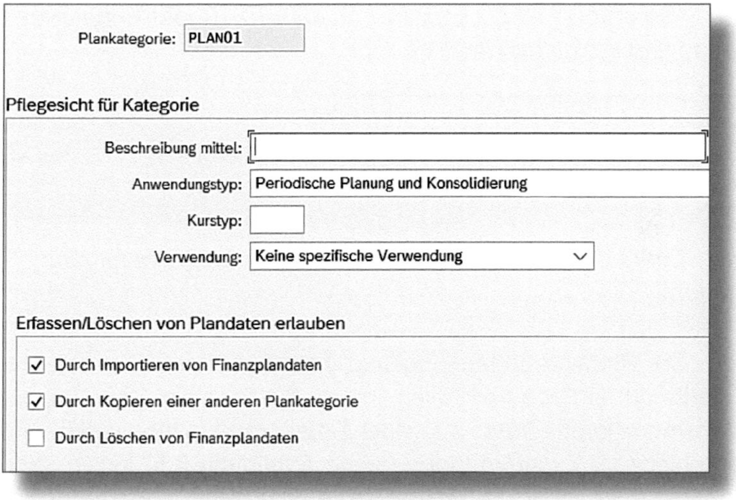

Abbildung 3.4: Details zur Plankategorie

Diese Parameter werden in Kombination mit verschiedenen Apps verwendet:

- »Finanzplandaten importieren«
- »Finanzplandaten kopieren«
- »Finanzplandaten löschen – mit Zeitstempel«

Die Plankategorie steuert außerdem die Verwendung der Plandaten. In diesem Beispiel ist der Plan genau das – ein Plan oder eine Sammlung von Planungsannahmen über die zukünftige Geschäftsentwicklung. Mithilfe bestimmter Plankategorien kann jedoch ein Plan als Grundlage für die Kostenstellen- und die Projektbudgetierung sowie die Budgetierung der öffentlichen Hand identifiziert werden, sodass vor der Kostenbuchung eine Prüfung gegen den Inhalt dieses Plans erfolgen kann.

Die zusätzlichen Einstellungen zur Aktivierung der Verfügbarkeitskontrolle und der Budgetkonsistenzprüfungen für die Kostenstellen- und die Projektbudgetierung sind in Abbildung 3.5 dargestellt. Für die Budgetierung der öffentlichen Hand stehen ebenfalls entsprechende Plankategorien zur Verfügung. Um eine Plankategorie für die Budgetverfügbarkeitskontrolle zu aktivieren, folgen Sie dem Menüpfad CONTROLLING • CONTROLLING ALLGEMEIN • PLANUNG • BUDGETPRÜFUNGEN FÜR KATEGORIEN FESTLEGEN im IMG.

Typerweiterung für Budgetierung

Plankategorie	Beschreibung mittel	Typenverwendung	Verfügbarkeitskontrolle	Budgetkonsistenzprüfung
BUDGET01	Plan	Kostenstellenbudget	☑	☑

Abbildung 3.5: Aktivieren der Budgetverfügbarkeitskontrolle für eine Plankategorie

Nachdem Sie Plankategorien angelegt haben, können Sie die Planungstabelle am einfachsten füllen, indem Sie über die App »Finanzplandaten importieren« Daten aus einer Tabellenkalkulation laden. Mithilfe verschiedener Excel-Vorlagen (siehe Abbildung 3.6) lassen sich die Plandaten direkt in die Planungstabelle übertragen. Dazu laden Sie einfach die entsprechende Vorlage herunter, aktualisieren sie mit Ihren Planungsdaten und laden sie in die Planungstabelle hoch. Dieser Ansatz ist sinnvoll, wenn Sie noch nicht bereit sind, auf SAP Analytics Cloud for Planning umzusteigen oder wenn Sie ein externes Tool zur Aufbereitung Ihrer Plandaten verwenden.

Wenn Sie mehr als einen Tabellen-Upload wünschen, sollten Sie SAP Analytics Cloud for Planning verwenden.

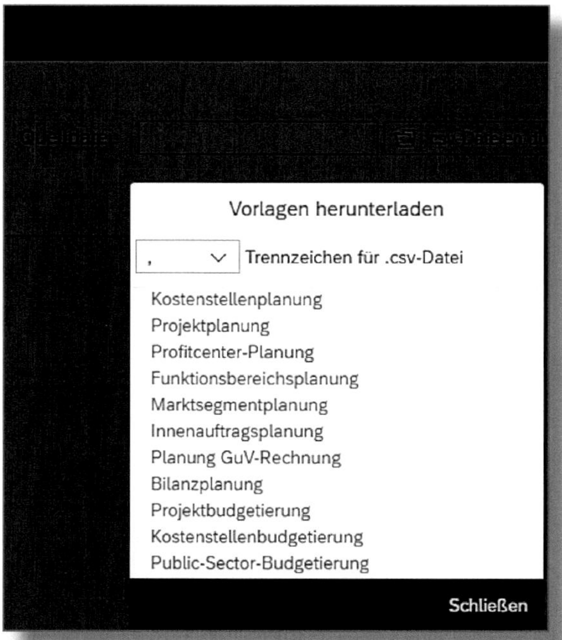

Abbildung 3.6: Excel-Vorlagen für den Upload von Plandaten

3.2 SAP Analytics Cloud for Planning

Sowohl SAP Analytics Cloud als auch SAP BPC für SAP S/4HANA können unabhängig von SAP S/4HANA betrieben werden. Sie sind aber direkt mit dem Universal Journal und den zugehörigen Stammdaten verbunden. Diese Konnektivität ist das Herzstück beider Ansätze:

- *SAP Analytics Cloud* ist die strategische Planungslösung der SAP. Zum Zeitpunkt der Veröffentlichung dieses Buches handelt es sich um die Lösung, in die am meisten investiert wird. Die Möglichkeit, Plandaten aus SAP Analytics Cloud in SAP S/4HANA zu übertragen, wurde mit SAP S/4HANA Cloud 1805 und SAP S/4HANA 1809 (SP1) ergänzt.

- Das bedeutet nicht, dass SAP-S/4HANA-Kunden nicht *SAP BPC für SAP S/4HANA* in Betracht ziehen sollten, bei dem es sich um eine ausgereifte und voll funktionsfähige Planungslösung handelt. SAP BPC für SAP S/4HANA kann Plandaten je nach den Einstellungen im virtuellen InfoProvider entweder in den Planungs-Cubes speichern, die im eingebetteten BW aktiviert sind, oder sie direkt in die Planungstabelle übertragen.

Dieser Abschnitt fokussiert auf SAP Analytics Cloud for Planning, insbesondere auf die ausgelieferten Content-Pakete, die unter *https://sapanalytics.cloud/learning/business-content* verfügbar sind[1].

Wie es sich für eine moderne Planungslösung gehört, liegen die Vorteile dieses Ansatzes in den leistungsstarken Visualisierungen und Kollaborationswerkzeugen. Abbildung 3.7 gibt Ihnen einen Eindruck davon, wie Daten visuell mithilfe verschiedener Diagramme dargestellt werden können, die Betriebsergebnisse, Einnahmen und Ausgaben im Zeitverlauf zeigen.

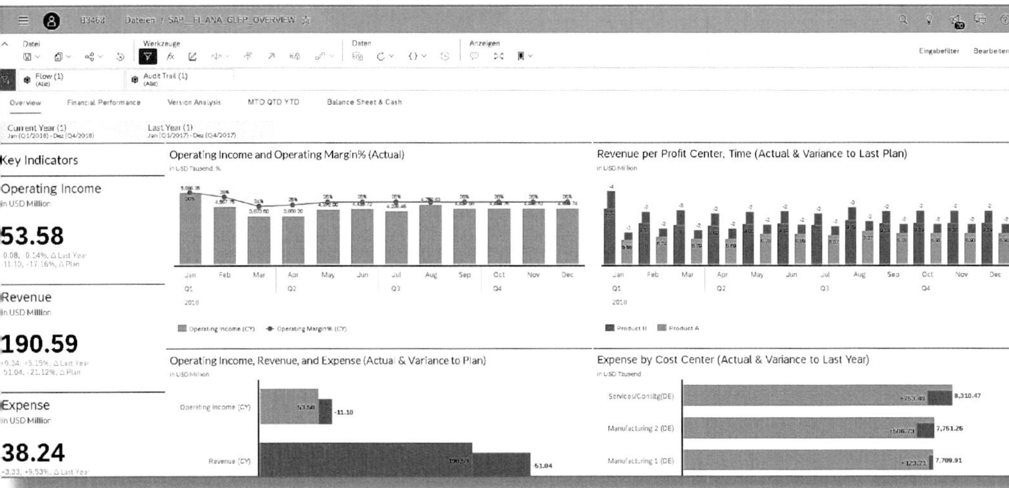

Abbildung 3.7: Leistungskennzahlen zur Steuerung der Planung

[1] Anmerkung zur deutschen Übersetzung: Die Content-Pakete für SAP Analytics Cloud for Planning sind nur auf Englisch verfügbar. Entsprechend sind die Abbildungen in diesem Abschnitt in der englischen Sprache dargestellt.

Der gelieferte Business Content für die Finanzplanung und -analyse in SAP S/4HANA Cloud umfasst die Bereiche GuV-, Bilanz- und Cashflow-Planung und ist mit SAP S/4HANA in der Weise integriert, dass er die gleichen Stammdaten verwendet, auf Transaktionsdaten aus dem Universal Journal zugreift und in die Planungstabelle zurückschreiben kann, die wir in Abbildung 3.2 gesehen haben. Diese auf den Finanzbereich bezogenen Inhalte werden durch weitere für die Anwendungen »Projektplanung«, »Vertriebsplanung« und »Personaleinsatzplanung« ergänzt. Sie können Mitarbeiterausgaben, die in der »Arbeitsverteilung auf Personalressourcen« berechnet wurden, in die GuV-Planung übernehmen. Die verschiedenen Planungsanwendungen werden in Ordnern geliefert, die *Storys* für die diversen Planungs- und Berichtsaufgaben enthalten.

Diejenigen Leser, die mit den klassischen Planungstransaktionen in SAP ERP vertraut sind, finden diesen Business Content im Rahmen der *Integrierten Finanzplanung* ausgeliefert, wo Anwender Plandaten für Kostenstellen, Marktsegmente, Aufträge, Projekte etc. erfassen, aber auch Verrechnungen durchführen, Leistungssätze berechnen und die kalkulierten Umsatzkosten in die Ergebnisplanung einbeziehen können. Die Inhalte der integrierten Finanzplanung umfassen die folgenden Elemente:

- Kosten- und Leistungsplanung (eingeführt mit S4HC 1905)
  - Kostenplanung
  - Statistische Kennzahlplanung
  - Verrechnungen (Verteilung und Umlage)
  - Leistungsmengenplanung (Kostenstellenleistungen)
  - Leistungsartsplittung (wenn eine Kostenstelle mehrere Leistungen erbringt)
  - Tarifplanung und -ermittlung
- Absatz- und Ergebnisplanung
  - Absatzmengenplanung (eingeführt mit S4HC 1908)
  - Verkaufspreisplanung (eingeführt mit S4HC 1908)
  - Umsatzerlös- und Erlösschmälerungsplanung (eingeführt mit S4HC 1908)

  - Ergebnisplanung (eingeführt mit S4HC 1911)
  - Gewinn- und Verlustplanung (eingeführt mit S4HC 1911)
- Produktkostensimulation (eingeführt mit S4HC 1911)
  - Planung von Rohstoffen
  - Ermittlung des Mengengerüsts (der Einzelnachweis für die Kalkulation in SAP S/4HANA)
  - Produktkostensimulation
- Projektplanung (eingeführt mit S4HC 2002)
- Interne Auftragsplanung (eingeführt mit S4HC 2002)
- Abschlussplanung (eingeführt mit S4HC 2005)
  - Bilanzplanung
  - Cashflow-Planung

Abbildung 3.8 zeigt den Inhalt des Ordners SAP_FI_BPL_BUDGETING_AND_PLANNING und die ausgelieferten Planungsstorys für die Integrierte Finanzplanung. Jedes der oben aufgeführten Themen entspricht einer *Planungsstory*, und diese Storys verweisen auf das Planungsmodell.

3.2.1 Kosten- und Leistungsplanung

Ziel der Kosten- und Leistungsplanung ist es, die für die Kostenstelle zu erwartenden Primärkosten im Rahmen des Budgetierungsprozesses zu erfassen und zu planen, wie diese Kosten als Leistungsflüsse und -verrechnungen an andere Kostenstellen fließen werden. In Abschnitt 3.3.1 wollen wir uns ansehen, wie diese Plandaten auch für die Festlegung von Budgets und die Durchführung von Budgetverfügbarkeitsprüfungen innerhalb von SAP S/4HANA verwendet werden können, wenn die Istkosten auf den entsprechenden Kostenstellen aktualisiert werden.

Wir beginnen mit der Planung der Primärkosten, indem wir die Istkosten aus dem Vorjahr kopieren und die entsprechenden Anpassungen

Meine Dateien / Öffentlich / SAP_Content / SAP_FI_BPL_Budgeting_and_Planning

Name	Beschreibung	Typ
SAP__FI_BPL_IM_COSTCENT...	SAP Finance: BPL - Calculate Cost Center Cost Rates	Story
SAP__FI_BPL_IM_COSTCENT...	SAP Finance: BPL - Cost Center Budgeting	Story
SAP__FI_BPL_IM_COSTCENT...	SAP Finance: BPL - Cost Center Planning Administra...	Story
SAP__FI_BPL_IM_FINANCIAL_...	SAP Finance: BPL - Financial Statement Planning	Story
SAP__FI_BPL_IM_FINANCIAL_...	SAP Finance: BPL - Financial Statement Planning Ad...	Story
SAP__FI_BPL_IM_FINANCIAL_...	SAP Finance: BPL - Financial Statement Planning An...	Story
SAP__FI_BPL_IM_FINANCIAL_...	SAP Finance: BPL - Financial Statement Reporting	Story
SAP__FI_BPL_IM_INTERNAL_...	SAP Finance: BPL - Internal Order Administration	Story
SAP__FI_BPL_IM_INTERNAL_...	SAP Finance: BPL - Internal Order Planning	Story
SAP__FI_BPL_IM_CAPEX_PLA...	SAP Finance: BPL - Investment Planning	Story
SAP__FI_BPL_IM_CAPEX_PLA...	SAP Finance: BPL - Investment Planning Administrati...	Story
SAP__FI_BPL_IM_COSTCENT...	SAP Finance: BPL - Plan Cost Center Cost Rates an...	Story
SAP__FI_BPL_IM_COSTCENT...	SAP Finance: BPL - Plan Cost Center Expenses	Story
SAP__FI_BPL_IM_PRODUCTC...	SAP Finance: BPL - Product Cost Planning Administr...	Story
SAP__FI_BPL_IM_PRODUCTC...	SAP Finance: BPL - Product Cost Rates	Story
SAP__FI_BPL_IM_PROFITABIL...	SAP Finance: BPL - Profitability Planning	Story
SAP__FI_BPL_IM_PROJECT_P...	SAP Finance: BPL - Project Administration	Story
SAP__FI_BPL_IM_PROJECT_P...	SAP Finance: BPL - Project Planning & Budgeting	Story
SAP__FI_BPL_IM_PRODUCTC...	SAP Finance: BPL - Resources	Story
SAP__FI_BPL_IM_PROFITABIL...	SAP Finance: BPL - Sales & Revenue Planning	Story

Abbildung 3.8: Planungstorys für die Integrierte Finanzplanung

vornehmen. In Abbildung 3.9 habe ich die Story PLAN COST CENTER EXPENSES (Plankostenstellenaufwand) aus der Liste der Dateien in Abbildung 3.8 ausgewählt. Mit Klick auf die Schaltfläche EXPENSES: ACTUAL BASED (Aufwand: Ist-Basis) habe ich den Plan für 2021 mit Referenzdaten aus dem Vorjahr vorausgefüllt. Wie hier dargestellt, löst diese Schaltfläche eine *Datenaktion* unter Verwendung einer Skriptsprache aus, um eine einfache Kopie auszuführen, aber sie kann auch für komplexere Berechnungen und Zuweisungen verwendet werden, wie wir später sehen werden. Weitere ausgefeilte Möglichkeiten zum Kopieren von Daten finden Sie durch Klicken auf die Schaltfläche EXPENSES: USING CONTROL PARAMETERS (Aufwand: Unter Verwendung von Steuerungsparametern).

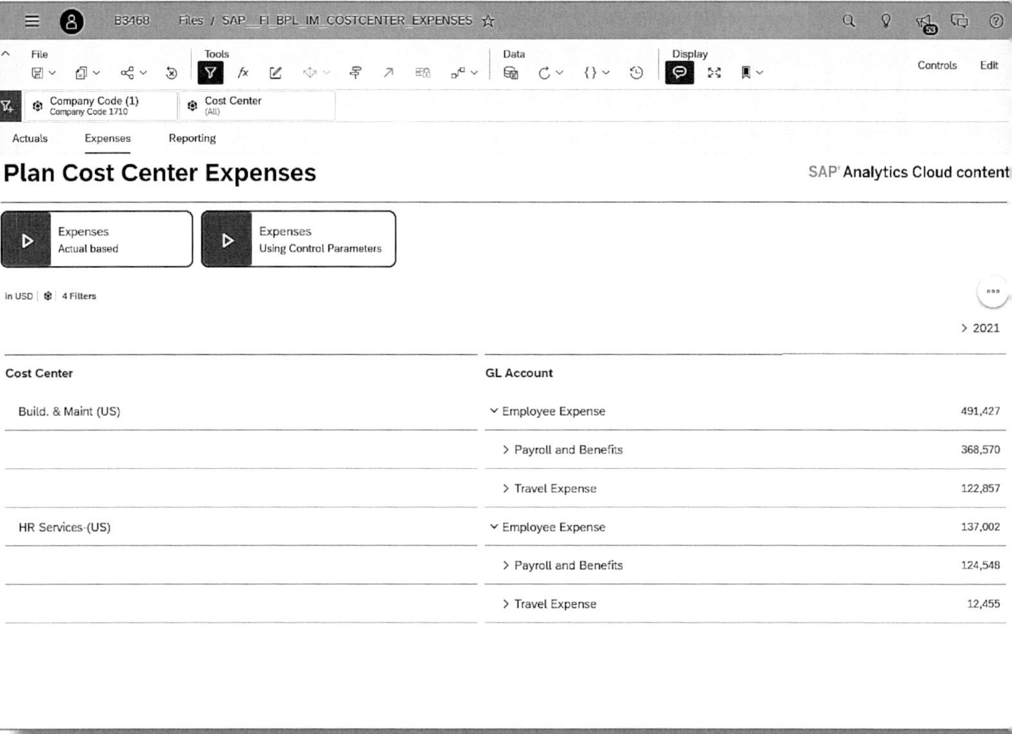

Abbildung 3.9: Plankostenstellenausgaben mit Istwerten als Referenz

Um zu definieren, wie diese primären Kosten dann auf andere Kostenstellen fließen, navigieren Sie von der Registerkarte EXPENSES (Aufwand), siehe Abbildung 3.9, zur Registerkarte REPORTING, wo Sie einfache Verrechnungen über die in Abbildung 3.10 dargestellten Schaltflächen EXPENSES: DISTRIBUTE (Aufwand: Verteilen) und EXPENSES: ASSESSMENT (Aufwand: Umlage) vornehmen können. In diesem Beispiel habe ich die Lohn- und Reisekosten für die Kostenstelle BUILDING AND MAINTENANCE (COST CENTER) (Gebäude und Instandhaltung) auf eine Fertigungskostenstelle (PARTNER COST CENTER) umgelegt. Beachten Sie, dass als Ergebnis der Datenaktion DEBIT (Soll) oder CREDIT (Haben) ausgegeben wird, was aussagt, wie die Kosten für die Kostenstelle »Building and Maintenance« (BUILD.&MAINT) als sekundäre Kosten belastet wurden, was dem zukünftigen Kostenfluss für die tatsächlichen Kosten entspricht. Eine Verteilung führt außerdem zu Soll- und Haben-Buchungen, allerdings unter den ursprünglichen Konten für Lohn- und Reisekosten (TRAVEL EXPENSES).

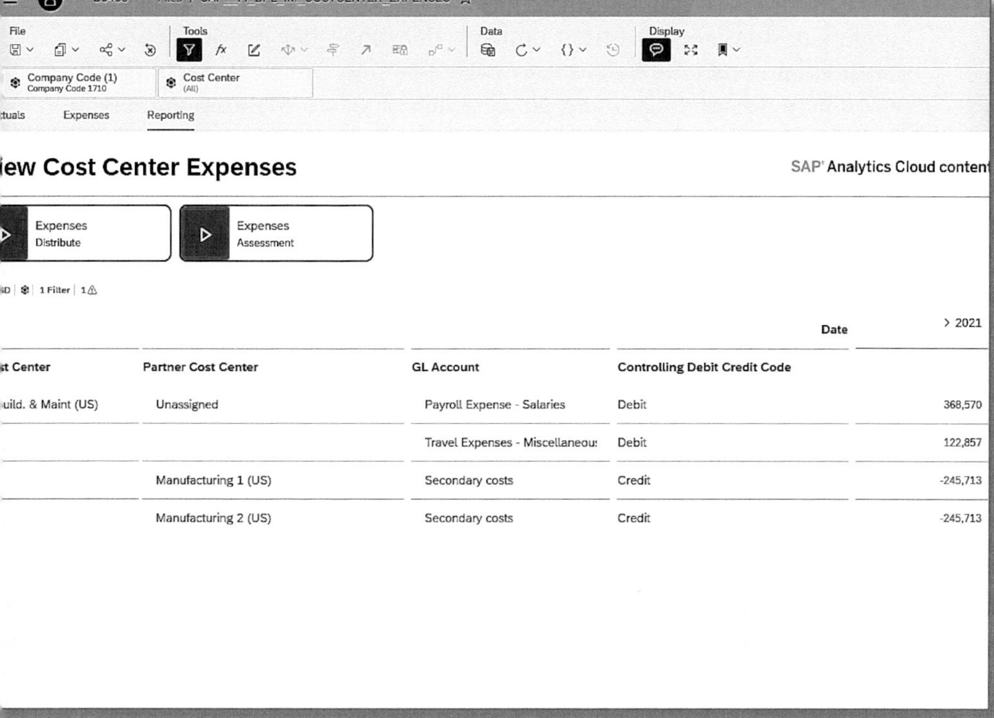

Abbildung 3.10: Verwendung von Datenaktionen zum Auslösen der Verteilung oder Umlage auf die Plankosten

Ich habe hier erläutert, wie die bereitgestellten Planungsstorys den grundlegenden Planungsprozess für die Kostenstellen unterstützen und wie Sie mithilfe von Verteilung und Umlagen Kosten auf andere Kostenstellen verrechnen können. Wenn Sie zurzeit diese Art von Planung mit SAP ERP machen, dann besteht der größte Nachteil darin, dass Sie die Kosten noch nicht nach einem Verrechnungsschema aufteilen können.

Verteilungen und Umlagen können in einigen Organisationen den gesamten Planungsprozess abdecken. In anderen Organisationen wird dieser Ansatz verwendet, um Kosten von Hilfs- auf operative Kostenstellen zu verschieben. In diesem Fall sind jedoch zusätzliche Schritte erforderlich, um die von den operativen Kostenstellen geleistete Arbeit zu planen. Aus diesem Grund umfasst der Inhalt der integrierten Finanzplanung auch die Leistungsmengenplanung, die Kostensplittung (wenn eine Kostenstelle mehr als eine Leistungsart anbietet) und die Tarifermittlung.

Abbildung 3.11 zeigt die Story COST CENTER ACTIVITY PRICE (Kostenstellentarife), in der ich die Leistungsarten SERVICE, MACHINE HOURS (Maschinenstunden) und PERSONNEL HOURS (Personalstunden) mit den entsprechenden COST CENTER verknüpft und Stunden (H) als Mengeneinheit definiert habe.

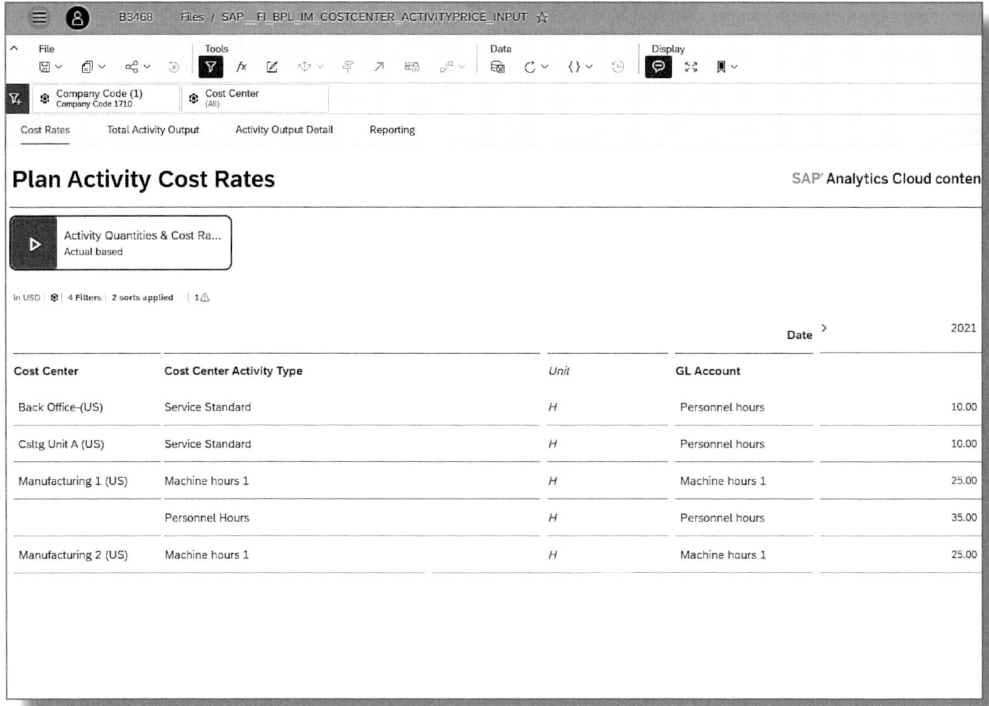

Abbildung 3.11: Kostenstellen und Leistungsarten

Beachten Sie auch das Sachkonto GL ACCOUNT, das für die Verrechnung der Kosten bei der Leistungsverrechnung verwendet, und einen manuellen Kostensatz, der pro verbrauchter Leistungseinheit im Jahr 2021 berechnet werden soll. In Abschnitt 3.2.3 werde ich erklären, wie man eine Produktkostensimulation durchführt und wie diese Fertigungsleistungen von den Produkten verbraucht werden. Für den Verbrauch können im Übrigen auch Aufträge und Projekte verantwortlich sein.

Einige Unternehmen geben ihre Leistungsraten manuell ein, andere überlassen dies dem System. Wählen Sie hierzu die Registerkarte TOTAL ACTIVITY OUTPUT und geben Sie die ACTIVITY QUANTITY (Leistungsmenge) ein (siehe Abbildung 3.12). Hier sind die Leistungsstunden geplant, die von den vier Kostenstellen erbracht werden sollen.

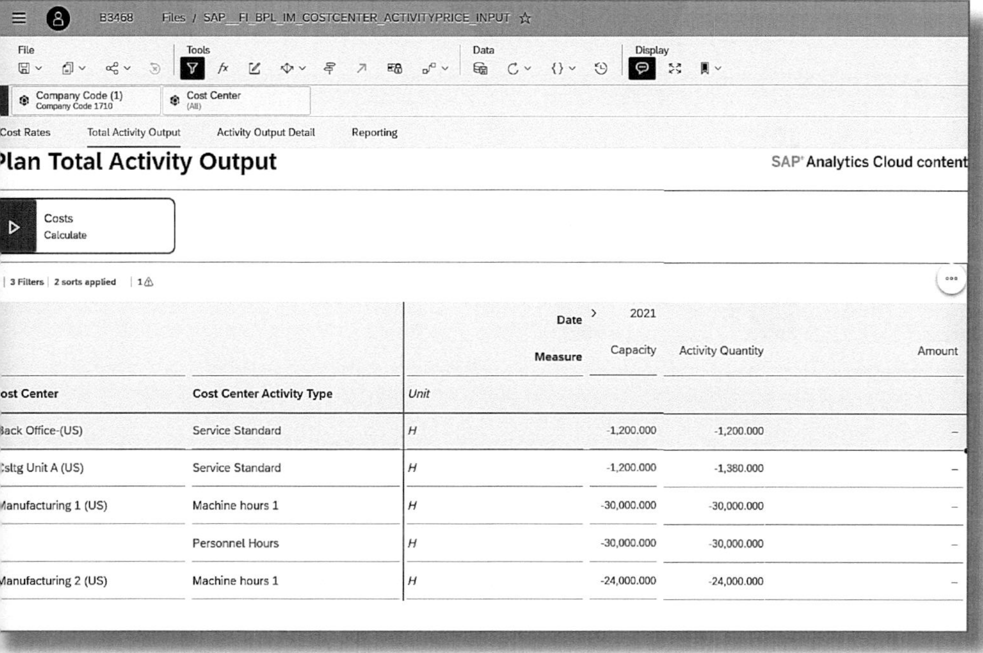

ost Center	Cost Center Activity Type	Unit	Capacity	Activity Quantity	Amount
ack Office-(US)	Service Standard	H	-1,200.000	-1,200.000	–
sltg Unit A (US)	Service Standard	H	-1,200.000	-1,380.000	–
anufacturing 1 (US)	Machine hours 1	H	-30,000.000	-30,000.000	–
	Personnel Hours	H	-30,000.000	-30,000.000	–
anufacturing 2 (US)	Machine hours 1	H	-24,000.000	-24,000.000	–

Abbildung 3.12: Geplante Leistungserbringung der Kostenstellen

Im nächsten Schritt muss geplant werden, wie diese Leistungserbringung von den verschiedenen Kostenstellen verwendet wird (siehe Abbildung 3.13). Es stehen verschiedene Optionen zur Verfügung:

- Um Leistungsmengen auf der Basis einer angenommenen Beziehung zwischen zwei Kennzahlen zu berechnen, wählen Sie ACTIVITY QUANTITIES: CALCULATE INVERSELY (Leistungsmengen: Indirekte Leistungsverrechnung). Dies kann der Fall sein, wenn angenommen wird, dass die Anzahl der Stromstunden mit der Anzahl der Maschinenstunden zusammenhängt.
- Um Leistungsmengen auf Basis von Treiberinformationen aufzuteilen, wählen Sie ACTIVITY QUANTITIES: ALLOCATE (Aktivitätsmengen: Verrechnen). Dies kann angebracht sein, wenn die Gesamtzahl der Beratungsstunden auf Grundlage der relativen Anzahl der von verschiedenen Beratungskostenstellen gelieferten Beratungsstunden aufgeteilt werden kann.

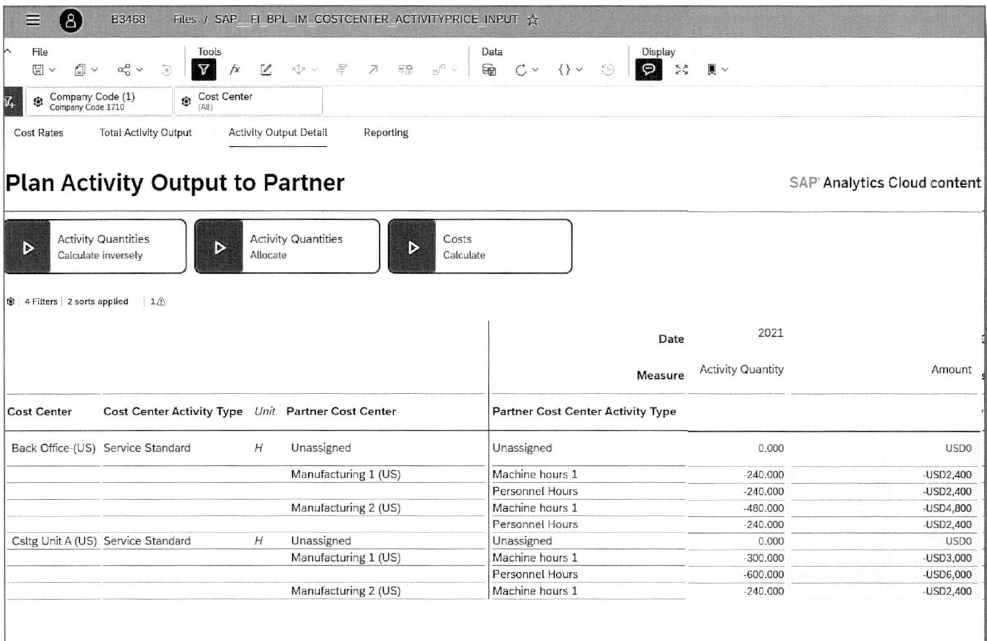

Cost Center	Cost Center Activity Type	Unit	Partner Cost Center	Partner Cost Center Activity Type	Activity Quantity	Amount
Back Office (US)	Service Standard	H	Unassigned	Unassigned	0.000	USD0
			Manufacturing 1 (US)	Machine hours 1	-240.000	-USD2,400
				Personnel Hours	-240.000	-USD2,400
			Manufacturing 2 (US)	Machine hours 1	-480.000	-USD4,800
				Personnel Hours	-240.000	-USD2,400
Csltg Unit A (US)	Service Standard	H	Unassigned	Unassigned	0.000	USD0
			Manufacturing 1 (US)	Machine hours 1	-300.000	-USD3,000
				Personnel Hours	-600.000	-USD6,000
			Manufacturing 2 (US)	Machine hours 1	-240.000	-USD2,400

Abbildung 3.13: Planleistungserbringung an Partner

In beiden Fällen werden die berechneten Leistungsmengen mit den berechneten Tarifen verknüpft, indem Sie die in Abbildung 3.12 gezeigte Schaltfläche COSTS: CALCULATE (Kosten: Berechnen) wählen. Wenn Sie Abbildung 3.13 mit Abbildung 3.10 vergleichen, werden Sie nicht nur die Kostenstelle (COST CENTER) und die Partnerkostenstelle (PARTNER COST CENTER), sondern auch die Leistungsart der Kostenstelle (COST CENTER ACTIVITY TYPE) und die Leistungsart der Partnerkostenstelle (PARTNER COST CENTER ACTIVITY TYPE) bemerken, da Umlagen und Verteilungen auf der Ebene der Kostenstellen arbeiten, während leistungsbezogene Berechnungen detaillierter sind und die Leistungsart mit einbeziehen.

Auch hier wieder der Hinweis für alle Leser, die diese Planung noch mit SAP ERP durchführen: Der größte Nachteil ist, dass Sie zwar für jede Kostenstellen/Leistungsarten-Kombination einen Leistungstarif ermitteln können, diesen aber noch nicht in die zugrunde liegenden Kostenelemente aufschlüsseln können (Primärkostenschichtung).

3.2.2 Absatz- und Ergebnisplanung

Ziel der Absatz- und Ergebnisplanung ist es, den Verkaufs- und Erlösplanungsprozess, beginnend mit der Verkaufspreis- und Verkaufsmengenplanung, sowie den Planer mit Simulationsmöglichkeiten auf Basis historischer Ist-Daten zu unterstützen, wie wir es zuvor für die Kostenstellenplanung gesehen haben. Die Erlös- und Erlösschmälerungsberechnung können wir dann verwenden, um die verschiedenen Rabatte einzubeziehen, die Kunden typischerweise anfordern. In Abbildung 3.14 habe ich die Menge und den zugehörigen Erlös für jede Produkt-Kundenkombination geplant.

Nun planen wir einen Stückpreis für das Produkt und Erlösschmälerungen, indem wir zu den Registerkarten PRICE und SALES DEDUCTION (Erlösschmälerung) navigieren. Um die Umsatzkosten mit dem zuvor geplanten Umsatz in Verbindung zu bringen, navigieren wir zum Register PRODUCT COST RATES (Produktkostensätze), wo die Produktkosten für die beiden in Abbildung 3.14 verkauften Materialien zu sehen sind (siehe Abbildung 3.15).

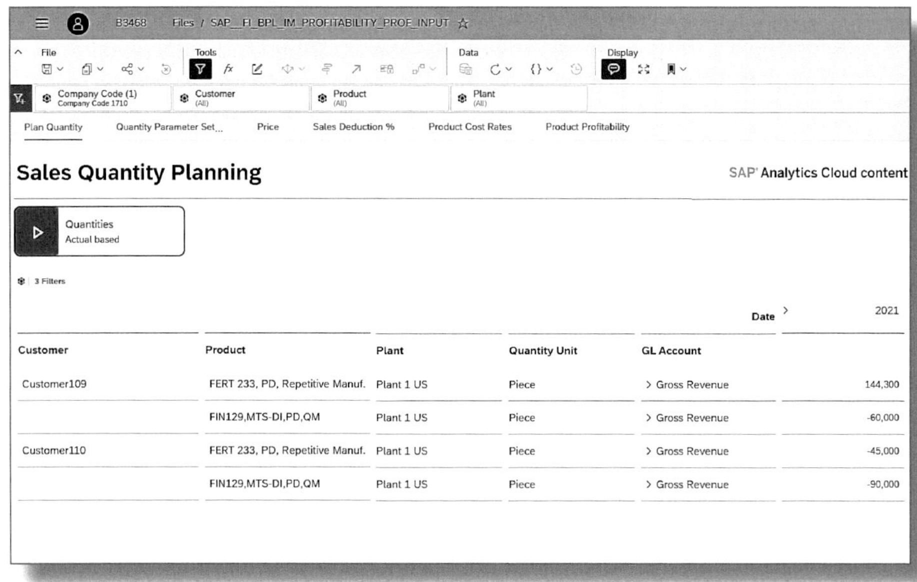

Abbildung 3.14: Mengen- und Erlösplanung

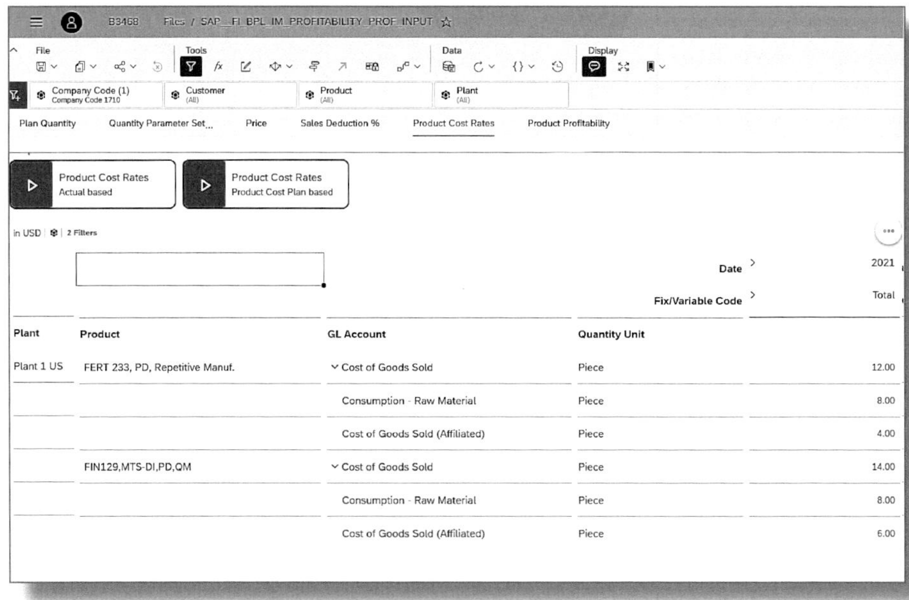

Abbildung 3.15: Umsatzkosten planen

Die Umsatzkosten werden mithilfe der Produktkostensimulation (siehe Abschnitt 3.2.3) berechnet und beinhalten die detaillierten Kostenelemente, die wir in Kapitel 2 betrachtet haben. Diese bilden die Grundlage für die Umsatzkostenschichtung, die immer dann erstellt wird, wenn ein Material mit einer entsprechenden Plankalkulation an den Kunden geliefert wird (siehe Abschnitt 2.5.2).

3.2.3 Produktkostensimulation

Die Produktkostensimulation stützt sich auf die Plankalkulation in SAP S/4HANA, um die anfänglichen Standardherstellkosten auf Basis der Stückliste und des Arbeitsplans im zugrunde liegenden System zu berechnen. Der Kalkulationsnachweis liefert das *Mengengerüst* und wird an SAP Analytics Cloud übergeben, wo er die Grundlage für die Rohstoffplanung und die Produktkostensimulation bildet. Daraus ergeben sich Umsatzkosten, die dann in Kombination mit den Absatzmengen zur Simulation der Produktprofitabilität dienen können. Dieser Prozess ist nicht völlig unabhängig von SAP S/4HANA, da er das Vorhandensein von Stücklisten, Arbeitsplänen, Arbeitsplätzen usw. in SAP S/4HANA sowie die Existenz eines ersten Tarifs zur Bewertung der Produktionsleistungen, die bei der Herstellung des Produkts eingesetzt werden, voraussetzt. Da die Kostenstellenplanung in SAP Analytics Cloud stattfindet, müssen Sie den Prozess orchestrieren, um festzulegen:

1. Der Tarif der Leistung soll zuerst in SAC berechnet und dann an SAP S/4HANA übertragen werden; *oder*

2. der Wert der Kalkulation soll angepasst werden, sobald die Kostenstellenplanung in SAP Analytics Cloud for Planning abgeschlossen ist.

Die Berechnung der Produktkosten, die zum Füllen der Umsatzkosten in Abbildung 3.15 verwendet werden, erfolgt mithilfe einer separaten Story, den PRODUCT COST RATES (siehe Abbildung 3.16). Dazu gehört die Planung der Losgröße (da das Produkt nicht immer in denselben Einheiten verkauft wird, in denen es hergestellt wird) und ein Mengengerüst, das alle Rohstoffe, den Leistungsverbrauch und die Gemeinkosten enthält, die zur Herstellung des zu verkaufenden Produkts erforderlich sind.

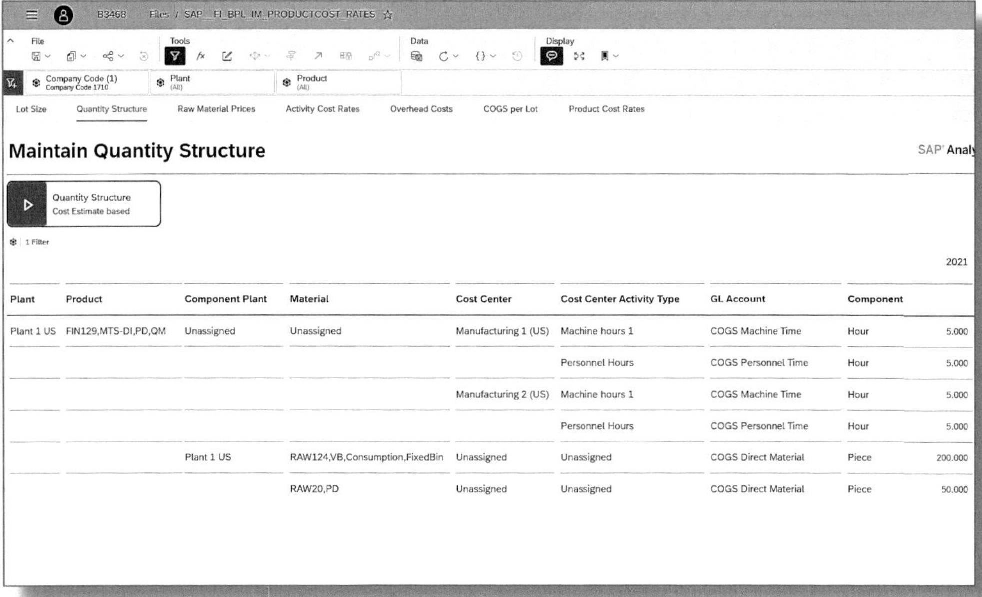

Plant	Product	Component Plant	Material	Cost Center	Cost Center Activity Type	GL Account	Component	2021
Plant 1 US	FIN129,MTS-DI,PD,QM	Unassigned	Unassigned	Manufacturing 1 (US)	Machine hours 1	COGS Machine Time	Hour	5.000
					Personnel Hours	COGS Personnel Time	Hour	5.000
				Manufacturing 2 (US)	Machine hours 1	COGS Machine Time	Hour	5.000
					Personnel Hours	COGS Personnel Time	Hour	5.000
		Plant 1 US	RAW124,VB,Consumption,FixedBin	Unassigned	Unassigned	COGS Direct Material	Piece	200.000
			RAW20,PD	Unassigned	Unassigned	COGS Direct Material	Piece	50.000

Abbildung 3.16: Mengengerüst für Produktkosten

Abbildung 3.16 zeigt die Produktkosten für die zu verkaufende Ware, die in Abbildung 3.15 geplant wurden. Beachten Sie, dass die Struktur hier auf den Sachkonten für die Umsatzkosten basiert, die wir in Abschnitt 2.5.2 betrachtet haben. Die QUANTITY STRUCTURE (Mengengerüst) wurde aus der Plankalkulation in SAP S/4HANA importiert, und wir sehen den Leistungsverbrauch (COST CENTER und COST CENTER ACTIVITY TYPE) sowie den Materialverbrauch (COMPONENT PLANT und MATERIAL) pro Produktlos.

Wir können die Rohmaterialpreise, die Leistungskostensätze und die Gemeinkosten anpassen, indem wir Änderungen in den entsprechenden Registern vornehmen, bevor wir schließlich die Produktkosten für die zu verkaufenden Waren berechnen (siehe Abbildung 3.17).

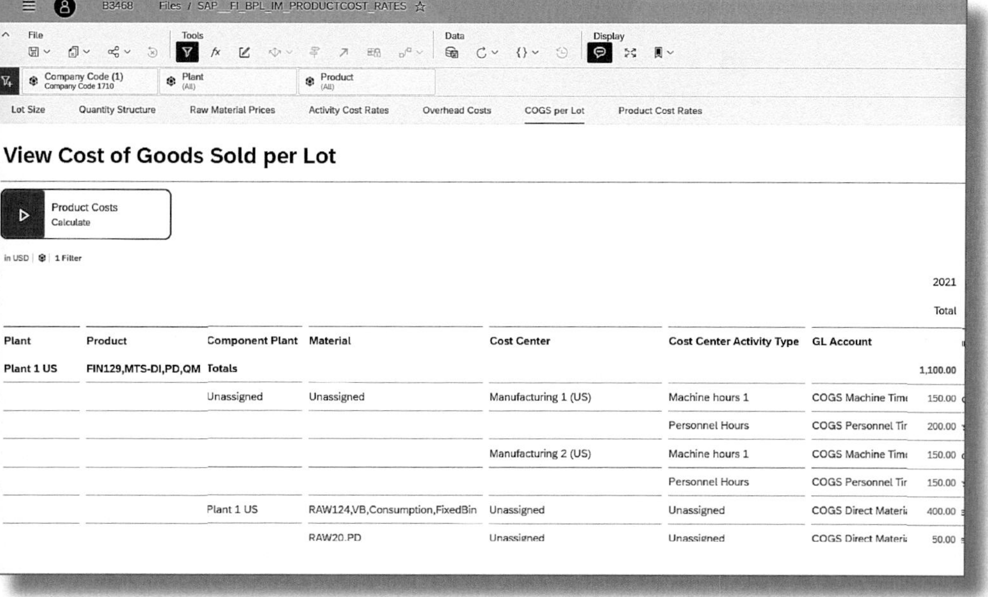

Abbildung 3.17: Planung der Umsatzkosten

3.2.4 Projektplanung

SAP Analytics Cloud unterstützt auch die Projektplanung. Dies kann eine einfache Übung sein, bei der die Ausgaben pro Projekt geplant werden, wie wir es in Abbildung 3.18 sehen, oder Sie können darüber hinaus die geplante Leistungsverwendung von den Kostenstellen erfassen. Wie die Kostenstellenplanung kann auch ein Projektplan dazu verwendet werden, Budgets festzulegen und eine aktive Verfügbarkeitskontrolle auf das Projekt durchzuführen, wie wir in Abschnitt 3.3.1 sehen werden. Dieser Plan kann zudem als Grundlage für die vorgangsbezogene Erlösrealisierung dienen, die wir in Abschnitt 3.3.2 behandeln.

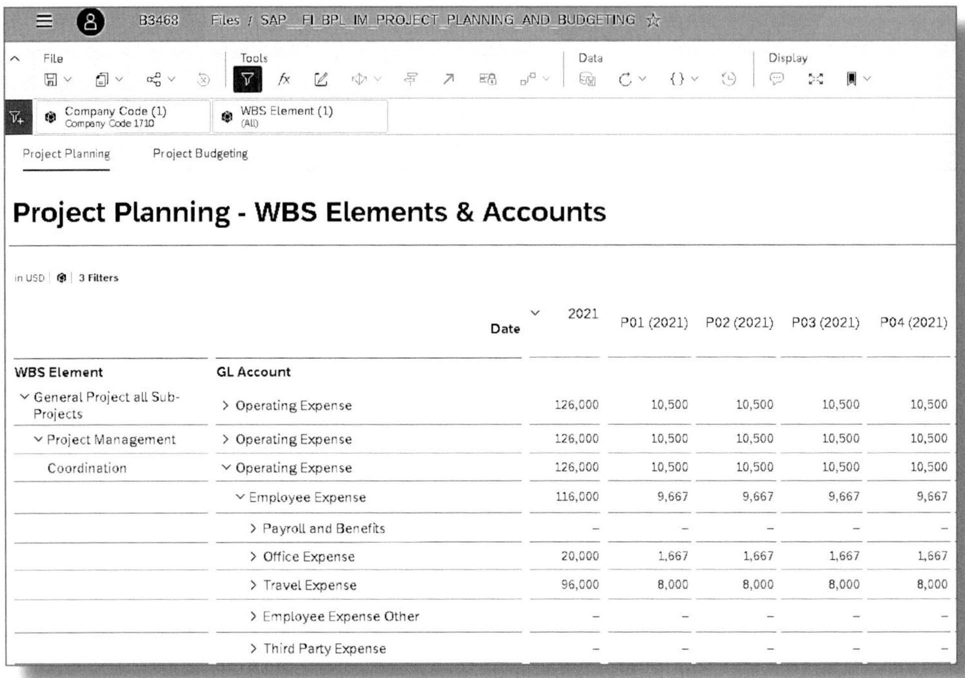

WBS Element	GL Account	2021	P01 (2021)	P02 (2021)	P03 (2021)	P04 (2021)
General Project all Sub-Projects	Operating Expense	126,000	10,500	10,500	10,500	10,500
Project Management	Operating Expense	126,000	10,500	10,500	10,500	10,500
Coordination	Operating Expense	126,000	10,500	10,500	10,500	10,500
	Employee Expense	116,000	9,667	9,667	9,667	9,667
	Payroll and Benefits	–	–	–	–	–
	Office Expense	20,000	1,667	1,667	1,667	1,667
	Travel Expense	96,000	8,000	8,000	8,000	8,000
	Employee Expense Other	–	–	–	–	–
	Third Party Expense	–	–	–	–	–

Abbildung 3.18: Projektplanung

3.2.5 Planung der Ergebnisrechnung

Alle Kosten für Kostenstellen und Projekte, Erlöse für die verkauften Produkte sowie Umsatzkosten für die zugehörigen Produkte werden zu einer Gewinn- und Verlustrechnung nach Buchungskreis, Profitcenter, Funktionsbereich und Partnergesellschaft zusammengeführt. Daraus lassen sich dann verschiedene Kennzahlen ableiten. In Abbildung 3.19 sehen Sie, wie diese Zahlen wiederum zur Ableitung einer einfachen Bilanz genutzt werden.

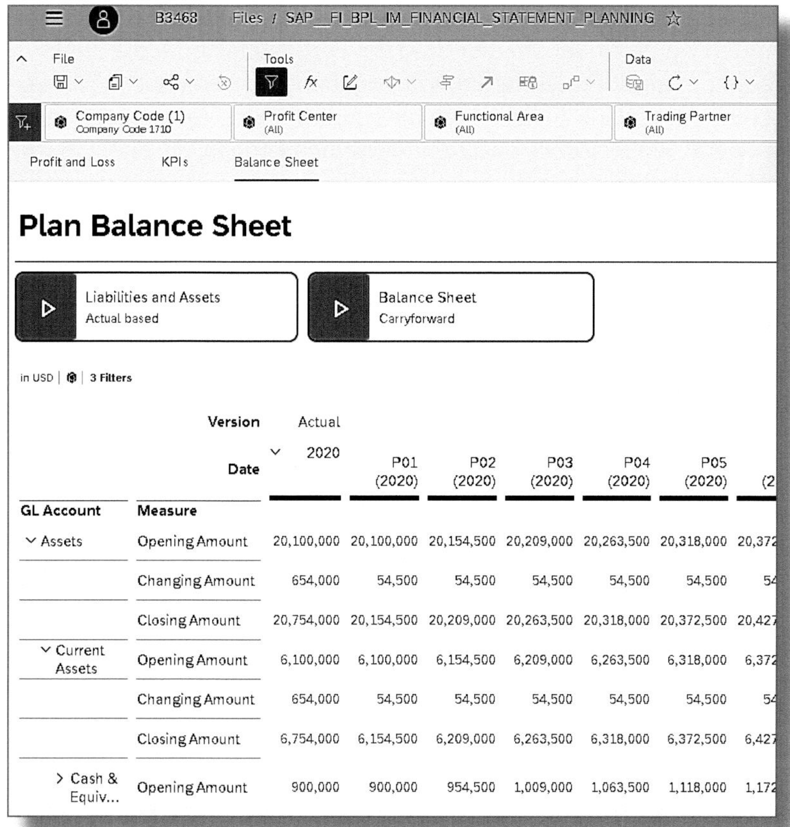

GL Account	Measure	Version: Actual / Date: 2020	P01 (2020)	P02 (2020)	P03 (2020)	P04 (2020)	P05 (2020)
Assets	Opening Amount	20,100,000	20,100,000	20,154,500	20,209,000	20,263,500	20,318,000
	Changing Amount	654,000	54,500	54,500	54,500	54,500	54,500
	Closing Amount	20,754,000	20,154,500	20,209,000	20,263,500	20,318,000	20,372,500
Current Assets	Opening Amount	6,100,000	6,100,000	6,154,500	6,209,000	6,263,500	6,318,000
	Changing Amount	654,000	54,500	54,500	54,500	54,500	54,500
	Closing Amount	6,754,000	6,154,500	6,209,000	6,263,500	6,318,000	6,372,500
Cash & Equiv...	Opening Amount	900,000	900,000	954,500	1,009,000	1,063,500	1,118,000

Abbildung 3.19: Planung der Ergebnisrechnung

Nachdem wir uns angesehen haben, wie man Plandaten erfasst, untersuchen wir nun, wie man diese Plandaten in den operativen Prozessen verwendet.

3.3 Einsatz von Finanzplandaten in SAP S/4HANA

Viele Kunden arbeiten schon seit einigen Jahren mit Data Warehouses. Sie entschieden häufig, die Plandaten wieder in SAP ERP einzupflegen, da diese Daten von vielen Funktionen genutzt werden und bestimmen, wann Ausgaben zu sperren sind, ob bestimmte Budgetschwellen überschritten werden, oder um den Grad der Fertigstellung für die Erlösrealisierung in einer Projektfertigungsumgebung zu berechnen. Wir werden nun einige der Möglichkeiten untersuchen, wie Finanzplandaten in den operativen Prozessen verwendet werden können, die direkt in SAP S/4HANA laufen.

3.3.1 Budgetierung, Verfügbarkeitskontrolle und Obligoverwaltung

Plan/Ist-Berichte mögen ein Schlüsselelement der Finanzberichterstattung sein, aber viele Organisationen nutzen ihre Pläne auch, um eine **Obergrenze** für Ausgaben festzulegen, indem sie den Plan als *Budget* festlegen und dann eine *Verfügbarkeitskontrolle* einrichten, die verhindert, dass dieses Budget überschritten wird. Abbildung 3.20 zeigt die App »Kostenstellen Etatbericht«, die mittels Kombination aus Budget, Istkosten und Obligos das verbleibende Budget für die ausgewählten Kostenstellen darstellt. Dies ist im Wesentlichen eine passive Budgetkontrolle, da sie sich darauf verlässt, dass der Kostenstellenleiter das Budget durch Überwachung der Zahlen in diesem Bericht verwaltet.

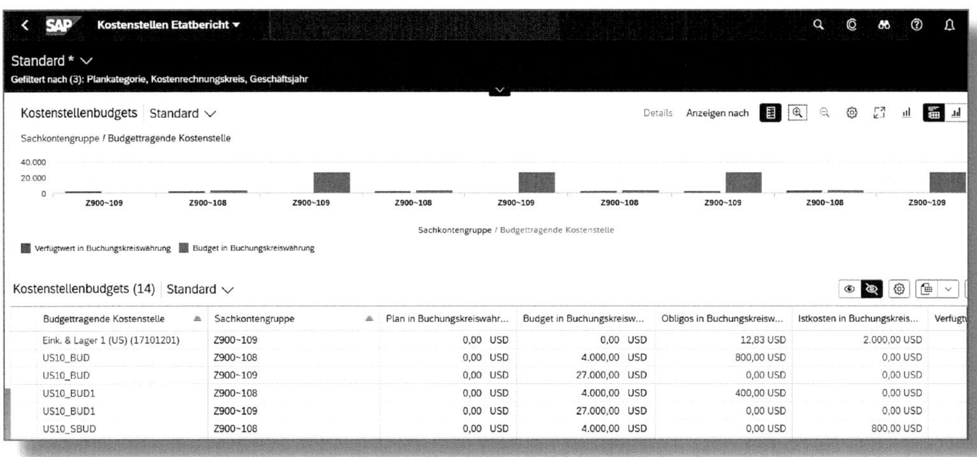

Budgettragende Kostenstelle	Sachkontengruppe	Plan in Buchungskreiswahr...	Budget in Buchungskreisw...	Obligos in Buchungskreisw...	Istkosten in Buchungskreis...	Verfugt
Eink. & Lager 1 (US) (17101201)	Z900~109	0,00 USD	0,00 USD	12,83 USD	2.000,00 USD	
US10_BUD	Z900~108	0,00 USD	4.000,00 USD	800,00 USD	0,00 USD	
US10_BUD	Z900~109	0,00 USD	27.000,00 USD	0,00 USD	0,00 USD	
US10_BUD1	Z900~108	0,00 USD	4.000,00 USD	400,00 USD	0,00 USD	
US10_BUD1	Z900~109	0,00 USD	27.000,00 USD	0,00 USD	0,00 USD	
US10_SBUD	Z900~108	0,00 USD	4.000,00 USD	0,00 USD	800,00 USD	

Abbildung 3.20: App »Kostenstellen Etatbericht«

Sie können diese Idee weiterführen und eine aktive Budgetkontrolle verwenden, mit der das System Warnungen ausgeben oder sogar Ausgaben blockieren kann, wenn bestimmte Schwellenwerte überschritten wurden. Diese Option war in SAP ERP für Projekte und Aufträge verfügbar, ist aber neu für Kostenstellen in SAP S/4HANA.

Da dieser Ansatz am sinnvollsten für Kostenstellen mit einem verantwortlichen Manager ist, müssen Sie neben der Festlegung einer Plankategorie zur Ablage Ihres Budgets (siehe Abbildung 3.5) entscheiden, welche Kostenstellen in die Budgetverfügbarkeitskontrolle einbezogen werden sollen. Sie können eine Budgetverfügbarkeitsprüfung für jede Kostenstelle direkt durchführen oder eine andere Kostenstelle als Budgetträgerin für mehrere zugeordnete Kostenstellen bestimmen. Abbildung 3.21 zeigt die App »Kostenstellen verwalten« und die Parameter zur Aktivierung der Budgetverfügbarkeitskontrolle für die ausgewählte Kostenstelle (BUDGETVERFÜGBARKEITSKONTROLLE IST AKTIV). Beachten Sie, dass in diesem Fall die Kostenstelle 17101201 Budgetträgerin ist. Dieses Feld könnte auch eine andere Kostenstelle enthalten, die Budgets für mehrere Kostenstellen bündelt. Das PROFIL FÜR DIE BUDGETVERFÜGBARKEITSKONTROLLE steuert die Schwellenwerte für die Budgetprüfung.

Abbildung 3.21: App »Kostenstellen verwalten« – Parameter der Budgetverfügbarkeitskontrolle

Um die Schwellenwerte für die Budgetverfügbarkeitskontrolle zu definieren, folgen Sie dem IMG-Menüpfad CONTROLLING • KOSTENSTELLEN-

RECHNUNG • BUDGET VERFÜGBARKEITSKONTROLLE FÜR KOSTENSTELLEN • PROFIL FÜR BUDGETVERFÜGBARKEITSKONTROLLE FÜR KOSTENSTELLEN PFLEGEN. Hier legen Sie den Namen des Profils zur Budgetverfügbarkeitskontrolle, die zu prüfenden KONTENGRUPPEN und die TOLERANZGRENZEN für jede Kontengruppe fest. Abbildung 3.22 zeigt ein Profil, aufgrund dessen eine Warnung ausgegeben wird, wenn 90 % des Jahresbudgets verbraucht sind, und ein Fehler gemeldet wird, wenn 100 % des Jahresbudgets verbraucht sind.

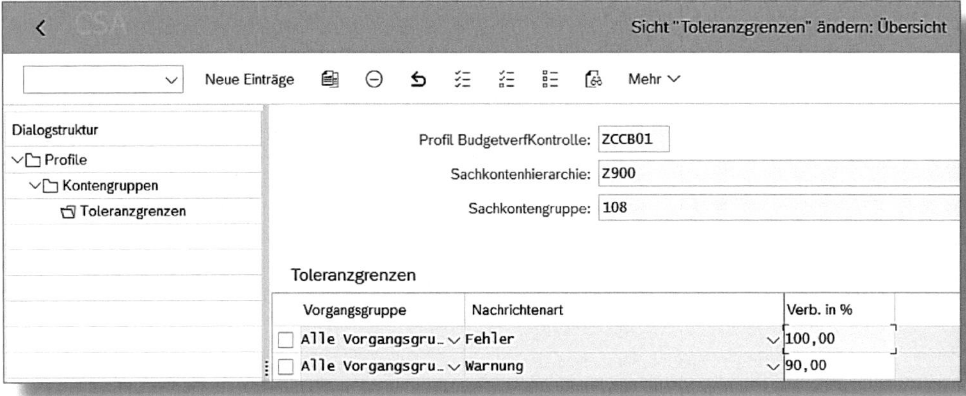

Abbildung 3.22: Einstellungen für die Budgetverfügbarkeitskontrolle

Die Budgetverfügbarkeitskontrolle schließt die bereits erfassten Istkosten für die Kostenstelle, aber auch alle *Obligos* für noch ausstehende Bestellungen für diese Kostenstelle ein, die zukünftige Kosten verursachen.

In der App »Obligo nach Kostenstelle« (siehe Abbildung 3.23) werden die Istkosten, die Obligos, die zugeordneten Kosten (Istkosten plus Obligos), die Plankosten und das verfügbare Budget angezeigt. Die Obligos in diesem Bericht werden für Bestellobligos angelegt und in einem Erweiterungsledger in einem Prozess gespeichert, der im Wesentlichen die Umkehrung des Kundenauftragseingangs ist, den wir in Abschnitt 2.5.3 betrachtet haben. In SAP S/4HANA 2008 sind prädiktive Journalbelege auch für Reiseanträge in SAP Concur verfügbar.

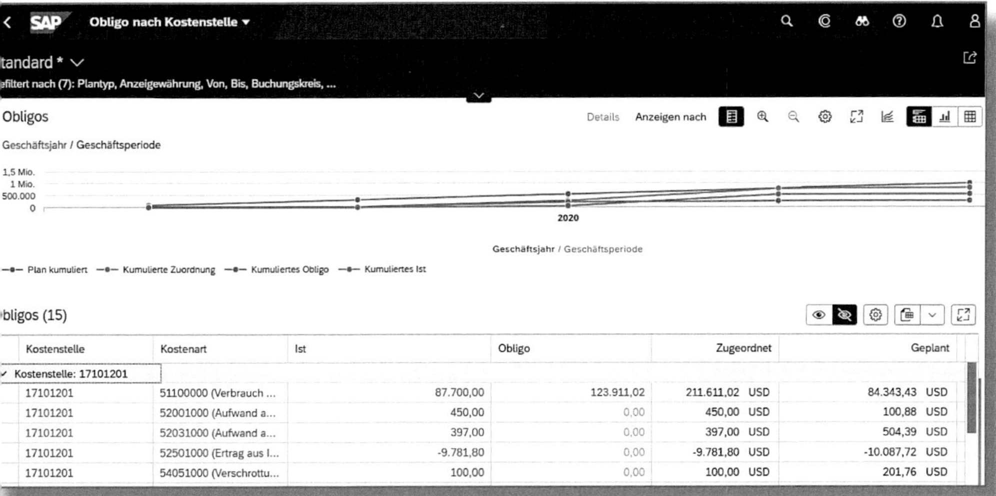

Kostenstelle	Kostenart	Ist	Obligo	Zugeordnet	Geplant
Kostenstelle: 17101201					
17101201	51100000 (Verbrauch ...	87.700,00	123.911,02	211.611,02 USD	84.343,43 USD
17101201	52001000 (Aufwand a...	450,00	0,00	450,00 USD	100,88 USD
17101201	52031000 (Aufwand a...	397,00	0,00	397,00 USD	504,39 USD
17101201	52501000 (Ertrag aus I...	-9.781,80	0,00	-9.781,80 USD	-10.087,72 USD
17101201	54051000 (Verschrottu...	100,00	0,00	100,00 USD	201,76 USD

Abbildung 3.23: App »Obligo nach Kostenstelle«

Ähnliche Funktionen stehen zur Verfügung, um Obligos für ein PSP-Element zu erfassen und eine Budgetverfügbarkeitskontrolle gegen das PSP-Element auszuführen, wie in der App »Projektbudgetbericht« in Abbildung 3.24 dargestellt. (Bei Veröffentlichung dieses Buches ist dieser Bericht nur in der Cloud verfügbar.) Das liegt daran, dass die Verfügbarkeitskontrolle nur die Informationen zu den PSP-Elementen liest, nicht aber zu eventuell zugeordneten Aufträgen oder Netzplänen. Ebenso können Obligos nur für PSP-Elemente, nicht aber für Aufträge erstellt werden. Aus diesem Grund sollten Sie weiterhin die klassische Obligoverwaltung und die alten Budgetverfügbarkeitsprüfungen für PSP-Elemente verwenden, wenn Sie Ihren Projekten Aufträge oder Netzpläne zugeordnet haben.

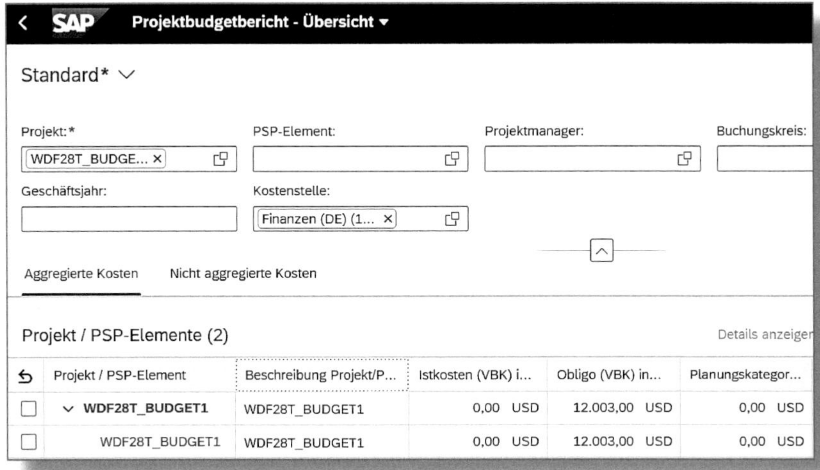

Abbildung 3.24: App »Projektbudgetbericht« (nur Cloud)

3.3.2 Projektplanung und vorgangsbezogene Erlösrealisierung

Bei der Betrachtung der vorgangsbezogenen Erlösrealisierung in Kapitel 2 sind wir implizit davon ausgegangen, dass auch Plandaten zur Berechnung des Fertigstellungsgrads vorliegen. Tatsächlich wurden für gewerbliche Projekte mehrere Plankategorien geliefert, um Berichte wie den in Abbildung 3.25 dargestellten zu liefern. Diese drei Plankategorien werden wie folgt verwendet:

- *Baseline* ist der Originalplan, der den anfänglichen Umfang innerhalb des ursprünglichen Zeitrahmens liefert. Er wird in der Regel festgelegt, sobald die Arbeit am Projekt beginnt.
- Der *laufende Plan* (hier gezeigt) spiegelt Anpassungen des Projektumfangs wider.
- *EAC* (Estimate at Completion – geschätzte Gesamtkosten) ist eine Kennzahl, die regelmäßig von Projektmanagern verlangt wird, um Annahmen bezüglich der Kosten für die Fertigstellung des Projekts wiederzugeben.

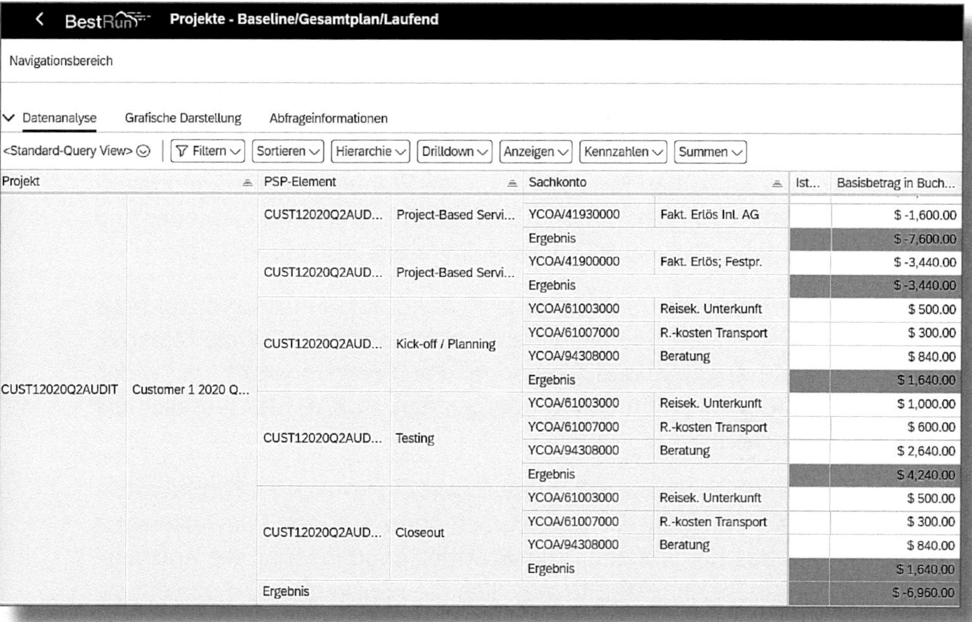

Projekt		PSP-Element		Sachkonto		Ist...	Basisbetrag in Buch...
CUST12020Q2AUDIT	Customer 1 2020 Q...	CUST12020Q2AUD...	Project-Based Servi...	YCOA/41930000	Fakt. Erlös Inl. AG		$ -1,600.00
				Ergebnis			$ -7,600.00
		CUST12020Q2AUD...	Project-Based Servi...	YCOA/41900000	Fakt. Erlös; Festpr.		$ -3,440.00
				Ergebnis			$ -3,440.00
		CUST12020Q2AUD...	Kick-off / Planning	YCOA/61003000	Reisek. Unterkunft		$ 500.00
				YCOA/61007000	R.-kosten Transport		$ 300.00
				YCOA/94308000	Beratung		$ 840.00
				Ergebnis			$ 1,640.00
		CUST12020Q2AUD...	Testing	YCOA/61003000	Reisek. Unterkunft		$ 1,000.00
				YCOA/61007000	R.-kosten Transport		$ 600.00
				YCOA/94308000	Beratung		$ 2,640.00
				Ergebnis			$ 4,240.00
		CUST12020Q2AUD...	Closeout	YCOA/61003000	Reisek. Unterkunft		$ 500.00
				YCOA/61007000	R.-kosten Transport		$ 300.00
				YCOA/94308000	Beratung		$ 840.00
				Ergebnis			$ 1,640.00
		Ergebnis					$ -6,960.00

Abbildung 3.25: App »Projekte – Baseline/Gesamtplan/Laufend«

3.3.3 Fertigungsauftragsplanung und Abweichungsermittlung

Wenn Sie mit Fertigungsaufträgen arbeiten, haben Sie zwei Möglichkeiten, Sollkosten und Abweichungen zu ermitteln:

1. Innerhalb des Fertigungsauftrags selbst basiert das gesamte Berichtswesen weiterhin auf den alten Tabellen. Sie sehen also weiterhin die in den Tabellen COSP und COSS gespeicherten Plandaten. Sie können diese Daten auch in der klassischen Transaktion *KKBC_ORD* neben den in der Tabelle COSB gespeicherten Sollkosten und Produktionsabweichungen anzeigen.
2. Wenn Sie die neue App »Produktionskostenanalyse« oder die App »Kosten nach Arbeitsplatz/Vorgang anzeigen« verwenden, lesen Sie die Istkosten direkt aus dem Universal Journal und die Plan-

kosten aus der Tabelle ACDOCP. Die Werte in den Sollkostenspalten werden mithilfe der neuen Planungstabelle direkt berechnet, und es wird ein neuer Ansatz für Abweichungen eingeführt.

Bei der Betrachtung der Plankategorien in Abschnitt 3.1.1 habe ich gezeigt, welche beiden Kategorien für die Planung von Fertigungsaufträgen geliefert werden. Diese werden im Zusammenhang mit der App »Produktionskostenanalyse« verwendet (siehe Abbildung 3.26):

- Die Werte in der Kategorie PLANKOSTEN FERTIGUNGSAUFTRAG spiegeln die verschiedenen Kostenpositionen für die Materialkomponenten und Vorgänge des Fertigungsauftrags wider, zuzüglich eventueller Gemeinkosten. In SAP ERP war dies die »Sollversion 1«.
- Die Werte in der Kategorie STANDARDKOSTEN FERTIGUNGSAUFTRAG spiegeln die Kostenpositionen aus der Plankalkulation für das hergestellte Produkt wider, angepasst an die Auftragslosgröße. In SAP ERP war dies die »Sollversion 0«, obwohl sie nun bei der Auftragserstellung und nicht erst beim endgültigen Wareneingang berechnet wird.

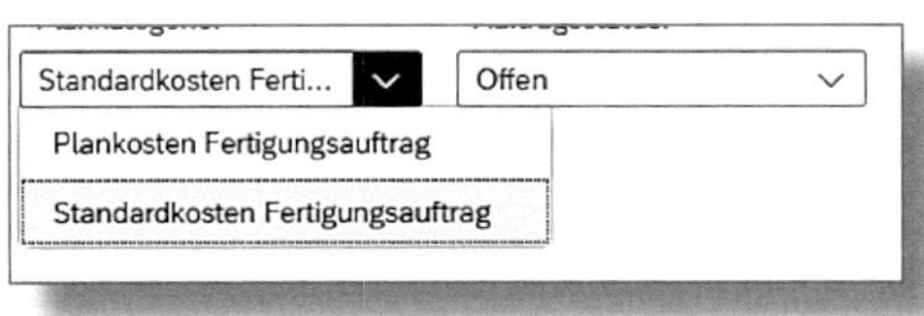

Abbildung 3.26: App »Produktionskostenanalyse« – Plankategorien für Produktionskosten

Abbildung 3.27 zeigt die App »Produktionskostenanalyse« und die ausgewählten Fertigungsaufträge mit ihren Plan-, Soll- und Istkosten. Die App berechnet die Sollkosten, indem die Plankosten um die für den Auftrag an das Lager gelieferte Warenmenge reduziert wurden.

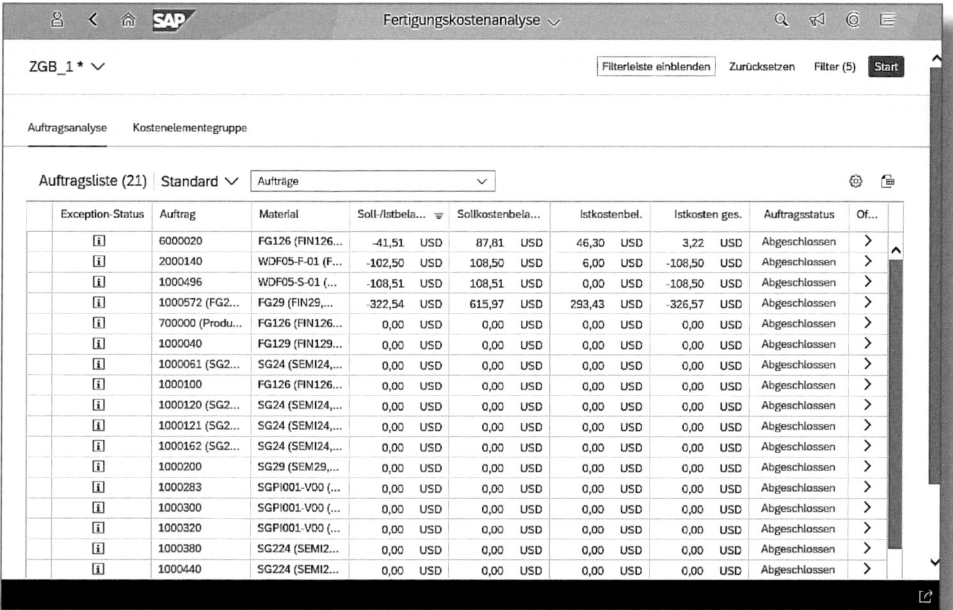

Exception-Status	Auftrag	Material	Soll-/Istbela...		Sollkostenbela...		Istkostenbel.		Istkosten ges.		Auftragsstatus	Of...
	6000020	FG126 (FIN126...	-41,51	USD	87,81	USD	46,30	USD	3,22	USD	Abgeschlossen	>
	2000140	WDF05-F-01 (F...	-102,50	USD	108,50	USD	6,00	USD	-108,50	USD	Abgeschlossen	>
	1000496	WDF05-S-01 (...	-108,51	USD	108,51	USD	0,00	USD	-108,50	USD	Abgeschlossen	>
	1000572 (FG2...	FG29 (FIN29,...	-322,54	USD	615,97	USD	293,43	USD	-326,57	USD	Abgeschlossen	>
	700000 (Produ...	FG126 (FIN126...	0,00	USD	0,00	USD	0,00	USD	0,00	USD	Abgeschlossen	>
	1000040	FG129 (FIN129...	0,00	USD	0,00	USD	0,00	USD	0,00	USD	Abgeschlossen	>
	1000061 (SG2...	SG24 (SEMI24,...	0,00	USD	0,00	USD	0,00	USD	0,00	USD	Abgeschlossen	>
	1000100	FG126 (FIN126...	0,00	USD	0,00	USD	0,00	USD	0,00	USD	Abgeschlossen	>
	1000120 (SG2...	SG24 (SEMI24,...	0,00	USD	0,00	USD	0,00	USD	0,00	USD	Abgeschlossen	>
	1000121 (SG2...	SG24 (SEMI24,...	0,00	USD	0,00	USD	0,00	USD	0,00	USD	Abgeschlossen	>
	1000162 (SG2...	SG24 (SEMI24,...	0,00	USD	0,00	USD	0,00	USD	0,00	USD	Abgeschlossen	>
	1000200	SG29 (SEM29,...	0,00	USD	0,00	USD	0,00	USD	0,00	USD	Abgeschlossen	>
	1000283	SGPI001-V00 (...	0,00	USD	0,00	USD	0,00	USD	0,00	USD	Abgeschlossen	>
	1000300	SGPI001-V00 (...	0,00	USD	0,00	USD	0,00	USD	0,00	USD	Abgeschlossen	>
	1000320	SGPI001-V00 (...	0,00	USD	0,00	USD	0,00	USD	0,00	USD	Abgeschlossen	>
	1000380	SG224 (SEMI2...	0,00	USD	0,00	USD	0,00	USD	0,00	USD	Abgeschlossen	>
	1000440	SG224 (SEMI2...	0,00	USD	0,00	USD	0,00	USD	0,00	USD	Abgeschlossen	>

Abbildung 3.27: App »Produktionskostenanalyse« – Auftragsliste

Generell werden die Ware in Arbeit und die Produktionsabweichungen unter Verwendung der neuen Tabellenstruktur in Echtzeit und nicht zum Periodenabschluss berechnet. Dieser Ansatz ist jedoch noch nicht in allen Bereichen realisiert. Zum Zeitpunkt der Buchveröffentlichung waren Kostenstellenabweichungen weiterhin nur in der COSB-Tabelle verfügbar, was dem klassischen Ansatz folgt. Ebenso ist es noch nicht möglich, diesen Ansatz für das periodische Produkt-Controlling zu verwenden.

Nach Betrachtung der wichtigsten Aspekte für Buchhaltung, Controlling und Planung werden wir uns im nächsten Kapitel mit der Umstellung vom Datenbankkonzept, das auf separaten Tabellen basiert, zum Universal Journal mit nur einer Tabelle beschäftigen.

4 Migration zu SAP S/4HANA Finance

In Kapitel 2 haben Sie gelernt, wie das Universal Journal die Bewegungsdaten aus der Finanzbuchhaltung und dem Controlling zusammenführt. Sofern Sie SAP in Ihrem Unternehmen neu implementieren, können Sie dieses Kapitel überspringen, da Ihre Bewegungsdaten von Anfang an in den neuen Strukturen gespeichert werden. Sollten Sie jedoch von einem früheren Release von SAP ERP umsteigen, erfahren Sie in diesem Kapitel, wie Sie Ihre derzeit über mehrere Tabellen verteilten Transaktionsdaten in das neue Datenmodell überführen. Am Ende sehen wir uns an, wie die Summen- und Indextabellen, die wir in Kapitel 1 behandelt haben, durch die Migration entfernt werden.

Ein Migrationsprojekt besteht aus mehreren Teilen:

1. Erstellen eines Blueprints und Definieren des neuen Systemverhaltens
2. Testen auf einem geklonten System (dies wird in der Regel etwa fünfmal wiederholt, bis alle Fehler identifiziert und behoben sind)
3. Die eigentliche Migration mit echten Daten im Produktivsystem
4. Die Freigabe für die Migration durch Ihre Auditoren

Es ist wichtig zu verstehen, dass es sich hierbei **nicht** einfach um ein technisches Upgrade handelt, sondern dass die Themen, die wir in Kapitel 2 besprochen haben, betriebswirtschaftliche Auswirkungen haben. Sie werden sowohl Fachanwender als auch IT-Mitarbeiter benötigen, um die für Ihr Unternehmen sinnvollen Konfigurationseinstellungen zu bestimmen und sicherzustellen, dass die richtigen Stammdaten vorhanden sind, bevor Sie beginnen, die vorhandenen Daten mit Profitcentern, Funktionsbereichen usw. anzureichern und somit die Konsistenz der Daten nach der Migration zu gewährleisten.

4.1 Dokumentieren einer Migration

In Kapitel 2 haben wir uns die Schlüsselfelder für jede Anwendung im Universal Journal angesehen. Da die migrierten Daten den normalen **Revisionsanforderungen** für Finanzdaten unterliegen, ist es wichtig zu verstehen, wie man eine migrierte Buchung im Universal Journal erkennt und erklären kann, mit welcher Art von Einzelposten man es zu tun hat. Sie sollten Ihre Auditoren unbedingt in das Projekt einbeziehen, um sicherzustellen, dass Ihre Revisionsanforderungen während der Migration erfüllt werden. In Abbildung 4.1 sehen Sie die migrationsspezifischen Felder in der Universal-Journal-Tabelle.

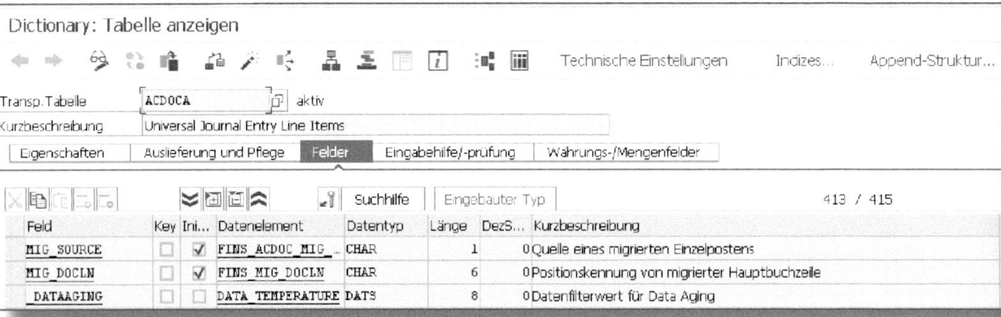

Abbildung 4.1: Migrationsspezifische Felder im Universal Journal

Der Eintrag im Feld MIG_SOURCE informiert uns darüber, welche Art von Einzelposten migriert wurde (nur Hauptbuchhaltung, Anlagenbuchhaltung, Controlling oder Material-Ledger) und ob es sich um einen echten Einzelposten aus einer der Anwendungen oder um einen früheren Eintrag in der Summentabelle handelt. Außerdem zeigt er Einzelposten für Umbuchungen/Korrekturen, die im Zuge der Migration vorgenommen und für die eine nachträgliche Zusammenführung des FI- und CO-Belegs für denselben Geschäftsvorgang nicht möglich war. Das Ergebnis ist ein FI-Beleg, der die ursprünglichen Buchungszeilen enthält, und ein Korrekturbeleg, der die CO-Kontierungen mit einer Referenz zur Original-CO-Belegnummer ausweist.

! Belege müssen Teil des Hauptbuchs sein

Beachten Sie, dass es keine Migration für bestehende Profitcenter-Belege gibt, die nicht Teil des Hauptbuches waren. Stattdessen wird das Profitcenter bei der Migration anhand der zugrunde liegenden Kontierung im CO-Beleg neu abgeleitet.

In Abbildung 4.2 sind die Schlüssel aufgelistet, die die ursprünglichen Einzelposten identifizieren, die migriert wurden, sowie die erfassten Korrekturbuchungen, bei denen die Gesamtwerte nicht mit der Summe der Einzelposten übereinstimmten. Wenn das Feld MIG_SOURCE keinen Eintrag enthält, bedeutet dies, dass der Beleg nicht migriert wurde, sondern dass es sich um eine neue Journalbuchung handelt (der Normalfall, sobald der Betrieb nach der Umstellung aufgenommen wird).

Migration Source	Short Descript.
	Not created by migration
F	FI excluding NewGL, potentially including CO, ML, AA
G	FI including NewGL, potentially including CO, ML, AA
C	Controlling only
D	Accrual Engine only
I	Accrual Engine Legacy Data Transfer
E	Enrich Balances
M	Material Ledger only
A	Asset accounting only
P	Special Purpose Ledger only
R	Reposting / correction
S	Totals correction for Controlling
T	Totals correction for Material Ledger
U	Totals correction for General Ledger
V	Totals Correction for Special Purpose Ledger
N	Material Ledger at migration step M10
H	Balances upload from legacy system

Abbildung 4.2: Quellen der migrierten Journalbuchungen

Je nach Datenquelle gibt es verschiedene Arten von Migrationsdatensätzen:

- M-Datensätze (nur Material-Ledger) und A-Datensätze (nur Anlagenbuchhaltung) stehen für Daten aus den Nebenbüchern, die mit der Zuordnung zu einem Kontierungsobjekt im Controlling und den Berichtsdimensionen in der Hauptbuchhaltung angereichert werden. Das sind normalerweise die Datensätze mit der höchsten Granularität.
- C-Datensätze (nur Controlling) repräsentieren Daten aus dem Controlling, die um die Berichtsdimensionen der Hauptbuchhaltung angereichert sind.
- F- und G-Datensätze (Hauptbuchhaltung) stellen entweder Daten aus der SAP-ERP-Hauptbuchhaltung dar, die die Berichtsdimensionen aus FAGLFLEXA oder Daten aus der klassischen Hauptbuchhaltung enthalten, die mit den relevanten Berichtsdimensionen angereichert wurden.
- D-Datensätze (nur Accrual Engine) stellen manuelle Abgrenzungsbuchungen dar, die mit der SAP ERP Accrual Engine erstellt wurden. Dieser Migrationspfad wurde mit SAP S/4HANA 1809 ausgeliefert.
- P-Datensätze (nur Spezielle Ledger) erfassen Journalbuchungen, die aus einem speziellen Ledger migriert wurden.

Normalerweise sind die Einträge in der Summentabelle eine Aggregation der Daten in den Einzelpostentabellen (und sind daher redundant). Das bedeutet, dass die Migration einfach die Daten aus den Summentabellen in Backup-Tabellen überträgt, da dieselben Daten im laufenden Betrieb aggregiert werden können und nicht vorberechnet und gespeichert werden müssen. (Wir sind diesen Sicherungstabellen begegnet, als wir in Kapitel 2 die Sicht GLT0 betrachtet haben.) Wenn jedoch die Summe der Einzelposten **nicht** mit den zu migrierenden Gesamtwerten übereinstimmt, erzeugt das System für die Differenz einen separaten Beleg. Dieser Beleg verdeutlicht einem Prüfer, dass einige der Einzelposten, die Informationen zu einem Summeneintrag liefern, nicht mehr im System enthalten sind, da sie bereits archiviert wurden.

Dieser Korrektureintrag berücksichtigt die Tatsache, dass alte Einzelposten ggf. archiviert wurden, sodass nur die Summenwerte für die Vorjahre im System verblieben sind. Die Korrektureinträge umfassen nicht alle Berichtsdimensionen, da sie nur die Felder in den ursprünglichen Summensätzen aktualisieren können. Sie stellen jedoch sicher, dass Ihre Bilanz und GuV für die abgeschlossenen Perioden den Revisionsanforderungen für solche Daten entsprechen. Je nach der Quelle der Summendifferenz finden Sie Einträge für S (Controlling), U (Material-Ledger) und V (Hauptbuchhaltung). Auch im Migrationsprozess selbst können Fehler auftreten, die dann mit der Quelle R (Umbuchung/ Korrektur) dokumentiert werden.

Bevor Sie beginnen, müssen Sie verstehen, dass der Migrationsprozess **jedes** Finanzdokument im System migriert. Es ist daher sinnvoll, so viel wie möglich zu archivieren, bevor die Migration beginnt. Das beschleunigt natürlich den Prozess, weil es weniger Objekte zu bearbeiten gibt, aber es bedeutet auch, dass Sie nicht mit der Korrektur von Fehlern in Dokumenten aus früheren Migrationen konfrontiert werden, z. B. von SAP R/2 zu SAP R/3 oder SAP ERP oder Umstellungen von lokalen Währungen auf den Euro.

Wir werden nun die wichtigsten Aspekte durchgehen, die für die Vorbereitung der Migration entscheidend sind.

4.2 Vorbereitung

In der Blueprint-Phase sollte Ihnen klar sein, auf welche Art von SAP-S/4HANA-System Sie migrieren, da die jeweiligen Installations- und Migrationsschritte unterschiedlich sind. Abbildung 4.3 gibt einen Überblick über die unterstützten Wege. Wie unter ❶ ersichtlich ist, können Sie von der SAP Business Suite auf das SAP Simple Finance Add-On umsteigen und später über ❸ auf SAP S/4HANA migrieren. Alternativ können Sie über ❷ den direkten Weg von der SAP Business Suite nach SAP S/4HANA nehmen. Dieser Weg zu SAP S/4HANA ist jetzt der empfohlene Ansatz.

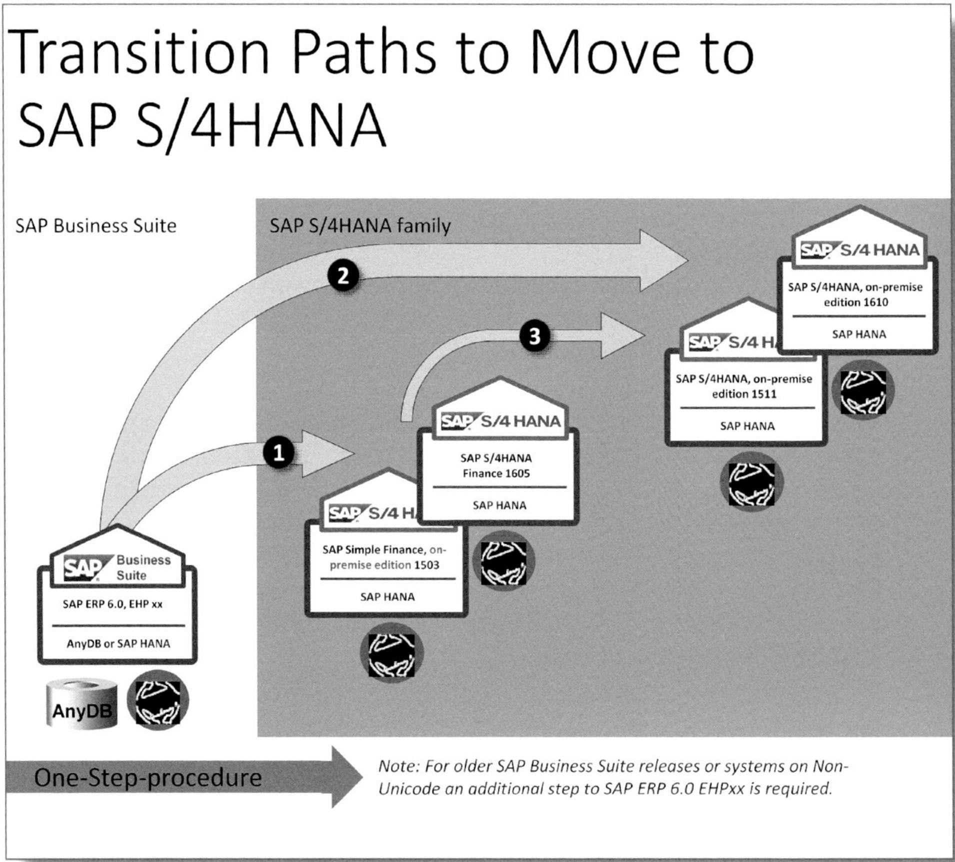

Abbildung 4.3: Umstellungsoptionen zu SAP S/4HANA

Bevor Sie beginnen, lesen Sie zunächst die entsprechenden Administrationsleitfäden im SAP Service Marketplace (für den Zugriff auf den SAP Service Marketplace müssen Sie sich anmelden):

- »Administrator's Guide for SAP S/4HANA Finance«, verfügbar unter: *https://help.sap.com/doc/d12ca04ea099443ab34b2bc8eb99844f/3.8/en-US/SFIN_ADMIN_GUIDE_308.pdf*
  Hier werden bei der Migration Summen- und Indextabellen entfernt, die Finanztransaktionen in das Universal Journal verschoben sowie die neue Anlagenbuchhaltung und das neue Cash Management aktiviert.

- »Installation Guide for SAP S/4HANA, on-premise edition 1511«, zu finden unter: *https://uacp.hana.ondemand.com/http.svc/rc/PRODUCTION/pdf3be8f85500f17b43e10000000a4450e5/1511000/en-US/INST_OP1511.pdf*
  Hier entfernt die Migration Summen- und Indextabellen, verschiebt die Finanztransaktionen in das Universal Journal und die Materialbewegungen in die Tabelle MATDOC, aktiviert die lange Materialnummer und das Material-Ledger (sofern es nicht schon aktiv ist), die neue Anlagenbuchhaltung sowie das neue Cash Management und wandelt Lieferanten und Kunden in Geschäftspartner um.

Sich auf eine Migrationsreise zu begeben, ist eine Herausforderung, da vieles dabei ständig im Fluss zu sein scheint. Am einfachsten können Sie herausfinden, was sich geändert hat, indem Sie nach Hinweisen suchen, die den Begriff »S4WTL« enthalten. Einige Beispiele sind:

- SAP-Hinweis 2270333 – »S4TWL – Data Model Changes in FIN«. Hier werden die wichtigsten Änderungen am Datenmodell erklärt, die das Universal Journal ermöglichen.
- SAP-Hinweis 2270419 – »S4TWL – Konto/Kostenart«. Dieser SAP-Hinweis erläutert die Auswirkungen der Zusammenführung von Konten und Kostenart.
- SAP-Hinweis 227040 – »S4TWL – Technische Änderungen im Controlling«. In diesem Hinweis werden die neuen Datenstrukturen im Controlling vorgestellt und ihre Auswirkungen beschrieben.
- SAP-Hinweis 2349278 – »S4TWL – Profitability Analysis«. Hier wird der neue Ansatz für die Margenanalyse vorgestellt und erklärt, wie er sich von der kalkulatorischen Ergebnisrechnung unterscheidet.
- SAP-Hinweis 2270387 – »S4TWL – Anlagenbuchhaltung: Änderungen an der Datenstruktur«. In diesem Hinweis werden die neuen Datenstrukturen in der Anlagenbuchhaltung vorgestellt und ihre Auswirkungen erläutert.
- SAP-Hinweis 2352383 – »S4TWL – Conversion to S/4HANA 1610 Material-Ledger and Actual Costing«. Hier werden die

neuen Datenstrukturen für das Material-Ledger und die Istkalkulation eingeführt.

- SAP-Hinweis 2582883 – »S4TWL – Manuelle Abgrenzungen (Accrual Engine)«. Dieser Hinweis erklärt die Änderungen bei der Handhabung von manuellen Abgrenzungen über die Accrual Engine.

! Bereiten Sie Ihr Migrationsprojekt gut vor

Machen Sie Ihre Hausaufgaben, bevor Sie ein Migrationsprojekt beginnen, und stellen Sie sicher, dass Sie die Auswirkungen der anstehenden Änderungen wirklich verstehen.

4.2.1 Bereitschaftsprüfungen

Im Vorbereitungsprozess müssen Sie zunächst keine Software installieren. Zuerst muss das System nach allem durchsucht werden, was zu Fehlern oder Problemen während der Migration führen könnte. Dabei ist es wichtig, die verschiedenen Vereinfachungselemente in SAP S/4HANA im Auge zu behalten. Der folgende Blog ist eine gute Möglichkeit, um über Aktualisierungen auf dem Laufenden zu bleiben: *http://scn.sap.com/docs/DOC-70833*.

Während Sie die verschiedenen Vereinfachungselemente durchlaufen, müssen Sie verstehen, wie sich diese auf Ihr aktuelles System auswirken werden. Hier sind ein paar Beispiele für Punkte, die Sie überprüfen sollten:

- *Ihre eigene Verwendung von Index- und Summentabellen:* Die **SELECT-Anweisungen**, die über den Kompatibilitätsviews Daten für die Berichterstattung abrufen, funktionieren automatisch. Wenn Sie jedoch ein Upgrade planen, müssen Sie nach **WRITE-Anweisungen** (INSERT, UPDATE, DELETE, MODIFY) für diese Tabellen suchen, da diese ersetzt werden müssen. Dann müssen Sie außerdem sicherstellen, dass keine benutzerdefinierten DDIC-Ansichten auf diesen entfernten Tabellen aufsetzen. Ausführliche Informationen zur Handhabung Ihrer Summentabellen finden Sie im SAP-Hinweis 1976487 – »Informationen zur Anpassung kundenspezifischer Programme an das vereinfachte Datenmodell in SAP Simple Finance«. Falls Sie Ihren Indextabellen Felder hinzugefügt haben, lesen Sie den SAP-Hinweis 2191738 – »Fehler FGL_PRE_CHECK 030 in S/4HANA Pre-Transition Check«, um Näheres über den Umgang mit diesen zusätzlichen Feldern zu erfahren.

- *Hinzufügen von Feldern zu den Tabellen COEP und BSEG:* Sie müssen die Tabelle ACDOCA manuell erweitern, um alle Felder miteinzubeziehen, die Ihre Organisation zu COEP oder BSEG hinzugefügt hat (siehe hierzu SAP-Hinweis 2160045 – »S/4HANA Finance: Felder von Appends zu COEP und BSEG fehlen in Tabelle ACDOCA«). Wenn Sie Felder des Kontierungsblocks in die Struktur CI_COBL eingefügt haben, werden diese automatisch migriert und bedürfen keiner besonderen Behandlung.

4.2.2 Veraltete Transaktionen

Sie müssen zudem prüfen, welche Transaktionen entfernt wurden, und sich über Ihre Alternativen klar werden, **bevor** Sie mit der Migration beginnen. In Kapitel 3 habe ich zum Beispiel die Notwendigkeit erörtert, sich für eine Übergangszeit zwischen den neuen SAP-S/4HANA-Optionen für die Planung oder der weiteren Nutzung der klassischen Planungstransaktionen zu entscheiden. Die betriebswirtschaftliche Begründung dafür war, dass man das »Prinzip des Einen« verfolgt. Wenn also eine Transaktion entfernt wird, gibt es in der Regel eine Alternative, die in der entsprechenden *Simplification List* dokumentiert sein wird.

Auch hier gilt, dass die Liste der veralteten Transaktionen je nach SAP-S/4HANA-System unterschiedlich ist:

- SAP Simple Finance Add-On für SAP Business Suite powered by SAP HANA und SAP S/4HANA Finance: siehe SAP-Hinweis 2270335 – »S4TWL – Ersetzte Transaktionscodes und Programme in FIN«.

- SAP S/4HANA: siehe die Details in der Simplification List in der SAP-Hilfe unter *https://help.sap.com/doc/pdfa4322f56824ae221e10000000a4450e5/1511%20002/en-US/SIMPL_OP1511_FPS02.pdf*.

4.2.3 Datenvorbereitung

Die Schritte zur Datenvorbereitung sind im Grunde in allen Migrationsprojekten dieselben:

- Durchführen von Aktivitäten zum Periodenabschluss und zur Abstimmung
- Erstellen eines Daten-Snapshots für den Vergleich nach der Migration
- Vorbereiten aller Geschäftsbereiche, nicht nur des Finanzwesens

Zusätzlich zu den Standard-Abschlussprogrammen sollten Sie aber auch verschiedene, von SAP ausgelieferte Prüfreports ausführen:

- FINS_MIG_PRECHECK_CUST_SETTNGS (SAP-Hinweis 2129306 – »Check Customizing Settings Prior to Upgrade to Simple Finance«) erläutert, wie Sie Ihre Einstellungen für Ledger, Buchungskreis und Kostenrechnungskreis überprüfen können.
- RACHECK_ACTIVATION_PARVAL (SAP-Hinweis 1968305 – »S2I: Neuer Aktivierungsbericht für die Anlagenbuchhaltung sollte nicht auf inaktive Buchungskreise prüfen«) legt dar, wie Sie die neue Anlagenbuchhaltung nutzen können, wenn Sie bereits die SAP-ERP-Hauptbuchhaltung einsetzen.
- RASFIN_MIGR_PRECHECK (SAP-Hinweis 1939592 – »SFIN: Pre-Check Report für die Migration zur neuen Anlagenbuchhaltung«) erläutert, wie dieser Report zu verwenden ist und welche Lösungen nicht mit der neuen Anlagenbuchhaltung kompatibel sind.

- Befolgen Sie die Anweisungen im SAP-Hinweis 2176077 – »Prüfbericht für SAP S/4HANA Finance«, um zu überprüfen, ob Sie die Lösung generell verwenden können.

4.3 Installation

Um SAP S/4HANA zu installieren, sind die folgenden Bestandteile in Ihrem System **obligatorisch**:

- *SAP-HANA-Datenbank:*
  Dies ist die primäre Datenbank zum Speichern sämtlicher Daten. Die architektonischen Änderungen sind nur möglich, wenn eine In-Memory-Datenbank verwendet wird.
- *SAP-NetWeaver-Kernel*:
  Der SAP-NetWeaver-Kernel stellt bestimmte Funktionen zur Verfügung, die benötigt werden, wie z. B. CDS-Ansichten zur Bereitstellung einer virtuellen Ansicht des Universal Journal aus der Perspektive der entfernten Tabellen.
- *SAP Simple Finance Add-On für SAP Business Suite powered by SAP HANA*:
  Dieses Add-On ersetzt den bestehenden Quelltext der Finance-Module.

In Kapitel 6 erfahren Sie mehr über die folgenden **optionalen** Komponenten:

- *SAP Fiori:*
  Wird verwendet, um die Benutzeroberflächen bereitzustellen, die ich in Kapitel 1 behandelt habe.
- *SAP Gateway*:
  Dient zur Abwicklung der Kommunikation zwischen dem SAP-System und den mobilen Geräten, auf denen die SAP-Fiori-Benutzeroberflächen laufen.
- *SAP Smart Business*:
  Dient als Rahmen für das Reporting der Kennzahlen, die wir in Abschnitt 2.1 betrachtet haben.

Checkliste für die SAP-Installation

Da bei jedem SAP-S/4-Finance-Projekt immer mehr Informationen hinzukommen, sollten Sie die Excel-Checkliste im SAP-Hinweis 2157996 – »SAP Simple Finance, On-Premise-Edition: Checkliste für technische Installation/Upgrade« verwenden, um die Projektteams vor der Installation über die wichtigsten Problembereiche zu informieren.

Wenn Sie die entsprechende Software installiert haben, finden Sie hier die jeweiligen **Migrations-/Konvertierungsleitfäden** der einzelnen Releases:

- SAP S/4HANA Finance: *http://help.sap.com/saphelp_sfin200/helpdata/en/87/2f6152b82bf35fe10000000a423f68/frameset.htm*
- SAP S/4HANA: *https://help.sap.com/doc/pdfa4322f56824ae221e10000000a4450e5/1511%20002/en-US/SIMPL_OP1511_FPS02.pdf*

4.4 Customizing

Wenn Sie jeweils die neuesten Software-Updates installiert haben, erhalten Sie Zugriff auf den Einführungsleitfaden IMG (Abbildung 4.4).

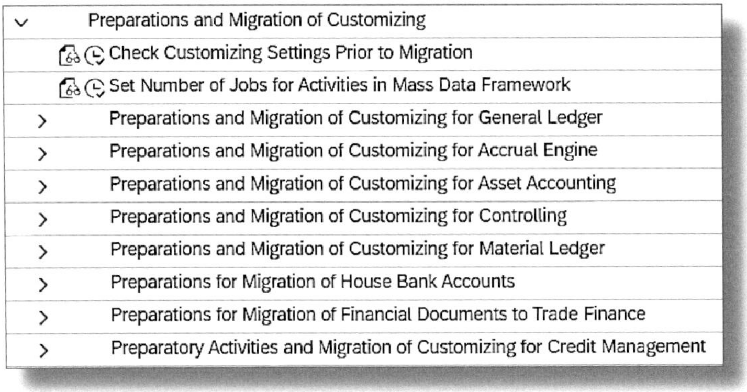

Preparations and Migration of Customizing
Check Customizing Settings Prior to Migration
Set Number of Jobs for Activities in Mass Data Framework
Preparations and Migration of Customizing for General Ledger
Preparations and Migration of Customizing for Accrual Engine
Preparations and Migration of Customizing for Asset Accounting
Preparations and Migration of Customizing for Controlling
Preparations and Migration of Customizing for Material Ledger
Preparations for Migration of House Bank Accounts
Preparations for Migration of Financial Documents to Trade Finance
Preparatory Activities and Migration of Customizing for Credit Management

Abbildung 4.4: IMG – vorbereitende Aktivitäten für die Migration

Anders als beim *Migrations-Cockpit*, das für die Migration auf das neue Hauptbuch verwendet wird, müssen Sie nicht bis zum Ende eines Geschäftsjahres warten, sondern können die im IMG aufgeführten Schritte jederzeit durchführen.

Ich führe Sie nun durch die kritischen Customizing-Einstellungen, die Sie vor einer Migration konfigurieren müssen.

4.4.1 Hauptbuchhaltung

Wenn Sie auf Abbildung 4.2 zurückblicken, werden Sie feststellen, dass es für Hauptbuchdaten zwei mögliche Quellen gibt: die SAP-ERP-Hauptbuchhaltung (neues Hauptbuch) und die klassische Hauptbuchhaltung. Beachten Sie, dass eine Umstellung auf das Universal Journal nicht dasselbe ist wie eine Migration auf die neue Hauptbuchhaltung. Erstere wandelt **jeden** Beleg im System um, während eine Migration auf die neue Hauptbuchhaltung zu einem Stichtag stattfindet.

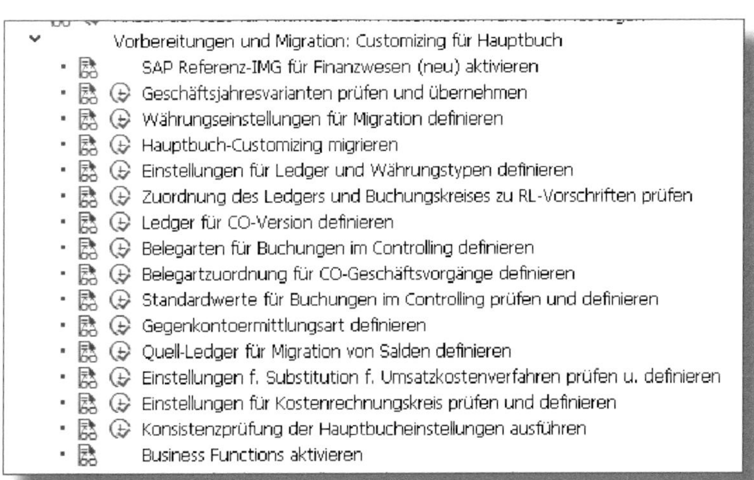

Abbildung 4.5: Customizing-Einstellungen für die Hauptbuchhaltung

Abbildung 4.5 zeigt die verschiedenen Customizing-Einstellungen, die Sie vor einer Migration des Hauptbuchs konfigurieren müssen.

1. Alle Finanzanwendungen müssen dieselbe *Geschäftsjahresvariante* verwenden, da jede Anwendung dieselben Perioden aufweisen muss. Daher müssen Sie sicherstellen, dass jeder Buchungskreis dieselbe Geschäftsjahresvariante wie der Kostenrechnungskreis hat.

2. Da Sie während der Migration Belege aus der Buchhaltung und dem Controlling zusammenführen, kann es vorkommen, dass Sie Währungen wie die Kostenrechnungskreiswährung, die bisher nur im Controlling verfügbar war, in das Universal Journal verschieben.

3. Stellen Sie sicher, dass die Einstellungen für Ihre Ledger korrekt sind. Wenn Sie aus der SAP-ERP-Hauptbuchhaltung kommen, migriert das System Ihre bestehenden Einstellungen. Wenn Sie jedoch die klassische Hauptbuchhaltung verwenden, müssen Sie mindestens ein Ledger anlegen.

4. Die Ledger- und Währungseinstellungen habe ich bereits in Abschnitt 2.2.4 behandelt. Sie müssen nun entscheiden, ob Sie Anwendungsfälle haben, die die Implementierung eines Erweiterungsledgers erfordern. Ab Edition 1602 haben Sie die Möglichkeit, zusätzliche Währungen festzulegen (bis zu acht neue Währungen neben der Hauswährung und Konzernwährung). Erstellen Sie daher für jedes Ihrer Ledger eine Liste mit den relevanten Währungseinstellungen und Kurstypen.

5. Da vor der Migration alle Controlling-Daten mit Verweis auf eine **Version** und nicht auf ein Ledger gespeichert werden, müssen Sie dem entsprechenden Ledger mindestens die Version 0 zuordnen. Wenn Sie auch die Konzernbewertung oder die Profitcenter-Bewertung verwenden, müssen Sie die Versionen, die Sie aktuell für diese Bewertung nutzen, auf das entsprechende Ledger abbilden.

6. In Zukunft werden Sie faktisch Umbuchungstransaktionen im Hauptbuch durchführen. Daher wäre es möglicherweise sinnvoll, zusätzliche Belegarten zu definieren, um die Journalbuchungen für die einzelnen Geschäftsvorgänge des Controllings zu identifizieren. Eine neue Belegart CO wird standardmäßig ausgeliefert, aber Sie können weitere mit den entsprechenden Nummernkreisen und Berechtigungen hinzufügen. Diese verknüpfen Sie dann mit dem

jeweiligen Geschäftsvorgang des Controllings (z. B. RKU1 für Umbuchung).

7. In welcher Weise Sie Ihre Salden im Hauptbuch migrieren, hängt davon ab, ob Sie die SAP-ERP-Hauptbuchhaltung bereits seit der Erstimplementierung nutzen oder darauf umgestiegen sind. Eine Migration zum Universal Journal migriert alle Summen, sowohl die in GLT0 (klassisch) als auch die in FAGLFLEXT (neu).

8. Wenn Sie mit dem Umsatzkostenverfahren arbeiten, müssen Sie sicherstellen, dass die Einstellungen für die Befüllung Ihrer Funktionsbereiche korrekt sind.

9. Da ein Teil des in SAP S/4HANA benötigten Quelltextes in Business Functions früherer Releases enthalten war, muss Ihr Administrator vor der Migration die folgenden Business Functions aktivieren:

   - EA-FIN (Erweiterung für das Rechnungswesen)
   - FIN_GL_CI_1 (Erweiterungen für das neue Hauptbuch)
   - FIN_GL_CI_2 (Erweiterungen für das neue Hauptbuch)
   - FIN_GL_CI_3 (Erweiterungen für das neue Hauptbuch)

Zusätzlich zu den Konfigurationseinstellungen ist es sinnvoll, Ihre Stammdaten zu überprüfen, da die Profitcenter, Funktionsbereiche usw. in Ihren Controlling-Stammdaten bestimmen, wie die Belege bei der Migration angereichert werden.

Wenn die SAP-ERP-Hauptbuchhaltung (neue Hauptbuchhaltung) Ihr Ausgangspunkt ist, dann verwenden Sie möglicherweise bereits unterschiedliche Ledger für Ihre jeweiligen Rechnungslegungsvorschriften und die *Belegaufteilung*, um die Segmente und Profitcenter für die Bilanzberichterstattung zu füllen. Diese Informationen werden bei der Migration berücksichtigt, und Sie können wie bisher fortfahren. Wenn Sie aus der klassischen Hauptbuchhaltung migrieren, dann verfügt Ihr System noch nicht über diese Funktionen.

Mit SAP S/4HANA1709 wurden Funktionen ausgeliefert, um das Hinzufügen eines **neuen Ledgers** zu unterstützen und um eine Belegaufteilung für historische Belege durchzuführen.

4.4.2 Controlling und Ergebnisrechnung

Die Controlling-Einstellungen für die Migration beziehen sich im Wesentlichen auf die Ergebnisrechnung, wie in Abbildung 4.6 dargestellt.

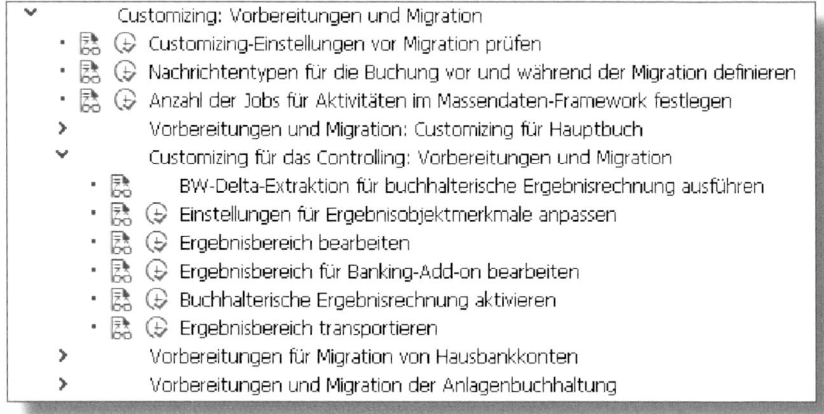

Abbildung 4.6: Customizing-Einstellungen für das Controlling

Wie in Kapitel 2 beschrieben, enthält das Universal Journal Spalten für jedes Merkmal im Ergebnisbereich. Wenn Sie bereits mit der buchhalterischen Ergebnisrechnung arbeiten, müssen Sie nur daran denken, dass Ihnen **alle Merkmale** des Ergebnisbereichs zur Verfügung stehen (es gibt keine Transaktion mehr, mit der die buchhalterische Ergebnisrechnung auf eine Teilmenge der Merkmale der kalkulatorische Ergebnisrechnung reduziert werden kann). Arbeiten Sie bislang mit der kalkulatorischen Ergebnisrechnung, dann werden durch die Migration Spalten für jedes Merkmal Ihres Ergebnisbereichs in das Universal Journal eingefügt, vorausgesetzt, Sie kennzeichnen den Ergebnisbereich als relevant für die buchhalterische Ergebnisrechnung.

Beachten Sie jedoch, dass die buchhalterische Ergebnisrechnung nur **in der Zukunft** aktualisiert wird. Die historischen Daten in den transaktionalen Tabellen der kalkulatorischen Ergebnisrechnung (Tabellen CE1) werden **nicht** in das Universal Journal migriert. Daher sehen Sie nach der Migration bereits vorhandene Erlöspositionen in der Granularität des Hauptbuchs (Buchungskreis, Profitcenter usw.) und nicht mit einer Zuordnung zu Produkten, Kunden usw. Wenn Sie die Ergebnisrechnung noch nicht kennen, dann müssen Sie natürlich eine Liste der Merkmale vorbereiten, über die Sie berichten möchten, und deren Herkunft dokumentieren (Faktura, Abrechnung usw.). Außerdem müssen Sie festlegen, welche zusätzlichen Ableitungen Sie durchführen werden, um diese Daten anzureichern (z. B. Ableitung einer Produkthierarchie des verkauften Produkts oder Einrichtung einer Echtzeitableitung, um CO-PA-Merkmale von der Kostenstelle, dem Auftrag oder dem PSP-Element abzuleiten, wie wir in Kapitel 2 gesehen haben).

In dieser Situation gibt es in der Regel auch Verkaufsbelege, die vor der Migration erstellt wurden, aber noch nicht erfüllt worden sind. Eine der Änderungen mit der Umstellung auf die Margenanalyse, die wir in Abschnitt 2.1.4 besprochen haben, ist, dass die Lieferung eine Buchung für die Umsatzkosten mit einer Zuordnung zum Marktsegment erzeugt und eine Kostenart (Kontotyp P) statt eines Sachkontos (Kontotyp N) fortschreibt. Um Probleme in der Übergangszeit zu vermeiden, passen Sie Ihre Materialkontenfindung so an, dass ein Konto vom Typ N der Kontomodifikation VAX und ein Konto vom Typ P der Kontomodifikation VAY zugeordnet wird.

4.4.3 Anlagenbuchhaltung

Wie in Kapitel 2 beschrieben, ist die neue Anlagenbuchhaltung keine optionale Business Function (FIN_AA_PARALLEL_VAL) mehr wie noch im SAP Enhancement Package 7 für SAP ERP 6.0, das in Kombination mit der SAP-ERP-Hauptbuchhaltung arbeitet, sondern sie ist in SAP S/4HANA Finance **obligatorisch**. Die Customizing-Einstellungen für die Anlagenbuchhaltung stellt Abbildung 4.7 dar.

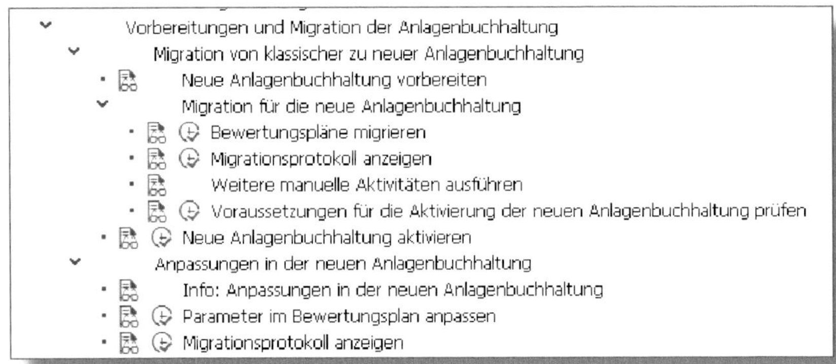

Abbildung 4.7: Customizing-Einstellungen für die Anlagenbuchhaltung

Bevor Sie in die Blueprint-Phase einsteigen, stellen Sie sicher, dass Sie ein klares Verständnis von der neuen Buchungslogik in der Anlagenbuchhaltung haben:

- Listen Sie zunächst Ihre bestehenden *Bewertungspläne* auf und prüfen Sie, wie diese Ihren verschiedenen Rechnungslegungsvorschriften zuzuordnen sind (falls Sie mehr als eine verwenden) und wie sie als Ledger dargestellt werden.
- Entscheiden Sie, für welche Rechnungslegungsvorschriften Sie in Echtzeit buchen möchten und wie die Fortschreibung in das Hauptbuch funktioniert.
- Bestimmen Sie, welche Bewertungspläne (wenn überhaupt) nur periodisch gebucht werden müssen.

4.4.4 Accrual Engine

Abgrenzungen sind periodische Buchungen, die von der Accrual Engine in SAP ERP erstellt werden. Sie werden mit Bezug auf ein Abgrenzungsobjekt, wie z. B. einen Versicherungsvertrag oder Mitarbeiteraktienoptionen, in einer separaten Nebenbuchhaltung (Tabelle ACEPSOIT) angelegt. Ziel bei der Migration ist es, die zugehörigen Journalbuchungen mit den Details aus dem Periodennebenbuch anzureichern. Der Migrationsprozess bearbeitet manuelle Abgrenzungen, die innerhalb der Accrual Engine erstellt wurden. Die folgenden Abgrenzungsarten bleiben jedoch unberührt und verwenden weiterhin die SAP ERP Accrual Engine:

- Immobilienverwaltung
- Fördermittelmanagement
- Intellectual Property Management
- Rückstellungen für Outgoing Royalties

Bei der Migration werden sowohl die Customizing-Einstellungen für die Accrual Engine als auch die bestehenden Abgrenzungsbuchungen umgesetzt. Sie läuft getrennt von den Migrationen des Rechnungswesens und des Controllings, sodass Sie den Wechsel zu einem anderen Zeitpunkt als die allgemeine Migration auf SAP S/4HANA Finance durchführen können.

4.5 Migrationsschritte

In einem der ersten technischen Schritte bei der Migration werden die ehemaligen Summentabellen, die wir in Kapitel 1 betrachtet haben, in CDS-Sichten (SAP Core Data Services, die Kompatibilitätssichten) umgewandelt. Wie in Kapitel 2 besprochen, müssen Sie **vor** der Ausführung dieses Schritts wissen, welche Ihrer Funktionsbausteine diese Tabellen derzeit aktualisieren (READ-Anweisungen spielen keine Rolle) und welche Schnittstellen diese Tabellen von außerhalb des Systems aufrufen (einschließlich ALE-Szenarien). Vergessen Sie nicht, auch auf Tools wie SAP Landscape Transformation (SLT) zu achten, die diese Tabellen auf Datenbankebene und nicht anhand von Funktionsbausteinen lesen.

Die grundlegenden Schritte der Migration sind in jedem Release im Wesentlichen ähnlich:

1. Kostenarten in den Kontenplan einbinden
2. Daten anreichern (Profitcenter, Funktionsbereiche usw. hinzufügen)

3. Einzelposten in das Universal Journal migrieren
4. Salden migrieren

Diese Schritte sind in einem Migrationsaufgabenmonitor (DATENMIGRATION STARTEN UND ÜBERWACHEN) zusammengefasst, der gemeinsam mit der Dokumentation der einzelnen Schritte in verschiedenen separaten Menüeinträgen aufgerufen werden kann (siehe Abbildung 4.8). Nehmen Sie sich die Zeit, die Dokumentation für jeden dieser Schritte zu lesen, während Sie die Migration vorbereiten.

Documentation of Data Migration
Migration of Cost Elements
Technical Check of Transactional Data
Material Ledger Migration
Enrichment of Data
Migration of Line Items
Migration of Balances
Migration of General Ledger Allocations to Journal Entry Tables
Calculation of Depreciation and Totals Values
Migration of House Bank Accounts

Abbildung 4.8: IMG für Datenmigration

! Testmigration immer in einer Systemkopie

Die Schritte der Migration sind sehr kritisch, weshalb dringend empfohlen wird, Testmigrationen mit einer **Kopie** des vorhandenen Systems durchzuführen, um Probleme vor der eigentlichen Migration zu identifizieren. Im Allgemeinen ist die Arbeit mit einem geklonten System iterativ, bis Sie alle Hindernisse für die Konvertierung identifiziert und gelöst haben.

4.5.1 Migration von Kostenarten

Wie wir in Abschnitt 2.4.2 gesehen haben, erstellt das System während der Migration neue Sachkonten für alle sekundären Kostenarten. Außerdem passt es den Kontotyp an und aktualisiert den Kostenartentyp für alle primären Kostenarten. Vor dem Start sollten Sie sichergehen, dass Sie keine abweichenden Kostenarten ohne zugehöriges Sachkonto haben. Außerdem sollten Sie die Sekundärkostenarten auf Korrektheit prüfen, bevor Sie bei der Migration Sachkonten erzeugen. Sofern Sie nicht bereits Transaktion *OKB9* verwendet haben, um Standardkontierungen zu erfassen, erstellt das System Kontierungen basierend auf den Kostenarten und den in Ihren vorhandenen Kostenarten bestehenden Aufträgen. Das Ergebnis der Migration der sekundären Kostenarten in einem SAP-Demosystem (weshalb die Anzahl der migrierten Kostenarten recht klein ausfällt) sehen Sie in Abbildung 4.9. Details zu den bearbeiteten Positionen können Sie per Doppelklick auf die entsprechende Zeile aufrufen. Für jeden einzelnen Migrationsschritt finden Sie einen äquivalenten Prüfbericht.

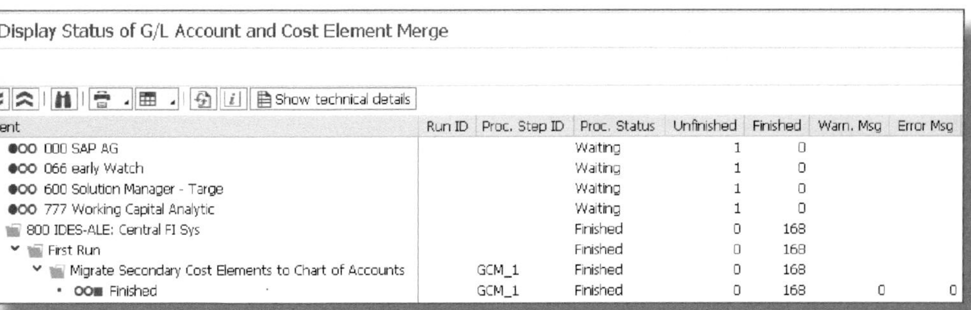
Display Status of G/L Account and Cost Element Merge

Show technical details

Client	Run ID	Proc. Step ID	Proc. Status	Unfinished	Finished	Warn. Msg	Error Msg
000 SAP AG			Waiting	1	0		
066 early Watch			Waiting	1	0		
600 Solution Manager - Targe			Waiting	1	0		
777 Working Capital Analytic			Waiting	1	0		
800 IDES-ALE: Central FI Sys			Finished	0	168		
First Run			Finished	0	168		
Migrate Secondary Cost Elements to Chart of Accounts		GCM_1	Finished	0	168		
Finished		GCM_1	Finished	0	168	0	0

Abbildung 4.9: Statusbericht zum Zusammenführen der Sachkonten- und Kostenarten (Edition 1503)

4.5.2 Anreichern von Istdaten

In Kapitel 2 haben wir darüber gesprochen, wie die relevanten Berichtsdimensionen in das Universal Journal geschrieben werden. Wo immer möglich, füllt der Migrationsprozess diese Felder so, als wären die relevanten Daten schon immer da gewesen – das ist bei der SAP mit »Anreichern von Istdaten« gemeint. Aus diesem Grund werden Sie, wenn Sie bislang die Profitcenter-Rechnung mit einem separaten Ledger ausgeführt haben, bei einer Migration Profitcenter zu den relevanten Einzelposten im Universal Journal zuordnen müssen, indem Sie die entsprechenden Zuordnungen in den Kostenstellen, Aufträgen, PSP-Elementen usw. lesen. Mit anderen Worten: Bei der Migration werden die relevanten Profitcenter für die zugrunde liegenden Belege neu abgeleitet, anstatt bestehende Profitcenter-Belege zu migrieren.

In Kapitel 2 haben wir uns zudem angesehen, wie das CO-Objekt »entpackt« wird, um die Felder ACCAS und ACCASTY (siehe Abbildung 2.20) zusammen mit den relevanten Feldern für Kostenstelle, Auftrag, PSP-Element usw. zu befüllen. Bei historischen Daten entpackt der Migrationsprozess die Objektnummer und aktualisiert die Kontierungsart sowie die Kontierung. Technisch betrachtet befüllt z. B. eine Kostenstelle, die als Objektnummer KS10000000001000 gespeichert wurde, während der Migration die Felder KONTIERUNGSART (ACCASTY) = KS, KOSTENRECHNUNGSKREIS (KOKRS) = 1000 und KOSTENSTELLE (KOSTL) = 1000. Bei Verwendung der Fiori-Berichte werden dann die neuen Felder angezeigt.

4.5.3 Migration von Einzelposten

Mit der Migration der Einzelposten aus den verschiedenen Bewegungsdatentabellen wird das Konzept des Universal Journal Realität. Das System vereint alle Einzelposten, die einen Geschäftsvorgang darstellen – und die im Beispiel der Anlagenbuchung in einen Anlagenbuchungs-, einen Controlling- und einen Hauptbuchhaltungsbeleg oder im Beispiel der Warenbewegung in einen Material-Ledger-, einen Controlling- und einen Hauptbuchhaltungsbeleg getrennt wurden – in einem **einzigen Buchungsbeleg**. Dabei geht es nicht nur darum, Daten aus verschiedenen Speicherorten zusammenzuführen, sondern auch darum, alle Daten zu einem Geschäftsvorgang auf dieselbe Granularitätsebene zu bringen. Eine Buchung für zehn Anlagen kann beispielsweise vier Kostenstellen und nur zwei Sachkonten betreffen.

Das Ergebnis sind zehn Anlageneinzelposten, die auch die relevanten Kostenstellen und -konten sowie das Gegenkonto enthalten. Die in Abbildung 4.1 und Abbildung 4.2 dargestellte Migrationsquelle zeigt, wie Sie die Quelle jedes migrierten Dokuments erkennen können. Dies ist zweifellos der anspruchsvollste Schritt bei der Migration. Abbildung 4.10 vermittelt Ihnen einen Eindruck von den migrierten Tabellen in einem kleinen Demosystem.

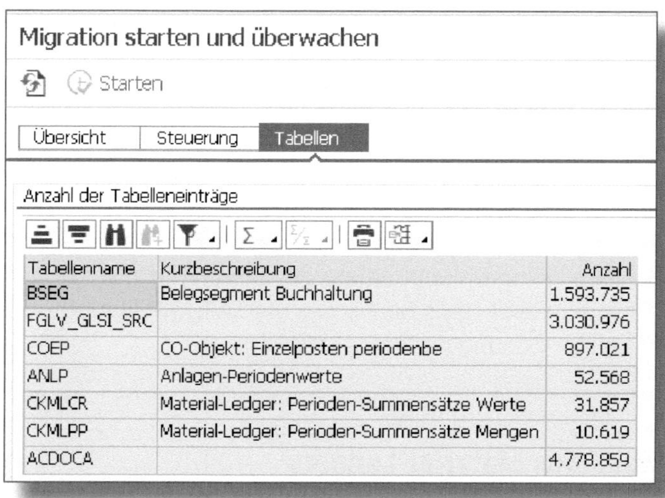

Tabellenname	Kurzbeschreibung	Anzahl
BSEG	Belegsegment Buchhaltung	1.593.735
FGLV_GLSI_SRC		3.030.976
COEP	CO-Objekt: Einzelposten periodenbe	897.021
ANLP	Anlagen-Periodenwerte	52.568
CKMLCR	Material-Ledger: Perioden-Summensätze Werte	31.857
CKMLPP	Material-Ledger: Perioden-Summensätze Mengen	10.619
ACDOCA		4.778.859

Abbildung 4.10: Tabelleneinträge, die während einer Migration bearbeitet werden

4.5.4 Migration von Salden

Der Arbeitsschritt MIGRATION VON SALDEN im IMG stellt sicher, dass für archivierte Einzelposten, deren Summe nicht mit den zugehörigen Einträgen in der Summentabelle übereinstimmt, eine *Korrekturbuchung* erzeugt wird. Diese Einträge werden nur eine Handvoll Berichtsdimensionen enthalten, da die Summentabellen nicht viele Felder umfassen und das System keine Informationen erfinden kann, wenn der unterstützende Einzelposten entfernt worden ist. Abbildung 4.2 verdeutlicht, wie Sie solche migrierten Summen später wiedererkennen können. Dieser Schritt ist notwendig, um sicherzustellen, dass die Finanzbelege einer Revision unterzogen werden können. Er stellt zudem sicher, dass Prozesse wie die Ergebnisermittlung und die Abrechnung, die die Lebenszeit eines einzelnen Auftrags oder Projekts und nicht einen bestimmten Abrechnungszeitraum betrachten, alle Daten finden, die sie für die weitere Bearbeitung benötigen.

Eine weitere Änderung im neuen Datenmodell ist, dass die Saldovortragswerte nicht mehr in den Summentabellen gespeichert werden können. Bei der Migration wird ein neuer Beleg erstellt, der den Saldovortragswert darstellt.

4.5.5 Migration von Abschreibungswerten

Hinsichtlich der Projektplanung müssen Sie nicht auf SAP S/4HANA warten, um die neue Anlagenbuchhaltung zu verwenden. Sie können diese schon früher aktivieren, falls Sie bereits die SAP-ERP-Hauptbuchhaltung mit der Ledger-Lösung nutzen.

4.5.6 Migration des Material-Ledgers

Ab SAP S/4HANA 1511 müssen Sie diesen Schritt auch dann durchführen, wenn Sie das Material-Ledger oder die Istkalkulation in der Vergangenheit nicht verwendet haben. Weitere Informationen finden Sie in den folgenden SAP-Hinweisen:

- SAP-Hinweis 2332591 – »S4TWL – Technische Änderungen im Material-Ledger«, zu finden unter: *https://launchpad.support.sap.com/#/notes/0002332591*. Dieser Hinweis führt Sie durch die Schritte des Prozesses in der Edition 1511.
- SAP-Hinweis 2352383 – »S4TWL – Conversion to S/4HANA 1610 Material-Ledger and Actual Costing«, verfügbar unter: https://launchpad.support.sap.com/#/notes/0002352383. Dieser Hinweis führt Sie durch die Schritte des Prozesses in der Edition 1610.

4.5.7 Partitionierung der Universal-Journal-Tabelle

Die Partitionierung ist ein Schlüsselelement von HANA, da hier die Daten in *heiße Daten*, die leicht zugänglich sind, und *kalte Daten*, die nicht im Speicher gehalten werden, aufgeteilt werden. Das bedeutet, dass das System bei der Migration die Daten in die korrekte Kategorie einsortiert und das Kennzeichen für die Datenalterung setzt, wie in Abbildung 4.1 dargestellt. Weitere Hinweise zur Partitionierung und Performance finden Sie im SAP-Hinweis 2289491 – »Best Practices für die Partitionierung von Finanztabellen« (*https://launchpad.support.sap.com/#/notes/2289491*).

4.5.8 Ansichten von SAP Core Data Services

Während der Migration werden für Index- und Summentabellen CDS-Ansichten erstellt, die denselben Namen wie die alten Tabellen enthalten. Nicht mehr benötigte Daten werden in Backup-Tabellen verschoben – wenn Sie noch einmal auf Abbildung 1.2 zurückblicken, sehen Sie, dass die Feldnamen für die Tabelle GLT0 jetzt auf _BCK enden. Ähnliche Ansichten werden für alle Summen- und Indextabellen erstellt, die wir in Abschnitt 1.3.1 besprochen haben.

Außerdem werden CDS-Ansichten für alle Bewegungsdatentabellen erstellt, die durch die Umstellung auf das Universal Journal überflüssig geworden sind. Dies wird nachvollziehbar, wenn wir uns überlegen, was mit der Controlling-Einzelpostentabelle COEP passiert. Während der Migration erzeugt das System eine äquivalente Sicht V_COEP für die Tabelle COEP und leitet alle SELECT-Anweisungen auf V_COEP statt auf COEP um. Wenn ein Programm die alte Tabelle COEP aufruft, wird V_COEP verwendet, um die Daten in den entsprechenden Journalbuchungen aus dem Universal Journal zu aggregieren.

4.6 Aktivitäten nach der Migration

Wenn Sie zu den in Abbildung 4.8 gezeigten Schritte zurückkehren, werden Sie feststellen, dass auch nach Abschluss der Migration noch eine Reihe von Schritten durchgeführt werden müssen.

Dazu zählen unter anderem:

- Verschieben gelöschter Indextabellen in Cold-Store-Partitionen
- Ausfüllen von Fälligkeitsdaten in FI-Belegen
- Füllen von Verrechnungskonten
- Deaktivieren des Abstimmledgers, weil dieser nicht mehr benötigt wird

Während viele SAP-ERP-Kunden bereits erfolgreich zu SAP S/4HANA migriert haben, entschieden sich andere gegen die Migration. Stattdessen haben sie ein separates SAP-S/4HANA-System eingerichtet, das Buchhaltungsdaten aus mehreren Systemen in einer neuen Struktur sammelt; diese Option nennt sich *Central Finance*. Lassen Sie uns dies als Nächstes untersuchen, bevor wir uns ansehen, wie man in SAP S/4HANA einen Konzernbericht (oder eine Konsolidierung) durchführt.

5 SAP Central Finance als Einführungsoption für SAP S/4HANA Finance

Für Kunden, deren Systemlandschaften mehrere ERP-Systeme umfassen, stellt *Central Finance* eine Alternative zur Migration jedes einzelnen Systems zu SAP S/4HANA Finance bereit. Jedes SAP-S/4HANA-Finance-System kann als ein Central-Finance-System agieren, wenn Sie die entsprechenden Verbindungen zwischen dem zentralen System und den sendenden Systemen einrichten. Der Vorteil dieses Ansatzes besteht darin, dass Sie mit den neuen Finanzstrukturen experimentieren können, ohne dass Sie signifikante Änderungen an Ihrer bestehenden Systemlandschaft vornehmen müssen.

Der Gedanke hinter Central Finance ist, dass es eine *zentrale Reporting-Ebene* bereitstellt, in der Buchhaltungsdaten aus allen sendenden Systemen gesammelt werden. Daher bildet es die Basisebene für Ihre Konsolidierung, Ihre Planung und einen Großteil Ihres internen Rechnungswesens. Sie können auch die Cash- und Treasury-Funktionen implementieren, sodass diese auf derselben Systeminstanz ausgeführt werden. Natürlich schließen sich die Verwendung von Central Finance und einem Data Warehouse nicht gegenseitig aus: Sie können Daten aus dem Universal Journal in SAP BW mithilfe des SAP-S/4HANA-Finance-Extraktors extrahieren (DataSource: 0FI_ACDOCA_10), wobei alle relevanten Felder für die Berichterstellung aus dem Universal Journal einbezogen werden.

Central Finance ist verfügbar ab SAP S/4HANA Finance 1503. Sie können über *http://help.sap.com/saphelp_sfin200/helpdata/en/48/57c0540cf5ef05e10000000a4450e5/frameset.htm* auf die Dokumentation zugreifen und finden Antworten zu häufig gestellte Fragen im SAP-Hinweis 2184567 – »Central Finance: Häufig gestellte Fragen«.

5.1 Replikationsansatz für Dokumente

Mit der Buchung jedes Buchhaltungsbelegs im lokalen System wird die Erzeugung eines **neuen** Finanzbelegs im zentralen System ausgelöst und eine Rückverbindung zum Originalbeleg im sendenden System hergestellt. Der Beleg im Central-Finance-System ist faktisch ein »Schattenbeleg« des Originalbuchhaltungsbelegs.

Das klingt vielleicht wie das, was seit Jahren in Data-Warehouse-Systemen vor sich geht, doch es gibt einen Unterschied: Dieser Ansatz ist **belegbasiert**. Jeder Beleg durchläuft dieselben Stammdatenprüfungen und Validierungen wie ein normaler Buchungsbeleg, der über die Rechnungswesenschnittstelle verarbeitet wird, und er enthält eine Rückverbindung zum sendenden System.

Um diese Prüfungen und Validierungen zu erlauben, müssen Sie im Central-Finance-System Stammdaten für alle Organisationseinheiten (Kostenrechnungskreis, Unternehmen, Buchungskreise, Werke usw.) und Stammdaten (Kostenstellen, Profitcenter, Materialien, Kunden, Lieferanten usw.), für die Sie Bewegungsdaten übertragen, anlegen.

Dies lässt sich am einfachsten anhand eines Beispiels erklären. Abbildung 5.1 zeigt eine Journalbuchung für Belegnummer *1400000000* im Buchungskreis *3000* und Geschäftsjahr *2016*. Der Beleg sieht wie eine normale Journalbuchung aus. Wenn Sie jedoch zum Belegkopf navigieren, sehen Sie, dass dieser ursprünglich als Sender-Belegnummer *1600000101* im SenderBuchungskreis *3000* und im Geschäftsjahr *2016* im Sendersystem (*ECW_00_800*) angelegt wurde. Das Dokument wurde nicht repliziert, sondern im zentralen System **neu erstellt**, wobei der wichtige Audit-Link zurück zum lokalen System erhalten bleibt.

Dadurch, dass der Beleg umgebucht wird, könnten Sie fürchten, dass sich die Systemabstimmung zu einem größeren Problem auswächst. Doch wenn Sie den Document Relationship Browser aufrufen, wie in Abbildung 5.2 dargestellt, sehen Sie ein anderes Beispiel für eine Journalbuchung, bei der der Buchhaltungsbeleg im zentralen System

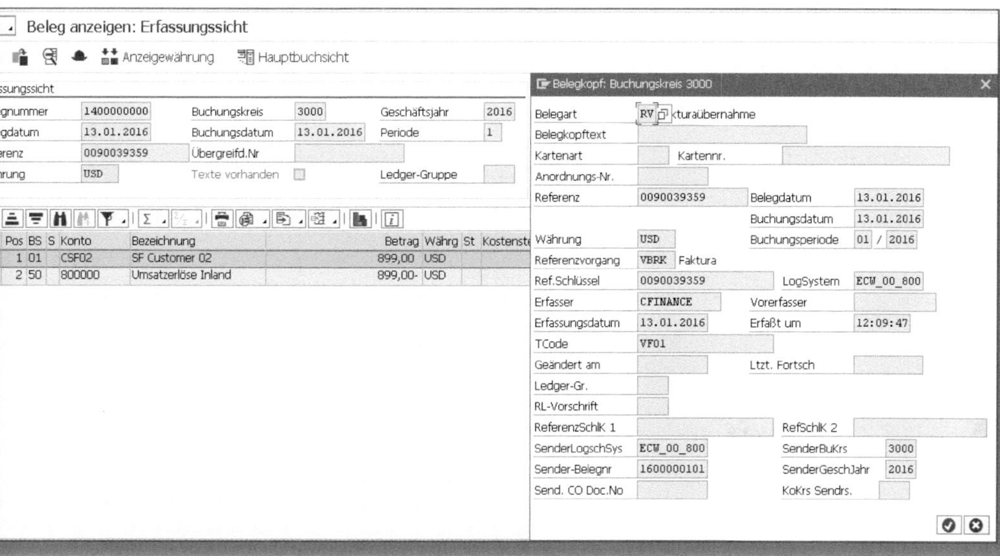

Abbildung 5.1: Journalbuchung in Central Finance

1400000000 lautet und im Geschäftsjahr *2016* gebucht ist, während der ursprüngliche BUCHHALTUNGSBELEG im lokalen System die Nummer *1400000000* hat und im Geschäftsjahr *2016* erfasst wurde. Das System verwendet die Verknüpfungen aus Abbildung 5.1 nicht nur, um das Quell- mit seinem Schattendokument im zentralen System zu verknüpfen, sondern auch zum Anzeigen der mit dem Originalbeleg verknüpften Materialbelege, Lieferbelege, Kundenaufträge usw. Dies erfolgt durch die Ausführung eines *Remote Function Calls* an das lokale System, um alle relevanten Belege aufzurufen, die den Buchhaltungsbeleg im zentralen System erklären. Wirtschaftsprüfer und Manager, die Berichte aus dem zentralen System erstellen, haben Zugriff auf genau dieselben Informationen wie Anwender, die sich den Buchhaltungsbeleg im lokalen System ansehen. SAP liefert Standard-RFCs aus, mit denen solche Aufrufe an SAP-ERP-Systeme gesendet werden können. Handelt es sich bei dem sendenden System um ein Nicht-SAP-System, so kann ein *User-Exit* implementiert werden, der die Parameter übergibt und die Belegdetails aus den sendenden Systemen abruft.

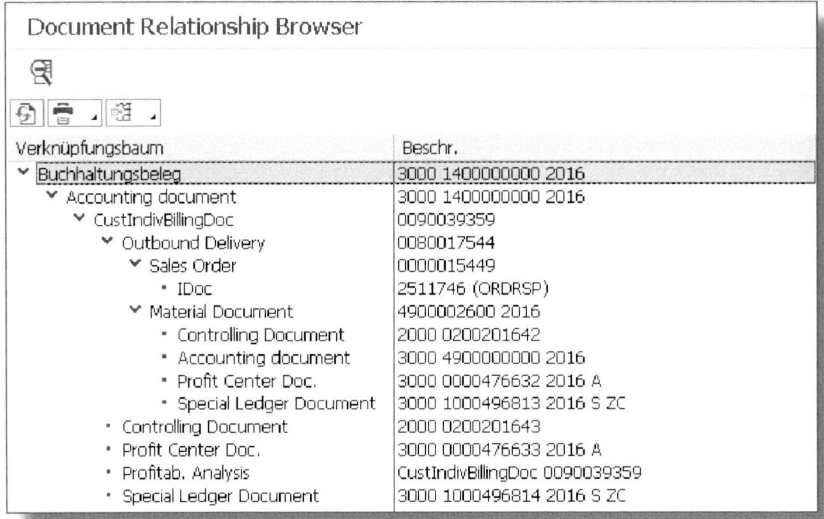

Abbildung 5.2: Document Relationship Browser – Prüfpfad zu den Originaldokumenten im Sendersystem

5.1.1 Stammdaten

In den bisherigen Beispielen war der Schattenbuchhaltungsbeleg im zentralen System mehr oder weniger eine **Kopie** des ursprünglichen Buchhaltungsbelegs. Einer der Vorteile dieses Ansatzes ist jedoch, dass Sie die Berichtsentitäten im Buchhaltungsbeleg umwandeln können – beispielsweise können Sie Ihre lokalen Konten einem neuen Satz von Konzernkonten im zentralen System zuordnen oder Ihre Kostenstellen über *Mapping-Tabellen* harmonisieren, während Sie den Beleg buchen. Diese Umwandlung kann im Zuge der Buchung einzelner Buchhaltungsbelege statt während einer großen Datenbereinigung zum Periodenabschluss erfolgen. Damit sind wir ein Stück näher am Echtzeitabschluss. Außerdem können diese Stammdaten die Grundlage für die Konsolidierung bilden.

Stellen Sie also sicher, dass Sie mit den Entitäten vertraut sind, für die Sie aktuell Verrechnungen durchführen, bevor Sie Ihren Central-Finance-Ansatz ausarbeiten.

Beim Aufbau des Belegdesigns ist zu unterscheiden zwischen Entitäten, die innerhalb des Buchhaltungsbelegs **weitergereicht** und ggf. über Mapping-Tabellen umgewandelt werden (Organisationseinheiten, Konten, Kostenstellen, Kunden etc.) und Entitäten, die bei Bedarf im zentralen System neu **abgeleitet** werden können (z. B. Profitcenter oder CO-PA-Merkmale). Es ist auch möglich, Aufträge und Projekte zu übertragen. Dabei ist es wichtig zu entscheiden, ob Sie eine 1:1-Beziehung zwischen den lokalen und zentralen Aufträgen wünschen oder ob Sie mehrere lokale Fertigungsaufträge auf einen einzigen Innenauftrag oder Produktkostensammler im zentralen System buchen möchten. Doch bevor wir uns den betriebswirtschaftlichen Details zuwenden, lassen Sie uns zunächst einen Blick auf die Systemlandschaft werfen.

5.2 Systemlandschaft

Abbildung 5.3 zeigt die Architektur des Central-Finance-Ansatzes auf übergeordneter Ebene. In Abbildung 5.1 und Abbildung 5.2 haben wir eine Journalbuchung angesehen, die in der Central-Finance-Instanz als **Schatten** eines in einer lokalen Instanz von SAP ERP erstellten Buchhaltungsbelegs angelegt wurde.

Da das sendende System auf einer beliebigen Version von SAP ERP laufen kann, belassen viele Kunden diese Systeme tatsächlich auf ziemlich alten Versionen der Software. Beim sendenden System kann es sich aber auch um die neueste Version von SAP S/4HANA handeln. Die Sendersysteme müssen nicht einmal SAP-Systeme sein, und es werden derzeit zahlreiche Projekte entwickelt, um Buchhaltungsdaten aus Nicht-SAP-ERP-Systemen in die Central-Finance-Instanz zu übertragen. Halten Sie sich über die Änderungen auf dem Laufenden, indem Sie den SAP-Hinweis 2148893 – »Central Finance: Implementierung und Konfiguration« beachten.

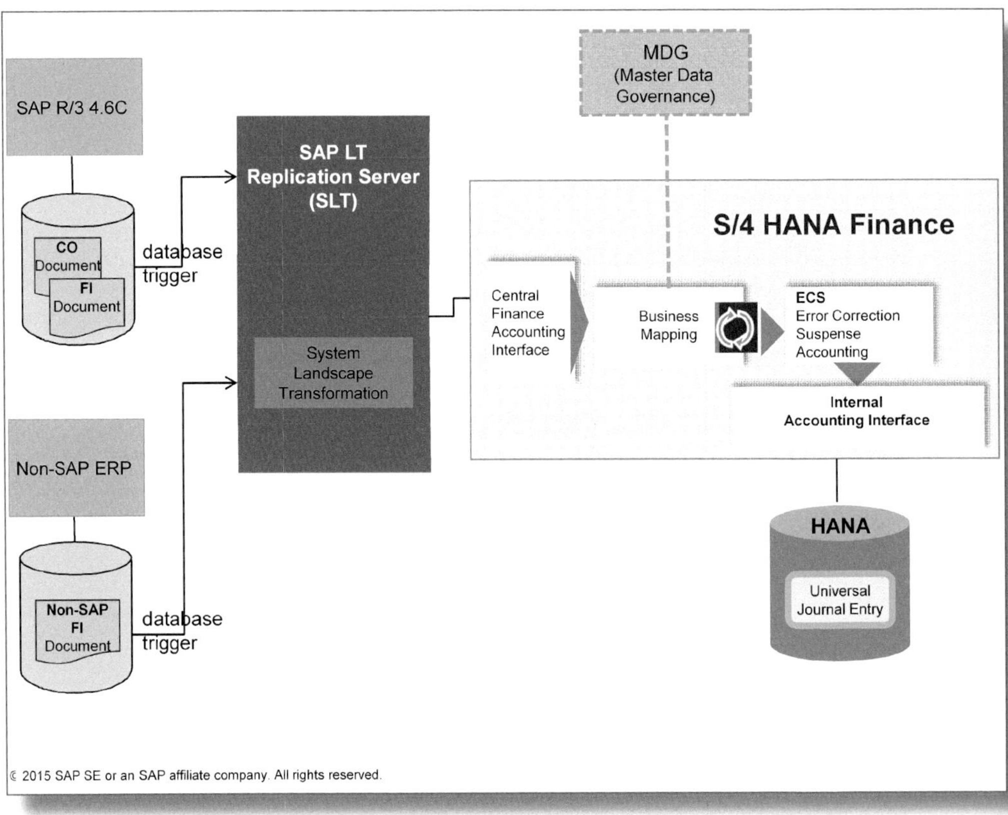

Abbildung 5.3 Central-Finance-Architektur

5.2.1 SAP Landscape Transformation

Wie in Abbildung 5.3 zu sehen ist, werden die Systemverbindungen über *SAP Landscape Transformation (SLT)* hergestellt, den mittleren Bereich in der Darstellung. SLT arbeitet auf Datenbankebene. Sie können sich also mit SAP-Systemen verbinden und aus deren Tabellen Daten abrufen. Es ist aber auch relativ einfach, eine Verbindung von Nicht-SAP-Systemen zu Ihrer Central-Finance-Instanz herzustellen, da lediglich der Zugriff auf die Datenbank des Nicht-SAP-Systems statt auf die ganze Anwendung erforderlich ist. Das bedeutet, dass Sie keine

Änderungen am Anwendungsserver des Sendersystems vornehmen müssen. Sie können die SLT-Software als ein separates System auf einem beliebigen Quellsystem oder auf dem Central-Finance-System installieren. Um die Verbindungen herzustellen, müssen Sie sicherstellen, dass Sie das Add-on DMIS 2011_1_700 oder höher sowohl auf dem Quellsystem als auch auf dem Zielsystem (empfohlen wird Support Package [SP] 08) sowie den SAP-Hinweis 2124481 (SLT SP 08, Korrektur 3) (*https://launchpad.support.sap.com/#/notes/0002124481*) für diese Systeme installiert haben.

Administrationsleitfaden

Details zur Systemlandschaft und zum Einrichten der erforderlichen Verbindungen finden Sie im Administrationsleitfaden für Central Finance im SAP Service Marketplace:

https://help.sap.com/doc/ca5b54bfb30a4dbc83b37e2dc21a1b27/3.5/en-US/SFIN_CF_ADMIN_GUIDE_305.pdf

5.2.2 Stammdaten-Governance

Da klar strukturierte Stammdaten ein entscheidendes Element des Central-Finance-Ansatzes sind, ist es auch eine gute Idee, die *Stammdaten-Governance* als Teil des Projekts zu berücksichtigen. D. h. nicht, dass alle verknüpften Systeme konsistente Stammdaten aufweisen müssen (das ist sehr selten der Fall). Beachten Sie jedoch die Central Finance-Buchhaltungsschnittstelle in Abbildung 5.3. Nach der Einrichtung von Mapping-Tabellen können Sie darüber Stammdaten zwischen Systemen harmonisieren. Wenn Sie SAP Master Data Governance für die Verteilung von Stammdaten verwenden, können Sie die Einträge in diesem Produkt auch wiederverwenden. Wenn der Beleg schließlich vorbereitet und für die Buchung im zentralen System geprüft wird, können die lokalen Reporting-Dimensionen gemäß den Mapping-Tabellen umgestellt werden. Sie können auch zusätzliche Ableitungsschritte ausführen (beispielsweise wenn Sie das Profitcenter ausfüllen möchten) und Ersetzungen vornehmen, bevor der Beleg an die Buchhaltungsschnittstelle übergeben wird.

Neben dem Zuordnen von Stammdaten müssen Sie außerdem berücksichtigen, was geschieht, wenn die Stammdaten nicht im zentralen System verfügbar sind. Das kann vorkommen, wenn Sie eine Kostenstelle senden, die im zentralen System noch nicht existiert. Wenn das der Fall ist, werden die Belege, die diese Kostenstelle enthalten, in einer *Meldungsliste* für die Nachkorrektur zwischengespeichert.

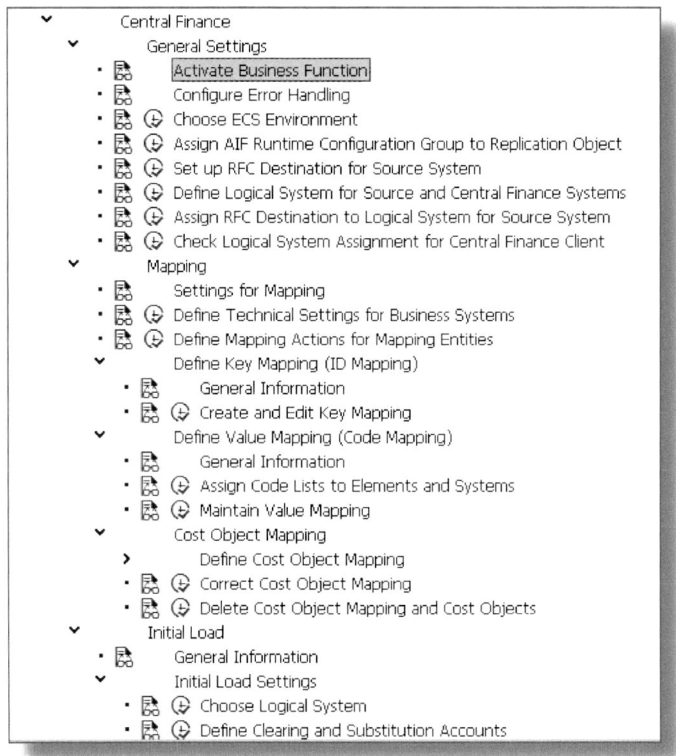

Abbildung 5.4: Implementierungsleitfaden für Central Finance

Damit Sie eine Vorstellung von allen mit Central Finance verbundenen Implementierungsschritten bekommen, sehen Sie sich Abbildung 5.4 mit dem Einführungsleitfaden für Central Finance an, der in allen

SAP-S/4HANA-Finance-Systemen enthalten ist. Das bedeutet, dass Sie Central Finance auch in einem Hybridmodus ausführen können, in dem das SAP-S/4HANA-Finance-System das Aufzeichnungssystem für einige, aber nicht alle Buchungsbelege ist. Dadurch können Sie Daten von neu übernommenen Unternehmen schnell und effizient in die SAP-Instanz aufnehmen.

Beginnen Sie im Abschnitt ALLGEMEINE EINSTELLUNGEN damit, dass Sie Ihren Administrator um die Aktivierung der Business Function FINS_CFIN (Central Finance) bitten.

Lizenzierung für SAP Central Finance

Die Verwendung die Business Function FINS_CFIN (Central Finance) wirkt sich auf die Lizenznutzung aus; stellen Sie also sicher, dass entsprechende Vorkehrungen in Bezug auf die Lizenzierung getroffen wurden.

In SAP S/4HANA Finance 1503 wurden die Fehlerkorrektur und die Vorabkontierung verwendet, um alle Buchungsbelege abzuwickeln, die mit Stammdaten eingehen und für die in Central Finance kein Äquivalent verfügbar ist. In nachfolgenden Editionen wird das *SAP Application Interface Framework* für die Fehlerbehebung verwendet.

Sie müssen außerdem mit Ihren Systemadministratoren zusammenarbeiten, um Ihre Systemlandschaft einzurichten. Sie benötigen Folgendes:

- **RFC-Destinationen für jedes Sendersystem**:
  Ich habe einen RFC (Remote Function Call) verwendet, um das Belegprotokoll für die in Abbildung 5.2 gezeigten Buchhaltungsbelege neu zu erstellen Sie verwenden RFCs auch während der Erstdatenübernahme und, um die Zuordnungen zwischen den Stammdaten (inklusive Projekte) in den einzelnen verknüpften Systemen anzulegen.
- **Logische Systeme**:
  Das *logische System* dient als eindeutiger Identifikator für je-

des System in Ihrer Landschaft. Den Namen sehen Sie im Feld SenderLogschSystem in Abbildung 5.1.

Wir werden uns in Abschnitt 5.2.9 mit der Erstdatenübernahme befassen. Davor erläutere ich noch die Buchhaltungsschnittstelle und wie Sie alle benötigten Stammdaten konfigurieren, bevor Sie einen Buchhaltungsbeleg buchen können.

5.2.3 Buchhaltungsschnittstelle für Central Finance

Der wesentliche Unterschied zwischen Central Finance und einem Data Warehouse ist, dass der Central-Finance-Ansatz **belegbasiert** ist und alle Belege über die Buchhaltungsschnittstelle gebucht werden. Handelt es sich bei dem angeschlossenen System um ein SAP-System, so wird faktisch die Tabelle ACCIT gelesen, in der die Rohdaten für einen Beleg gespeichert werden, bevor der Buchhaltungsbeleg über die Buchhaltungsschnittstelle im lokalen System angelegt wird. Der Grund für dieses Vorgehen anstelle einer Übertragung des vollständigen Buchhaltungsbelegs **nach** der Buchung ist, dass alle **Details** immer noch an der Schnittstelle verfügbar sind. Wie bereits mehrfach angesprochen, ist das lokale System so eingerichtet, dass es, sobald eine Rechnung die 999-Einzelposten-Grenze in BSEG überschreitet, die Materialspalte **verdichtet**, um die Anzahl der Einzelposten zu reduzieren und eine Buchung zu ermöglichen. Wenn Sie den Eintrag in ACCIT aufnehmen, können Sie alle Buchungsposten aus der Rechnung in das zentrale System übertragen. Die Rechnung enthält Verkaufsbedingungen, die zwar in der kalkulatorischen Ergebnisrechnung verwendet werden, jedoch nicht im Buchhaltungsbeleg erscheinen, da die Buchungsposten nur für die Bedingungen erzeugt werden, die zu Sachkonten zugeordnet werden – alle anderen Einzelposten werden abgelehnt. Wenn Sie die SAP-ERP-Hauptbuchhaltung verwenden, senden Sie faktisch die Erfassungssicht, und die Belegaufteilung wird im zentralen System ausgeführt.

In Abbildung 5.5 sehen Sie das neue Transferschema für die Buchhaltungsbelege. Wir haben das neue Entwicklungspaket *FIN_CFIN_INTEGRATION* und die Kopftabelle *CFIN_ACCID* aufgerufen, die als Auslöser für die Übernahme der relevanten Buchhaltungsbelege dienen wird. Beachten Sie, dass die auf der linken Seite aufgeführten Tabellen nicht nur den eigentlichen Buchhaltungsbeleg enthalten, sondern auch die für die Buchung auf CO-PA benötigten Ergebnisobjekte, eine Kostenschichtung (falls Sie Ihre Umsatzkosten mit den Standardkosten aus einer Kalkulation bewerten), die Quellensteuer, Verrechnungsinformationen usw.

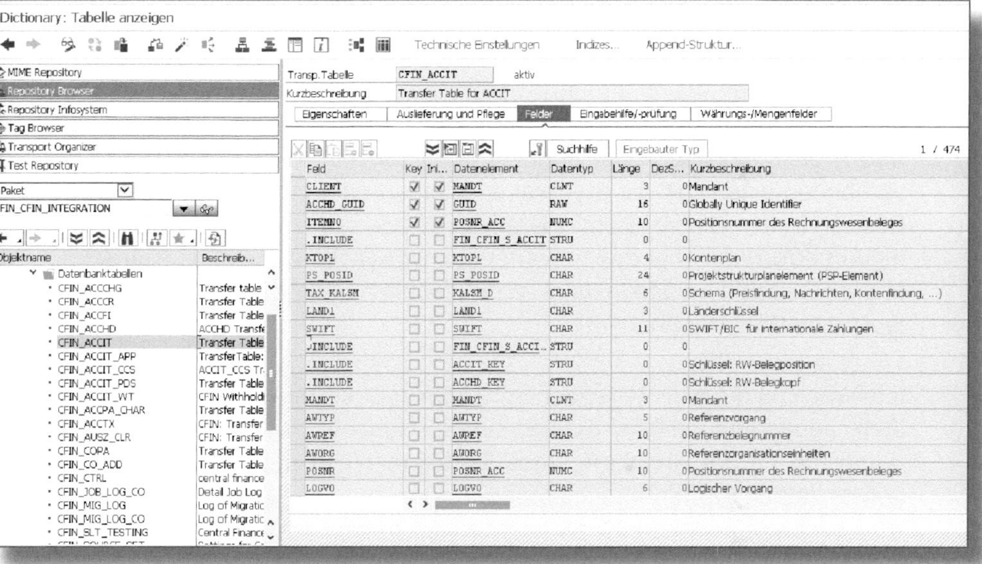

Abbildung 5.5: Übertragungsstruktur für Buchhaltungsbelege

Angenommen, Ihre lokalen Systeme sind noch nicht auf SAP S/4HANA umgestellt, dann müssen Sie zusätzlich einen Datenbanktrigger einrichten, um die CO-Belege aus der Tabelle COBK zu lesen (wenn das lokale System bereits auf SAP S/4HANA Finance läuft, dann sind die Sekundärkosten Teil des Universal Journals). Wenn Sie das Auftrags-Controlling oder die Kostenträgerrechnung ausführen möchten, müssen Sie einen Datenbanktrigger einrichten, um die neuen Auftragsstammsätze aus der Tabelle AUFK zu lesen. Beachten Sie, dass diese Tabellen die **Bewegungsdaten** beinhalten. Alle zugehörigen Stammdaten müssen vorhanden sein, **bevor** Sie mit dem Auslösen von Buchungen für die Bewegungsdaten beginnen, da die Buchungen anhand dieser Stammdaten validiert werden.

Die SAP Landscape Transformation verwendet den Datenbanktrigger, um zu identifizieren, ob ein Datensatz für die Übertragung an Central Finance vorhanden ist. Das ist ein überwiegend technischer Schritt. Die Geschäftslogik läuft in der Schnittstelle ab, wo der Buchhaltungsbeleg exakt denselben Prüfungen unterzogen wird, als würde er infolge eines Geschäftsvorgangs direkt im zentralen System gebucht werden. Das bedeutet, dass Prüfungen ausgeführt werden, um sicherzustellen, dass alle Organisationsdaten (Kostenrechnungskreis, Buchungskreis usw.) zusammen mit den Konten, den Kontierungen (Kostenstelle, Auftrag, Projekt usw.) und allen anderen für die Buchung benötigten Daten vorhanden sind (z. B. die Steuereinstellungen oder eine Leistungsart). Das Einrichten dieser Stammdaten kann eine erhebliche Datenbereinigung erfordern, aber das bedeutet auch, dass die Qualität der Daten in Ihrer Central-Finance-Instanz wahrscheinlich besser ist als in einem typischen Data Warehouse.

Ich habe nun die grundlegenden Konzepte der Central-Finance-Schnittstelle behandelt und fahre mit den Zuordnungsoptionen für die Stammdaten fort, in der Annahme, dass Sie keine 1:1-Beziehung zwischen den einzelnen Stammdatenelementen wünschen.

5.2.4 Werte-Mapping für Organisationsdaten

Wenn Sie sich noch einmal das Transferschema in Abbildung 5.5 ansehen, ist die einfachste Möglichkeit zum Erstellen eines Belegs, eine Kopie dieses Belegs im zentralen System zu buchen, wie wir es in Abbildung 5.1 getan haben. Wenn Sie so vorgehen, verpassen Sie allerdings eine gute Gelegenheit zur **Harmonisierung** der heterogenen Finanzwesenlandschaft. Es ist sinnvoll, mit einer Liste aller Parameter zu beginnen, die Sie an Central Finance übertragen möchten und diese zu verwenden, um die Beziehungen zwischen dem lokalen und dem zentralen System herzustellen. Folgende globale Parameter erfordern ein Werte-Mapping:

- **Beteiligte Länder**:
  Sie müssen Stammdaten für die Länder anlegen und sicherstellen, dass Sie eine Liste mit länderspezifischen Anforderungen an die Berichterstellung vorbereiten und entscheiden, ob diese in Zukunft im lokalen oder im zentralen System erfüllt werden.
- **Beteiligte Gesellschaften**:
  Die Gesellschaften bilden die Grundlage für die Konsolidierung. Anstatt sie also isoliert zu betrachten, denken Sie über die Beziehungen zwischen diesen Partnergesellschaften nach und vor allem, wie Sie die Intercompany-Abstimmung zentral durchführen und die Reihenfolge der Implementierung für alle buchungskreisübergreifenden Beziehungen festlegen werden.
- **Beteiligte Buchungskreise**:
  Beim Definieren der Einstellungen für den Buchungskreis wird deutlich, dass Sie es nicht einfach mit einer Reporting-Ebene zu tun haben, sondern eher wichtige Einstellungen für den Kontenplan und die Geschäftsjahresvariante vornehmen. Sie tun dies anhand derselben IMG-Schritte, die Sie für einen Buchungskreis verwenden würden, für den die Central-Finance-Instanz das Aufzeichnungssystem ist.
- **Anzahl der Ledger:**
  Sie brauchen für jede Rechnungslegungsvorschrift ein Ledger und müssen sicherstellen, dass Sie die neuen Währungsoptionen beachten, die wir in Kapitel 2 behandelt haben.
- **Kostenrechnungskreis**:
  Diese Einstellung steuert die Geschäftsjahresvariante, den Kontenplan (vergessen Sie nicht die Sekundärkostenarten) und die Konzernwährung. Sie steuert zudem, welche Komponenten aktiv sind und damit, welche Kontierungen aktualisiert werden (Kostenstelle, Auftrag, Projekt usw.).
- **Ergebnisbereich**:
  Diese Einstellung steuert die CO-PA-Dimensionen, die Sie zentral verwenden. Das kann eine Teilmenge aller Dimensionen sein, die Sie in den lokalen Systemen haben und sie sollte harmonisiert werden, sodass die Reporting-Dimensionen weltweit konsistent sind.

Diese globalen Parameter werden üblicherweise mit den *Werte-Mappings* in Central Finance verarbeitet. Dieser Ansatz wird auch für Customizing-Einstellungen verwendet, die i. d. R. zu Beginn eines Projekts eingerichtet werden und dann stabil bleiben, z. B. Mahnbereiche und Zahlungsbedingungen für einen Kunden. Sie können diese im IMG unter ZUORDNUNG • MDG-ZUORDNUNG DEFINIEREN bestimmen (siehe Abbildung 5.4). Mit Abbildung 5.6 bekommen Sie einen Eindruck von der Anzahl der Entitäten, die in Central Finance abgedeckt werden können.

Zuordnungsentität	Beschr. ZuordEntität
ACCOUNTING_PRINCIPLE	Rechnungslegungsvorschrift
ACTIVITY_TYPE_ID	ID der Leistungsart (ERP)
BLART	Belegart
BSCHL	Buchungsschlüssel
BUKRS	Buchungskreis
CK_ELEMENT	Elementenummer
CK_ELESMHK	Elementeschema - Herstellkosten und V+V-Kosten
COMPANY_ID	Gesellschafts-ID
COST_CENTRE_ID	Kostenstellen-ID (ERP)
COST_ELEMENT_ID	Kostenart-ID (ERP)
CUSTOMER_ID	ERP-Kundennummer (ERP)
DZLSCH	Zahlweg
EKORG_ID	ERP-Einkaufsorganisation (ERP)
FAGL_LDGRP	Ledger-Gruppe
FINS_CFIN_TAX_KALSM	Central Finance: Steuerverfahren
FKBER	Funktionsbereich
GENERAL_LEDGER_ACC_MASTER_ID	Sachkontostammdaten-ID (ERP)
GRANT	Förderung
GSBER	Geschäftsbereich
INTERNAL_ORDER	Interne Auftragsnummer
KKBER	Kreditkontrollbereich

Abbildung 5.6: Zuordnungs-Entitäten für globale Parameter und Stammdaten in Central Finance

5.2.5 Key Mapping für Stammdaten

Im Gegensatz zu den Organisationsdaten werden Stammdaten in der Regel über das sogenannte *Key Mapping* gehandhabt. Bei Central Finance geht dies häufig mit einem Vorgang zur besseren Stammdaten-Governance einher, daher sollte man dieses Thema auf geeignete Weise angehen. Auch hier werden Sie vermutlich eine Liste mit folgenden Inhalten erstellen:

- **Sachkonten**:
  Beginnen Sie mit der Summen- und Saldenliste für jedes relevante Land und nehmen Sie dann die Sekundärkostenarten mit auf (sofern das sendende System kein SAP-S/4HANA-Finance-System ist). Entscheiden Sie anschließend, ob Sie einen 1:1-Transfer durchführen möchten, oder ob Sie Mapping-Tabellen einrichten müssen, um Ihre Einträge in einen einzigen Kontenplan aufzunehmen.

- **Profitcenter und Segmente**:
  Sie müssen die Profitcenter-Rechnung in den lokalen Systemen nicht ausführen. Sie können die Profitcenter auch in dem zentralen System von Neuem ableiten, vorausgesetzt, Sie haben die für die Ableitung relevanten Stammdaten (Kostenstellen, Materialien, Aufträge usw.) festgelegt. Beachten Sie, dass das Profitcenter nur in das Dokument übertragen wird, wenn das sendende System die SAP-ERP-Hauptbuchhaltung verwendet. Wenn Sie die Profitcenter-Rechnung lokal als dediziertes Ledger ausführen, sollten Sie sich dessen bewusst sein, dass diese Belege aktuell nicht übertragen werden und alle Profitcenter-Ableitungen im zentralen System stattfinden. Alle Korrekturen oder Umgliederungsbuchungen, die Sie im Profit-Center-Ledger 8A ausführen, werden nicht übertragen.

- **Kostenstellen**:
  Dies ist nach dem Konto wahrscheinlich der kritischste Aspekt der Stammdaten, da die Kostenstellen zur Ableitung sehr vieler anderer Reporting-Dimensionen verwendet werden, einschließlich der Profitcenter, Funktionsbereiche usw.

- **Materialstammsätze**:
  Sie benötigen natürlich nicht jede einzelne Sicht im Materialstammsatz, aber Sie sind auf alle Zuordnungen für die Berichterstellung angewiesen, einschließlich der Zuordnung zu einem Profitcenter, einer Produkthierarchie, der Materialgruppe usw. Darüber hinaus ist die Wahrscheinlichkeit hoch, dass die Materialstammcodes nicht systemübergreifend harmonisiert werden, und dass Sie hierfür ein Mapping durchführen müssen.

- **Kunden/Lieferanten**:
  Auch in diesem Fall sind Sie nicht an allen Stammdaten für die Kunden und Lieferanten interessiert, sondern an den Elementen, die Sie für die Intercompany-Abstimmung und die Ableitung von CO-PA-Merkmalen für die Berichterstellung benötigen.

Wenn Sie Ihre Liste mit Stammdaten erstellt haben, müssen Sie festlegen, ob Sie eine 1:1-Übernahme vom sendenden System definieren können und wo Sie ein Schlüssel-Mapping gemäß Abbildung 5.7 durchführen müssen. Hier sehen Sie eine einfache Zuordnung der Kunden vom lokalen System (ECW_800) zum zentralen System (S4PCLNT800). Sie sollten Key Mappings für alle Entitäten anlegen, die auf regelmäßiger Basis hinzugefügt werden, z. B. Lieferanten, Kunden, Materialien und Sachkonten. Die häufigste Zuordnungsart ist eine *Paarzuordnung*, in der das Konto A im lokalen System dem Konto B in Central Finance zugeordnet wird. Zur Vorbereitung dieser Paarzuordnung verwenden Sie die Web-Dynpro-Anwendung MDG_BS_WD_ID_MATCH_SERVICE. Wenn Sie ein komplexeres Mapping benötigen, ziehen Sie zur Implementierung der erforderlichen Logik die Verwendung des BAdIs BADI_FINS_CFIN_MAPPING_RULE in Betracht.

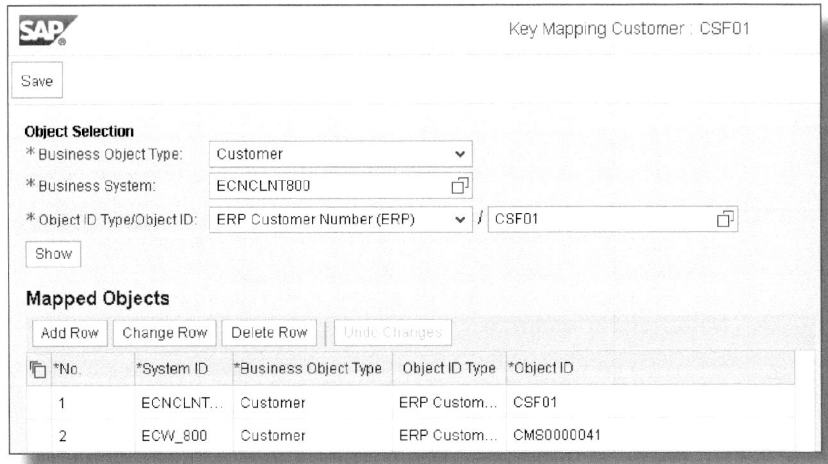

Abbildung 5.7: Key Mapping für Kunden in einer Central-Finance-Instanz

Da Central Finance das Universal Journal verwendet, ist es notwendig, dass Sie die CO-PA-Merkmale in Ihren Stammdatenlisten berücksichtigen und verstehen, wie die Ableitungen funktionieren bzw. wo Sie diese durchführen möchten, um sicherzustellen, dass alle relevanten Stammdaten im zentralen System vorhanden sind. In Ihrem lokalen System werden die CO-PA-Merkmale für die verschiedenen Dimensionen in der Tabelle CE4 gespeichert und immer zusammen mit der Bewegungsdatentabelle (CE1 für die kalkulatorische Ergebnisrechnung und COEP für die buchhalterische Ergebnisrechnung) gelesen.

In Kapitel 2 haben wir gesehen, dass das Universal Journal eine Spalte für jedes Merkmal in Ihrem Ergebnisbereich enthält. Die Entscheidung, welche Merkmale für die Berichterstellung verwendet werden sollen, ist in Central Finance noch kritischer, da viele Organisationen Ergebnisbereiche speziell für einzelne Länder oder Geschäftsbereiche aufgebaut haben, und Schwierigkeiten mit der Konsolidierung der unterschiedlichen Reporting-Entitäten haben. Die Herausforderung ist, zu verstehen, wie die Standardfelder in Bezug auf Namenskonventionen usw. verwendet wurden, und wie unternehmensspezifische Merkmale abgeleitet werden.

! Begrenzung für Anzahl Merkmale bleibt bestehen

Vergessen Sie nicht, dass für Ergebnisbereiche immer noch die Begrenzung von 60 Merkmalen gilt, da die Tabelle CE4 weiterhin aktualisiert wird.

Bevor Sie eine Übertragung der Merkmale vornehmen, blicken Sie zurück zu Abbildung 5.5 und beachten Sie das Transferschema CFIN_ACCPA_CHAR, das für die Übertragung der CO-PA-Merkmale zwischen Systemen verantwortlich ist. Obwohl Sie potenziell alle relevanten Merkmale aus dem lokalen System übertragen können, ist der technische Name für die Kombination von Merkmalen, das Feld PAOBJNR, in jedem System anders, da Sie durch Umbuchungen einen neuen Beleg erstellen. Es gibt drei Möglichkeiten, Merkmale aus dem lokalen System zu übertragen:

- Die Merkmalswerte sind in beiden Systemen **dieselben** (das ist häufig bei Organisationseinheiten wie Werken und Buchungskreisen der Fall) und können 1:1 übernommen werden.
- Für die Merkmalswerte ist eine **Zuordnung** zwischen Systemen erforderlich (das kann der Fall sein, wenn Sie Codes für den Materialstamm im zentralen System harmonisieren).
- Der Merkmalswert sollte entweder nicht vom lokalen System übertragen werden, oder er existiert dort nicht und muss im zentralen System **von Neuem abgeleitet** werden (etwa, wenn Sie im zentralen System Produkte zu neuen Produkthierarchien zuordnen).

5.2.6 Kostenträger-Mapping für transaktionale Objekte

Bevor Sie Kosten auftragsbezogen buchen können, müssen Sie sicherstellen, dass die Stammdaten für diese Kostenträger im zentralen System verfügbar sind. Das ist für Innenaufträge mit langer Laufzeit nicht zwingend ein Problem, da sich diese weitgehend wie Kostenstellen verhalten. Viele Aufträge sind allerdings äußerst dynamisch, und es gibt nicht selten Fertigungs-, Prozess- und Instandhaltungsaufträge, die am selben Tag angelegt und erledigt werden. Es ist sicher nicht sehr praktisch, wenn Sie für solche Aufträge vor Beginn eigens Stammdaten anlegen müssen, da dies ein tägliches Anlegen neuer Aufträge bedeuten würde. Central Finance ermöglicht Ihnen stattdessen das Einrichten von Produktkostensammlern, um die Kosten der vielen Fertigungsaufträge zu erfassen oder eine 1:1-Beziehung zwischen den Kostenträgern beizubehalten, wenn Sie das vorziehen. Die verschiedenen Optionen werden in Form von *Szenarien* ausgeliefert. Der entscheidende Punkt hierbei ist, dass in Central Finance die Stammdaten für die Aufträge und Produktkostensammler als **Bewegungsdaten** betrachtet werden und die Übertragung durch einen neuen Eintrag in der Tabelle AUFK ausgelöst wird.

Abbildung 5.8 gibt Ihnen einen Überblick über die ausgelieferten Szenarien für das Mapping der Kostenträger zwischen den lokalen und zentralen Systemen. Beachten Sie die Spalte Kardinalität, die die

Beziehung zwischen den Objekten in den zwei Systemen bestimmt. Es gibt folgende Möglichkeiten:

1. eine N:1-Beziehung, wie etwa bei
   - Szenario SAP001, bei dem N Fertigungsaufträge zu einem Produktkostensammler zugeordnet werden,
   - Szenario SAP004, bei dem N Instandhaltungsaufträge einem zentralen Instandhaltungsauftrag zugeordnet werden, oder
2. eine 1:1-Beziehung, wie im
   - Szenario SAP002, bei dem Produktkostensammler bereits lokal vorhanden sind, die dann eins zu eins übertragen werden, oder aber im
   - Szenario SAP003, bei dem Innenaufträge eins zu eins übertragen werden.

Es gibt auch ein zusätzliches Szenario, bei dem Instandhaltungs- oder Fertigungsaufträge im zentralen System zu Innenaufträgen zugeordnet werden.

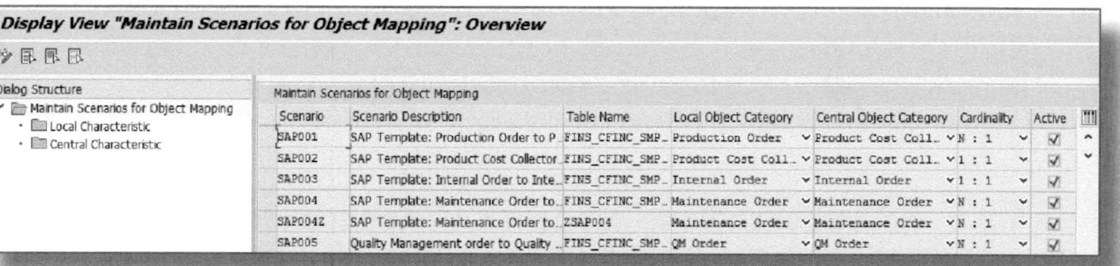

Scenario	Scenario Description	Table Name	Local Object Category	Central Object Category	Cardinality	Active
SAP001	SAP Template: Production Order to P…	FINS_CFINC_SMP…	Production Order	Product Cost Coll…	N : 1	✓
SAP002	SAP Template: Product Cost Collector…	FINS_CFINC_SMP…	Product Cost Coll…	Product Cost Coll…	1 : 1	✓
SAP003	SAP Template: Internal Order to Inte…	FINS_CFINC_SMP…	Internal Order	Internal Order	1 : 1	✓
SAP004	SAP Template: Maintenance Order to…	FINS_CFINC_SMP…	Maintenance Order	Maintenance Order	N : 1	✓
SAP004Z	SAP Template: Maintenance Order to…	ZSAP004	Maintenance Order	Maintenance Order	N : 1	✓
SAP005	Quality Management order to Quality …	FINS_CFINC_SMP…	QM Order	QM Order	N : 1	✓

Abbildung 5.8: Szenarien für das Objekt-Mapping in Central Finance (Ausgabe 1503)

Wenn Sie die Verknüpfung zwischen den lokalen Kostenträgern und den Kostenträgern im zentralen System überprüfen wollen, betrachten Sie die Einträge in der Tabelle FINS_CFINT_ASGNT. Dort erkennen Sie die Beziehungen zwischen den vielen lokalen Fertigungsaufträgen (Objektart PROD_ORD) und dem einzelnen Produktkostensammler (Objektart PCC).

5.2.7 Zentrales Projekt-Reporting

Aus der Perspektive von Central Finance sind Projekte irgendwo zwischen den stabilen Stammdaten, wie z. B. Profitcenter und Kostenstellen, und den kurzlebigen Fertigungs- und Instandhaltungsaufträgen angesiedelt. Selbst wenn große Konstruktions- und Investitionsprojekte über mehrere Jahre bestehen, erfolgt das Projektmanagement typischerweise lokal. Die Projekte mit den ihnen zugeordneten PSP-Elementen werden zwar in den lokalen Systemen angelegt, analog zu z. B. Fertigungsaufträgen, aber ein auf ALE (Application Link Enabling) gestützter Transfermechanismus überträgt sie dann aus den lokalen in das zentrale System. Zur Gewährleistung der Konsistenz findet die gesamte Pflege der Projekte und der zugeordneten PSP-Elemente in den lokalen Systemen statt. Daher dürfen keine Stammdatenänderungen im zentralen System vorgenommen werden.

Da dieselbe Projekt-ID in mehr als einem zugeordneten System vorhanden sein kann, wird bei der Erstübernahme eines Projekts eine neue Projekt-ID in Central Finance erzeugt. Bevor Sie Projekte übertragen können, müssen Sie die ALE-Verbindung und die Auswahlfilter in den Quellsystemen einrichten und die entsprechenden Mappings im Zentralsystem aktivieren. Sobald eine Verbindung zwischen dem lokalen Projekt und seinem Gegenstück im zentralen System hergestellt ist, können Sie das lokale Projekt nicht mehr löschen.

5.2.8 Fehlerbehandlung mit dem SAP Application Interface Framework

Sobald Sie sich Ihren Weg durch die Einstellungen für globale Parameter und Stammdaten gebahnt haben, ist es sinnvoll darüber nachzudenken, wie das System reagieren soll, wenn beim Transfer eines Belegs wichtige Stammdaten fehlen. Das SAP Application Interface Framework (AIF) verarbeitet alle mit einem Konto, einer Kostenstelle usw. einhergehenden Bewegungsdatensätze, für die keine entsprechenden Stammdaten im zentralen System vorhanden sind. Diese Belege werden nicht als Buchhaltungsbelege verbucht, sondern für die Nachbearbeitung gespeichert.

Abbildung 5.9 zeigt eine Übersicht über die Schnittstellentypen im *Interface Monitor*, die für Central Finance überwacht werden:

- Änderungen Buchhaltungsbeleg
- Buchhaltungsbeleg
- Buchungsbeleg
- Projekte (nicht im Bild, verfügbar ab Ausgabe 1709)

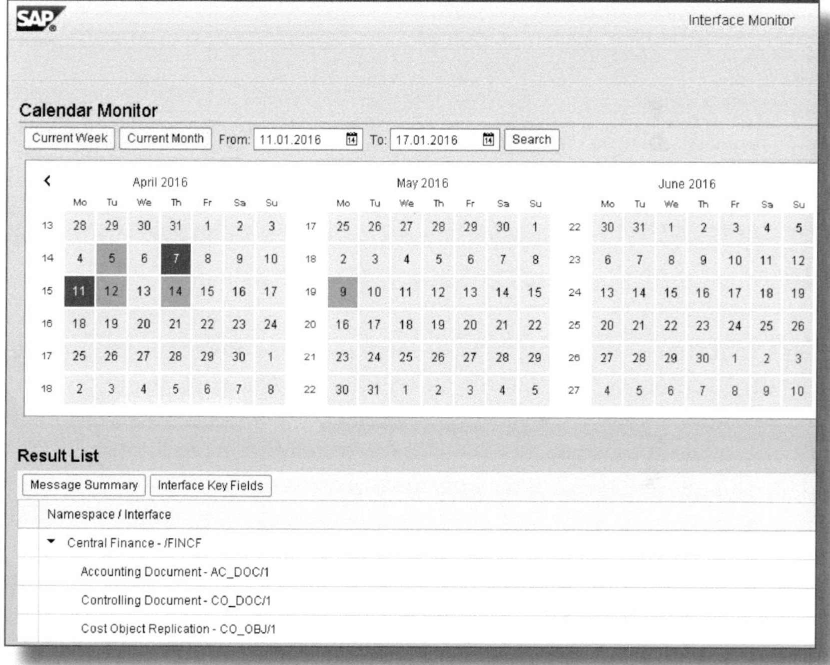

Abbildung 5.9: Schnittstellenmonitor

Eine Liste der Fehler in den Buchhaltungsbelegen ist in Abbildung 5.10 zu sehen. Sie können zu den Detailinformationen der Fehler navigieren, indem Sie eine Position auswählen und diese dann erneut verarbeiten, sobald das zugrunde liegende Problem (z. B. fehlende Stammdaten) behoben wurde.

Ergebnisliste

Nachrichtenübersicht | Schnittstellen-Schlüsselfelder | Meine Nachrichten | WS - Techn.Protokoll

Namensraum/Schnittstelle	Status	Alert	Mail	Alle Nachrichten	Warnungen	Fehler	Erfolgreich bearbeitet
∨ Central Finance - /FINCF	●			Σ 56124		54036	2088
Änderungen Buchhaltungsbeleg - ext. Schnittstelle - AC_CHG_EX/1							
Buchhaltungsbeleg - AC_DOC/1							
Buchungsbeleg - AC_DOC/2	■			Σ 8			8
Änderungen Buchhaltungsbeleg - AC_DOC_CHG/2							
Buchungsbeleg - externe Schnittstelle - AC_DOC_EX/1							
Buchungsbeleg - externe Schnittstelle - AC_DOC_EX/2							
Rechnungswesensicht der Kundenrechnung - AV_CI/1	●			Σ 36025		33971	2054
Rechnungswesensicht der Bestellung - AV_PO/1	●			Σ 14520		14503	17
Rechnungswesensicht der Lieferantenrechnung - AV_SI/1	●			Σ 5559		5554	5
Rechnungswesensicht des Kundenauftrags - AV_SO/1	■			Σ 4			4
Cost Center Activity Rate Replication - CC_AR/1							
Material Cost Estimate Replication - CE_MAT/1							
Obligobeleg - CMT_DOC/1	●			Σ 8		8	
Simulation des Obligobelegs - CMT_SIM/1							
Kostenrechnungsbeleg - CO_DOC/1							
Kostenrechnungsbelegsimulation - CO_DOC_SIM/1							
Kostenträgerreplikation - CO_OBJ/1							
Kostenträgersimulation - CO_OBJ_SIM/1							
Stammdaten Central-Finance-Projektsystem - PS_OBJ/1							

Abbildung 5.10: Übersicht Fehlermeldungen in SAP AIF

Dies gibt Ihnen eine Vorstellung davon, wie Sie Bewegungsdaten ab einem Stichtag in der Zukunft laden können. Genauso wichtig ist es, zu verstehen, dass Sie auch historische Daten aus der Zeit vor einem Stichtag laden müssen, um über Referenzdaten für die letzten beiden Jahre im zentralen System zu verfügen.

5.2.9 Erstdatenübernahme

In Abbildung 5.4 sehen wir die wichtigsten Schritte für die Erstdatenübernahme in das zentrale System. Zunächst müssen Sie allerdings wichtige Vorsichtsmaßnahmen im lokalen System treffen:

- Während Sie Daten laden, sollten Sie Benutzer im lokalen System sperren, um sicherzustellen, dass für die Perioden, aus denen Sie gerade Daten laden, keine weiteren Buchhaltungsbelege angelegt werden.

- Stellen Sie sicher, dass der Periodenabschluss in der Anlagenbuchhaltung vollständig ist und bereiten Sie für alle Währungen und Nebenbücher die Saldovortragswerte vor.
- Bevor Sie beginnen, sollten Sie eine Reihe von Prüfreports ausführen, um zu gewährleisten, dass die übertragenen Daten gut strukturiert sind; stellen Sie also sicher, dass Sie die Finanzbuchhaltung mit der Materialwirtschaft, mit der Kreditorenbuchhaltung und der Debitorenbuchhaltung abstimmen und überprüfen Sie, dass die Indexeinträge bereinigt sind.

Sie sind nun so weit, die Vorgaben im Bereich Einstellungen Erstdatenübernahme im IMG zu definieren (siehe Abbildung 5.4). Beginnen Sie damit, das logische System einzugeben, von dem aus Sie Daten für die Erstdatenübernahme auswählen. Definieren Sie dann Substitutionskonten für jeden Buchungskreis, die für das Anlegen von Gegenbuchungen während der Datenübernahme verwendet werden. Sobald die Datenübernahme abgeschlossen ist, sollte der Saldo dieser Konten null betragen.

Sie können den Schritt für die Erstdatenübernahme über das IMG ausführen. In vielen Fällen finden Sie einen Simulationsschritt vor jedem Datenübernahmeschritt, sodass Sie prüfen können, ob die Zuordnungen korrekt sind, bevor Sie mit dem Massenladen der Daten beginnen. Im Falle der Finanzbuchhaltungsbelege ist es sinnvoll, die Daten Buchungskreis für Buchungskreis zu simulieren und zu laden. Sie sollten auch zwischen den Zeiträumen unterscheiden, für die Sie die vollständigen Einzelpostendetails benötigen (gewöhnlich zwei Jahre) und solchen, für die ausreichend Saldoinformationen vorliegen. Sie bearbeiten diese Daten in Tabelle VCFIN_SOURCE_SET.

Jetzt, da die Erstdatenübernahme abgeschlossen ist, sind Sie bereit, Ihre ersten Buchungsbelege in Central Finance anzulegen. An dieser Stelle sollten Sie den Erstdatenübernahme-Status auf »erledigt« setzen, da das Verfahren zum Laden von Echtzeitdaten anders ist.

5.3 Konzernberichtswesen

Wenn wir uns als Ziel von SAP S/4HANA ein Finanzwesen in Echtzeit vorstellen, dann ist der Konzernabschluss (oder Konsolidierungsprozess) oft am weitesten von diesem Ziel entfernt. Die Konzernzentrale muss oft mehrere Tage warten, bis jede Tochtergesellschaft ihre Finanzdaten übermittelt hat. Anschließend werden verschiedene Bereinigungs- und Validierungsschritte durchgeführt, bevor schließlich mit der Zwischenergebniseliminierung begonnen wird und Anpassungen gemäß den Beteiligungsverhältnissen der angegliederten Unternehmen vorgenommen werden. Erst dann kann die Konzernzentrale endlich konsolidierte Zahlen für den Gesamtkonzern liefern.

Die Einführung des Konzernberichtswesens (Group Reporting) mit SAP S/4HANA 1809 ändert dies grundlegend. Wenn die Daten der Tochtergesellschaften zeitnah zur Verfügung stehen, und nicht erst mehrere Tage nach dem Abschluss eintreffen, sowie bereits nach den Konzernrichtlinien umgewandelt und bereinigt sind, dann bleibt als einziger Schritt zur Vervollständigung des Konzernabschlusses die Zwischenergebniseliminierung und die Kapitalkonsolidierung, um die Eigentumsverhältnisse im Konzern abzubilden. Wenn Sie eine einzelne Instanz von SAP S/4HANA betreiben, muss Group Reporting nicht auf einem Central-Finance-System aufgebaut sein, sondern kann in Kombination mit dem Universal Journal im lokalen System verwendet werden.

Abbildung 5.11 bietet eine Übersicht darüber, wie Group Reporting in Kombination mit dem/den zugrunde liegenden lokalen Buchhaltungssystem(en) funktioniert. Beachten Sie auch Abbildung 1.8: Die Buchhaltungs- und Controlling-Daten sollen im Universal Journal den Ausgangspunkt für das Group Reporting bilden, und zwar ohne Umwandlung oder Bereinigung. Sie arbeiten mit gemeinsamen Stammdaten – denselben Konten, Kostenstellen, Profitcentern usw. wie im Buchhaltungssystem –, gliedern diese aber nach den Berichtseinheiten für die Konzernberichterstattung (den Konsolidierungseinheiten und -kreisen) sowie nach Positionen. Diese gemeinsamen Stammdaten ermöglichen einen *Drill-Back* aus den Konzernberichten in die Buchhaltung und das Controlling, wodurch der Grundsatz einer Single Source of Truth (vgl. Abschnitt 2.1) für die Finanzberichterstattung erhalten bleibt.

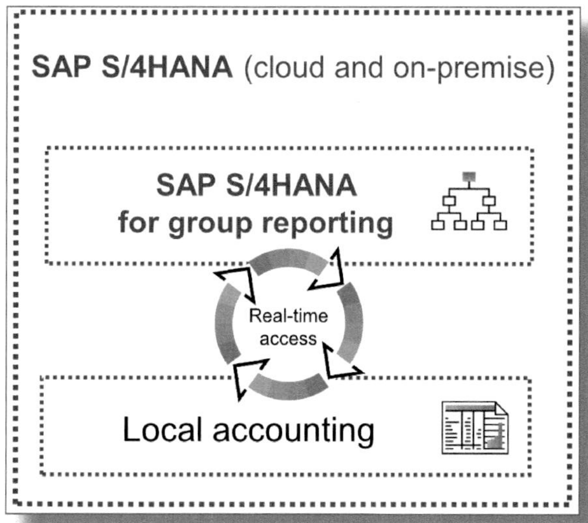

Abbildung 5.11: Group Reporting und lokale Buchhaltung

Abbildung 5.12 zeigt, wie die zugrunde liegende Buchhaltungstabelle die Basisschicht für die Gruppenberichte bildet und so die Berichtsarchitektur vereinfacht. Sie sehen die Konsolidierungstabelle ACDOCU und die Felder, auf die direkt aus dem Universal Journal zugegriffen wird, einschließlich der Felder aus Hauptbuch, Controlling und Ergebnisrechnung. Dieses gemeinsame Datenmodell bedeutet, dass deutlich weniger Datenmodellierung und -umwandlung erforderlich ist als bei einem klassischen Konsolidierungsansatz. Die Konten, Profitcenter usw. sind die gleichen wie in der dahinter liegenden ACDOCA-Tabelle. Dieses gemeinsame Datenmodell macht es einfach, vom Konzernabschluss zurück zu den zugrunde liegenden Journalbuchungen im operativen System zu springen.

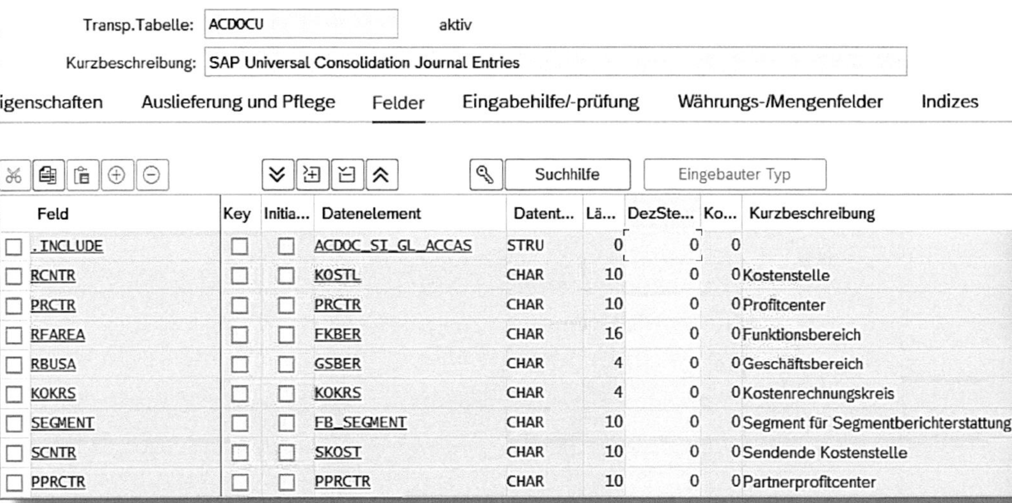
Transp.Tabelle: ACDOCU aktiv

Kurzbeschreibung: SAP Universal Consolidation Journal Entries

igenschaften | Auslieferung und Pflege | Felder | Eingabehilfe/-prüfung | Währungs-/Mengenfelder | Indizes

Suchhilfe | Eingebauter Typ

Feld	Key	Initia...	Datenelement	Datent...	Lä...	DezSte...	Ko...	Kurzbeschreibung
.INCLUDE	☐	☐	ACDOC_SI_GL_ACCAS	STRU	0	0	0	
RCNTR	☐	☐	KOSTL	CHAR	10	0	0	Kostenstelle
PRCTR	☐	☐	PRCTR	CHAR	10	0	0	Profitcenter
RFAREA	☐	☐	FKBER	CHAR	16	0	0	Funktionsbereich
RBUSA	☐	☐	GSBER	CHAR	4	0	0	Geschäftsbereich
KOKRS	☐	☐	KOKRS	CHAR	4	0	0	Kostenrechnungskreis
SEGMENT	☐	☐	FB_SEGMENT	CHAR	10	0	0	Segment für Segmentberichterstattung
SCNTR	☐	☐	SKOST	CHAR	10	0	0	Sendende Kostenstelle
PPRCTR	☐	☐	PPRCTR	CHAR	10	0	0	Partnerprofitcenter

Abbildung 5.12: Tabelle der Journalbuchungen für die Konsolidierung

Für Konsolidierungszwecke können Sie Ihre Konten anders organisieren, indem Sie sie den entsprechenden Ergebnispositionen zuordnen. SAP Group Reporting bietet in diesem Zusammenhang die Möglichkeit, andere Ergebnispositionen, Profitcenter-Hierarchien etc. zu definieren als in der lokalen Buchhaltung. Das Werkzeug zum Erstellen dieser Gruppierungen ist jedoch das gleiche wie im Accounting. Group Reporting verwendet die App »Globale Buchhaltungshierarchien«, die wir in Abschnitt 6.5 erkunden werden.

Group Reporting ist für die Verarbeitung von Finanzdaten aus einem SAP-S/4HANA-System konzipiert, kann aber auch mit Finanzdaten aus einem externen System über den klassischen Datenerfassungsansatz umgehen. In diesem Fall werden die Basisdaten in der Tabelle ACDOCU zusammen mit den aus der zugrunde liegenden Tabelle ACDOCA aggregierten Daten gespeichert.

Um ein Gefühl dafür zu vermitteln, wie Finanzbuchhaltung und Controlling mit dem Group Reporting verschmelzen, betrachten wir in Abbildung 5.13 die App »Konzern-GuV nach dem Gesamtkostenverfahren«.

Die Liste DIMENSIONEN zeigt, dass der Bericht Entitäten aus dem Group Reporting enthält, wie z. B. die Konsolidierungseinheit (KONSEINHEIT). Sie umfasst zudem operative Berichtsentitäten, wie AUFTRAG, BRANCHE, FAKTURAART und FUNKTIONSBEREICH. Sie werden sogar noch mehr Entitäten entdecken, wenn Sie in der DIMENSIONEN-Liste weiter nach unten scrollen.

Abbildung 5.13: Konzern-GuV nach dem Gesamtkostenverfahren

Beachten Sie, dass wir im Group Reporting mit einem *Positionsplan* arbeiten (die POSITION im Bericht). Der Positionsplan ist ein Schlüsselelement für die Durchführung des Konsolidierungsprozesses und des Berichtswesens in S/4HANA Group Reporting. Er steuert nicht nur, wie die Konten in den Berichten dargestellt werden, sondern auch, wie die einzelnen Posten beim Konzernabschluss verarbeitet werden. Diese kommen einerseits für buchhalterische Zwecke in der GuV (hier dargestellt), der Bilanz und der Gewinnaufstellung, und andrerseits auch für die Pflege von Metriken und Kennzahlen zum Einsatz. Zu diesem Zweck können den Finanzpositionen neben den operativen auch statistische Konten zugeordnet werden.

Mit der App »Positionen definieren« (siehe Abbildung 5.14) können Sie Positionen und deren Eigenschaften anzeigen oder aktualisieren. Zu den Eigenschaften gehören der Positionsplan, der sich von der lokalen Kontenstruktur unterscheiden kann, die Positionsart und der Kontierungstyp. Der neue Ansatz beinhaltet ein Eliminierungs-, ein Währungsumrechnungs- und ein Positionsrollen-Attribut, die jeweils bestimmen, wie die Zahlen, die dieser Kontengruppe zugeordnet sind, während des Konzernberichtsprozesses behandelt werden.

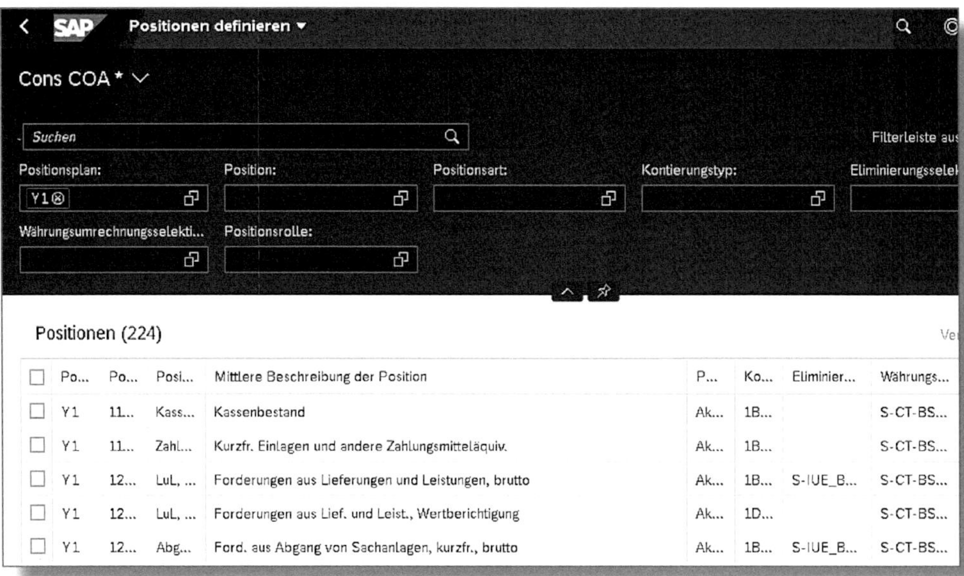

Abbildung 5.14: App »Positionen definieren«

Abbildung 5.15 zeigt die detaillierten Einstellungen für die Position 121190. Hier sehen wir die Regeln zur Währungsumrechnung und zur Zwischengewinneliminierung für diese Position.

Eine der wesentlichen Stärken, die im Group Reporting aus SAP EC-CS (Enterprise Controlling – Consolidation System) und SAP SEM-BCS (Strategic Enterprise Management – Business Consolidation System) übernommen wurde, ist das *Prinzip des Buchhaltungsbelegs*. Die Idee ist, dass die Basisschicht der zu konsolidierenden Belege auf das zugrunde liegende Buchhaltungssystem verweist und jede Konsolidierungsmaßnahme zu einem prüfbaren Konsolidierungsdokument führen sollte. Daher haben wir Belege, die die Erstdatenübernahme, die Buchungen für Konzern- und Investitionsaufrechnungen sowie alle manuellen Buchungen für Korrekturen aufzeichnen. Diese Belege können sämtlich in der App »Konzernbuchungsbelege anzeigen« dargestellt werden (siehe Abbildung 5.16).

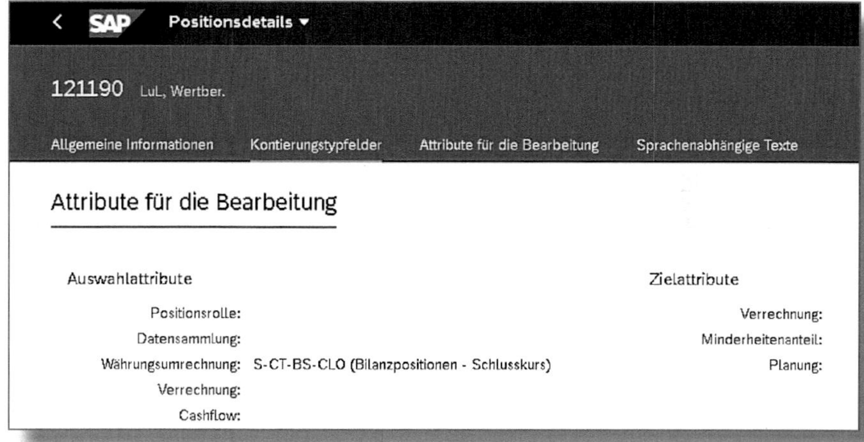

Abbildung 5.15: Positionsdetails – Regeln für die Währungsumrechnung und Eliminierung

SAP Konzernbuchungsbelege anzeigen

JE

Nicht gefiltert

Konzernbuchungsbelege (33,616,836) | COI Ownership View *

KonsKreis	KonsEinheit	Geschäfts...	Belegnummer	Buchungsperi...	Einzelpos...	Position	Version	Menge
	1710 (Pal...	2018	90041377	9	000001	121100 (...	Y10 (Istdaten)	0.000
	1710 (Pal...	2018	90041377	9	000002	411100 (...	Y10 (Istdaten)	0.000
	1710 (Pal...	2019	90041383	3	000001	121100 (...	Y10 (Istdaten)	0.000
	1710 (Pal...	2019	90041383	3	000002	411100 (...	Y10 (Istdaten)	0.000
	1710 (Pal...	2019	90041384	3	000001	121100 (...	Y10 (Istdaten)	0.000
	1710 (Pal...	2019	90041384	3	000002	411100 (...	Y10 (Istdaten)	0.000
	1710 (Pal...	2019	90041385	3	000001	121100 (...	Y10 (Istdaten)	0.000
	1710 (Pal...	2019	90041385	3	000002	411100 (...	Y10 (Istdaten)	0.000
	1710 (Pal...	2019	90041386	3	000001	121100 (...	Y10 (Istdaten)	0.000

Abbildung 5.16: App »Konzernbuchungsbelege anzeigen«

In diesem Beispiel betrachten wir die Dokumente aus der Erstdatenübernahme. Durch Klicken auf die Belegnummer ist es möglich, direkt zu dem/den zugrunde liegenden Beleg(en) im lokalen Buchhaltungssystem zurückzunavigieren, wie wir in der App »Buchungsbelege verwalten« für den ausgewählten Beleg in Abbildung 5.17 sehen. Beachten Sie das einheitliche Erscheinungsbild der Benutzeroberflächen für die Gruppenberichterstattung und die Buchhaltung. Dieser Drill-Back illustriert sehr eindrucksvoll die Vorteile des gemeinsamen Datenmodells, bei dem jeder Konsolidierungsspezialist die Quelldaten im zugrunde liegenden Buchhaltungssystem erkunden kann.

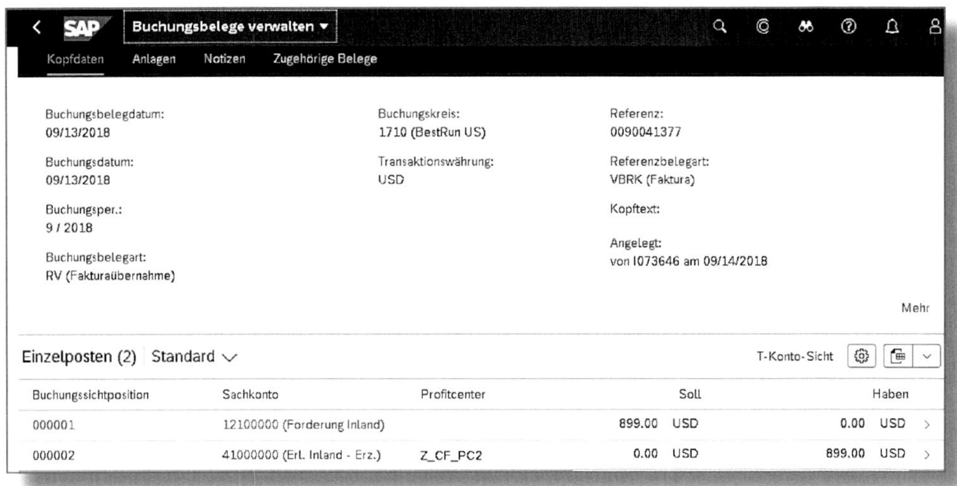

Abbildung 5.17: App »Buchungsbelege verwalten«

Die enge Integration wird auch in der App »Datenmonitor« deutlich (siehe Abbildung 5.18). Die App verfolgt den Prozess der Datenbeschaffung (Belege müssen zunächst aus dem zugrunde liegenden Buchhaltungssystem freigegeben werden) und umfasst Schritte wie Validierung und Währungsumrechnung, die vor der eigentlichen Konsolidierung ablaufen.

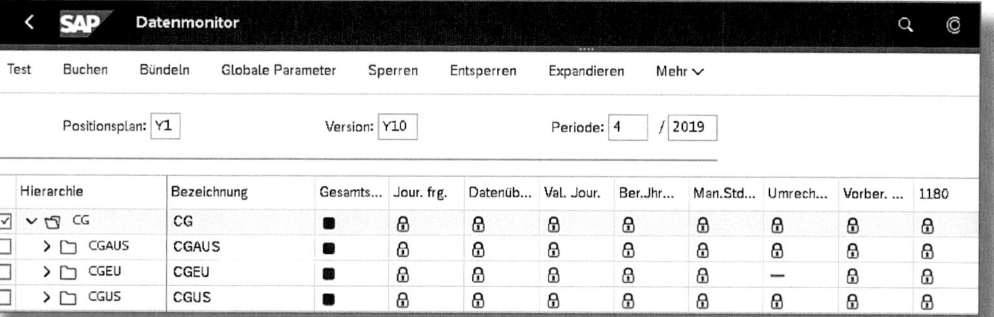

Abbildung 5.18: App »Datenmonitor«

Im Unterschied dazu überwacht die App »Konsolidierungsmonitor« (siehe Abbildung 5.19) alle Maßnahmen, die zum eigentlichen Konzernberichtsprozess gehören.

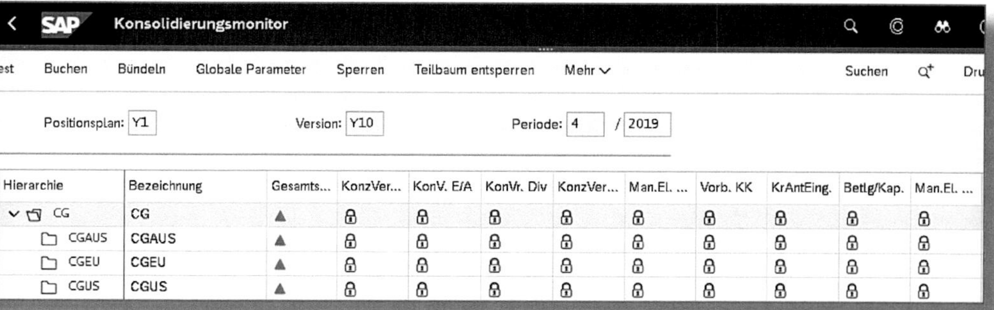

Abbildung 5.19: App »Konsolidierungsmonitor«

Nachdem wir den Wertefluss von der Finanzbuchhaltung und dem Controlling in das Konzernberichtswesen betrachtet haben, werden wir uns nun auf SAP Fiori und dessen Beitrag zur konsistenten Benutzererfahrung im Finanzwesen konzentrieren.

6 SAP Fiori

In Kapitel 1 habe ich die SAP-Fiori-Anwendungen als das neue Erscheinungsbild des Finanzwesens für Endbenutzer vorgestellt. In diesem Kapitel erkläre ich nun, wie Sie Rollen und Businesskataloge einrichten, um Ihren Bearbeitern Zugriff auf die Fiori-Anwendungen zu ermöglichen. Da SAP Fiori eigentlich eher ein Design-Ansatz als eine UI-Technologie ist, erkläre ich außerdem, wie die verschiedenen Arten von Fiori-Anwendungen zu verstehen sind.

SAP Fiori ist der aktuelle Ansatz der SAP für ein neues Oberflächendesign. Es hat zum Ziel, dass alle darüber bereitgestellten Anwendungen die folgenden Attribute aufweisen:

- *rollenbasiert* – mit Blick auf einen bestimmten Benutzer entwickelt
- *responsive* – die Anwendung **reagiert** auf die Bildschirmgröße des Geräts, auf dem sie ausgeführt wird, unabhängig davon, ob es sich um einen Desktop-PC, ein Tablet oder ein mobiles Gerät handelt
- *einfach* – das Designschema lautet 1-1-3 (1 Benutzer, 1 Anwendungsfall, 3 Bildschirme)
- *kohärent* – alle Anwendungen sprechen dieselbe Sprache
- *unmittelbarer Mehrwert* – der Umstieg bietet sofortige Vorteile

Um zu prüfen, ob Ihre Geräte mit SAP Fiori kompatibel sind und welche Internetbrowser unterstützt werden, lesen Sie den SAP-Hinweis 1935915 – »Fiori for Business Suite: Informationen zu Browser/Geräte/OS«. SAP Fiori umfasst verschiedene Arten von Anwendungen:

- *Analytische Anwendungen*, wie z. B. »Überfällige Forderungen« (siehe Abschnitt 1.4) und »Summen- und Saldenliste« (siehe Abschnitt 1.3.1)

- *Transaktionale Anwendungen*, wie z. B. »Buchungsbelege verwalten«, »Meine Ausgaben« und die Stammdatenanwendungen

Für Verwirrung sorgt die Vorstellung, dass SAP Fiori eine UI-Technologie ist. Die Technologie hinter den SAP-Fiori-Apps ist häufig SAPUI5, aber Sie werden dennoch Unterschiede zwischen den frühen, größtenteils im Hause SAP erstellten Apps, z. B. »Meine Ausgaben«, und den späteren Apps, wie »Kundenauftragseingang« (siehe Abschnitt 2.5.4) und »Obligo nach Kostenstelle« (siehe Abschnitt 3.3.1) finden, die mithilfe von Smart Templates erstellt wurden, um ein einheitlicheres Aussehen zu erhalten. Hinzu kommen verfügbare Web-Dynpro-Anwendungen und verschiedene Reporting-Technologien, darunter SAP Smart Business und SAP Design Studio.

Um auf den vollständigen Katalog von Fiori-Apps zuzugreifen, öffnen Sie die Fiori-Bibliothek unter: *https://fioriappslibrary.hana.ondemand.com/sap/fix/externalViewer/*.

6.1 Rollen und Anwendungskataloge

Um auf eine der Fiori-Anwendungen zugreifen zu können, muss dem Benutzer eine *Rolle* zugewiesen werden. Durch die Rollen werden die Fiori-Anwendungen aus betriebswirtschaftlicher Perspektive strukturiert und Benutzeranalysen durchgeführt, um die typischen Tätigkeiten jeder Rolle zu verstehen sowie den Kontext, in dem die Benutzer arbeiten (Shared Service Center, Unternehmenszentrale usw.). Dies ist in SAP Fiori als *Persona-Beschreibung* geläufig. Hier sind einige Beispiele für Basisrollen (BR) im Finanzwesen:

- Debitorenbuchhalter (SAP_BR_AR_ACCOUNTANT)
- Leiter der Debitorenbuchhaltung (SAP_BR_AR_MANAGER)
- Kreditorenbuchhalter (SAP_BR_AP_ACCOUNTANT)
- Leiter der Kreditorenbuchhaltung (SAP_BR_AP_MANAGER)

- Hauptbuchhalter (SAP_BR_GL_ACCOUNTANT)
- Konsolidierungsexperte (SAP_BR_CONSLDTN_SPECIALIST)

Sie finden auch Spezialisierungen dieser Rollen, wie z. B. länderspezifische Anwendungen für die Debitoren- oder Kreditorenbuchhaltung, und Verfeinerungen der Controller-Rolle, wie z. B.:

- Gemeinkostencontroller (SAP_BR_OVERHEAD_ACCOUNTANT)
- Bestandscontroller (SAP_BR_INVENTORY_ACCOUNTANT)
- Produktionscontroller (SAP_BR_PRODN_ACCOUNTANT)
- Vertriebscontroller (SAP_BR_SALES_ACCOUNTANT).

Diese Rollen sind mit *Anwendungskatalogen* (engl.: Business Catalogs, kurz BC) verbunden, die die Kacheln für den Zugriff auf die Fiori-Anwendungen enthalten, die wir in den vorherigen Kapiteln gesehen haben. Eine Rolle kann mehreren Anwendungskatalogen zugeordnet sein, wie das folgende Beispiel zeigt:

- Debitorenbuchhalter (SAP_SFIN_BC_AR_OPERATIONS, SAP_SFIN_BC_AR_DISPUTE_RES, SAP_SFIN_BC_REC_CLERK)
- Leiter der Debitorenbuchhaltung (SAP_SFIN_BC_AR_ANALYTICS)
- Kreditorenbuchhalter (SAP_SFIN_BC_AP_OPERATIONS, SAP_SFIN_BC_APAR_OPER. SAP_SFIN_BC_AP_CHECK_PROC)
- Leiter der Kreditorenbuchhaltung (SAP_SFIN_BC_AP_ANALYTICS)
- Hauptbuchhalter (SAP_SFIN_BC_GL_MASTER_DATA, SAP_SFIN_BC_GL_DOC_PROC. SAP_SFIN_BC_GL_GEN_REPORTING)

In Abbildung 6.1 sehen Sie einen beispielhaften Kachelkatalog für die Rolle des Debitorenbuchhalters. Den Unterschied zwischen diesen Apps und denen in der Rolle »Leiter der Debitorenbuchhaltung« erkennen Sie daran, dass sie ein Symbol und keine farbcodierten Kennzahlen (KPI) ausgeben. Das ist der erste Unterschied zwischen einer *analytischen App*, die den Trend für die Kennzahl berechnet und das Ergebnis anzeigt, sodass Sie die Anwendung nicht einmal öffnen müssen, wenn der Trend grün ist, und einer *transaktionalen App*, die davon ausgeht, dass Sie Maßnahmen ergreifen werden, etwa bei Forderungen oder Inkasso.

Abbildung 6.1: Kachelkatalog für die operative Abwicklung in der Debitorenbuchhaltung

Ein Benutzer kann die Anwendungen in diesen Katalogen nur ausführen, wenn er auch über die Berechtigung für die jeweiligen Anwendungen in SAP S/4HANA verfügt. Lassen Sie uns also einen Moment über den Technologie-Stack nachdenken, der nötig ist, um die Daten von SAP S/4HANA zum Benutzer zu bringen:

- Die Benutzeroberfläche läuft in einem Browser auf Ihrem Mobiltelefon, Tablet oder PC, und das Frontend wird normalerweise mit SAPUI5 erstellt.
- Die Anwendung verwendet einen *ODataService* in SAP Gateway als Verbindung zwischen der Benutzeroberfläche in SAP Fiori und den Daten in SAP S/4HANA.

- Der ODataService verwendet eine oder mehrere CDS-Sichten, um die relevanten Daten aus SAP S/4HANA auszuwählen. Die CDS-Sicht führt wiederum die Bewegungsdaten zusammen, die die Grundlage für die Zahlen – die Stammdaten – bilden, einschließlich Texten und hierarchischen Informationen (sofern für die App benötigt).

Abbildung 6.2 zeigt die Rolle für die App »Überfällige Verbindlichkeiten« in SAP S/4HANA. Die Rolle für die Anwendung »Überfällige Forderungen«, die wir uns in Abschnitt 1.4 angesehen haben, muss manuell erstellt werden. Sie steuert die Berechtigungen, die bestimmen, welcher Benutzer welche Daten sehen darf.

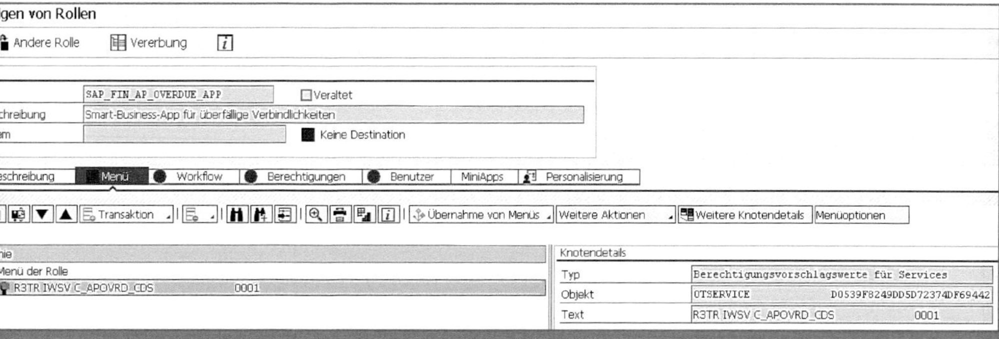

Abbildung 6.2: Rolle für die Anwendung »Überfällige Verbindlichkeiten«

Die beste Möglichkeit, um etwas über die Verknüpfung zwischen Rolle, Business-Katalog und ODataServices zu erfahren, ist die Fiori-Bibliothek, auf die ich am Anfang des Kapitels verwiesen habe.[2] Die Konfigurationsdetails zur Anwendung »Überfällige Forderungen« mit der Rolle PFCG, dem Anwendungskatalog und dem ODataService sehen Sie in Abbildung 6.3. Von hier aus können Sie auf weitere Details zur Implementierung der Anwendung zugreifen.

---

2 Anmerkung zur deutschen Übersetzung: Die Fiori App Library ist nur auf Englisch verfügbar.

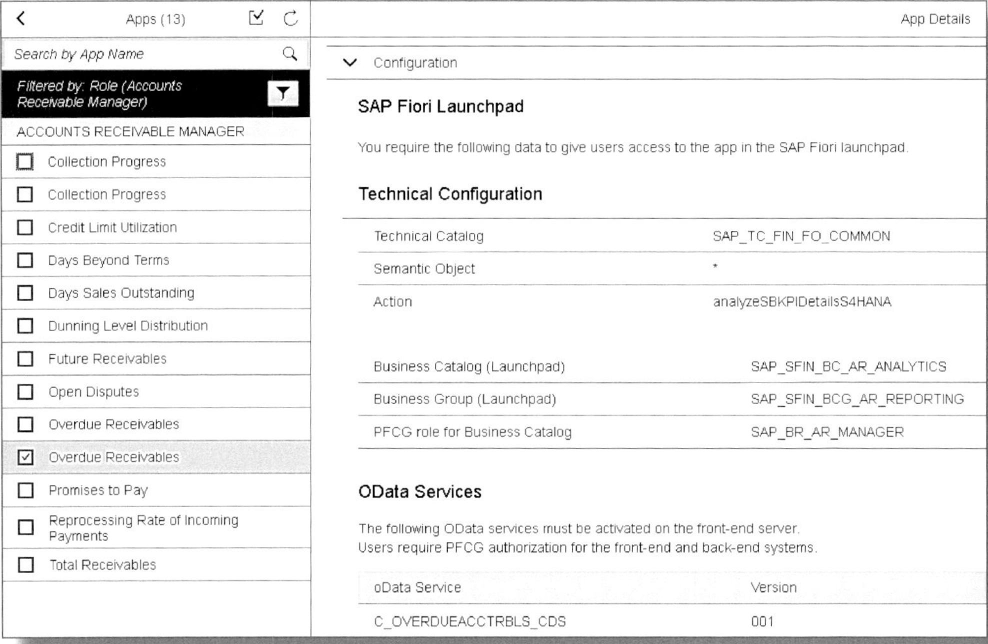

Abbildung 6.3: Rolle, Anwendungskatalog und ODataService für »Überfällige Forderungen«

6.2 Fiori-Apps für »Meine Ausgaben«

Die anfängliche Welle der SAP-Fiori-Entwicklung konzentrierte sich auf Nutzer, die normalerweise nicht direkt mit SAP-Daten arbeiten, sowie auf den mobilen Anwendungsfall. »Meine Ausgaben« war die erste App dieser Art im Finanzbereich und wurde speziell für den Gelegenheitsnutzer entwickelt – den Manager, der unterwegs ist und schnell einen Überblick über seine Budgetsituation braucht. Abbildung 6.4 zeigt die Kachel Meine Ausgaben im Fiori Launchpad. Beachten Sie, dass Sie wie bei den SAP Smart Business KPIs, die wir uns in Kapitel 1 angesehen haben, die Gesamtausgaben für die Kostenstellen eines Managers sofort sehen können.

Abbildung 6.4: »Meine Ausgaben«-Kachel im Fiori Launchpad

Über einen Drill-Down können wir die relativen Ausgaben für jede der Abteilungen sehen, für die der Manager verantwortlich ist. Jede Abteilung wird mit dem Plan für diese Kostenstelle verglichen, um festzustellen, ob der betreffende Bereich rot, gelb oder grün ausgegeben werden soll (siehe Abbildung 6.5).

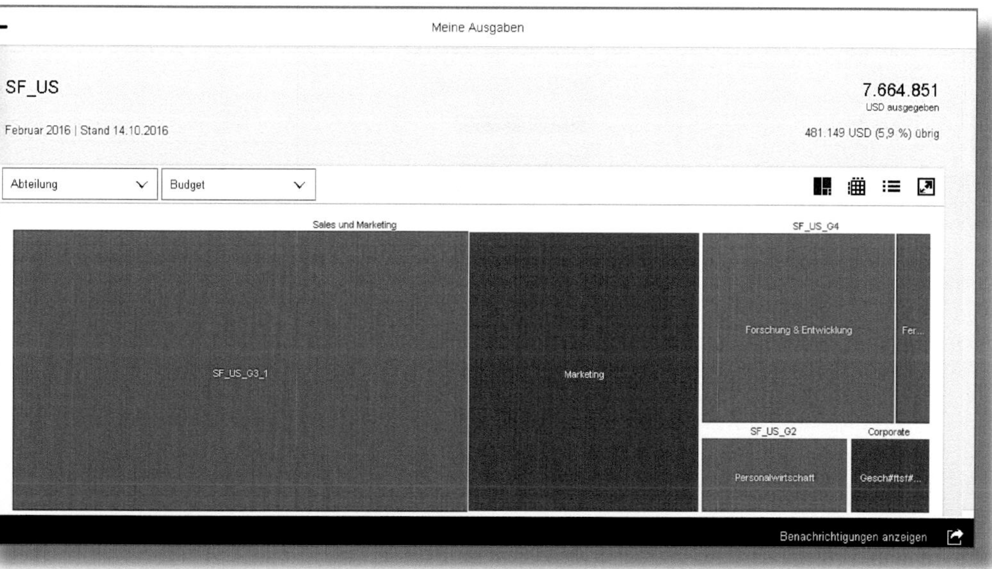

Abbildung 6.5: Relative Ausgaben in jeder Abteilung

Durch Klicken auf einen der Blöcke gelangt der Benutzer zur Auflistung der einzelnen Ausgabenkategorien (Abbildung 6.6) und schließlich zu den Einzelposten für jede Position. Beachten Sie, dass die App sowohl die Summe der tatsächlichen als auch der zugesagten Ausgaben (OBLIGOS) darstellt.

Abbildung 6.6: Details zu den Ausgaben

Für die Experten unter den Controllern mag diese App zu einfach sein. Sie eignet sich jedoch dafür, einen Manager dazu zu bewegen, sein Budget selbst in die Hand zu nehmen und die Ausgaben regelmäßig zu überwachen. Das stellt auch das Buy-in für ein SAP-S/4HANA-Projekt sicher. Es ist außerdem eine hervorragende Möglichkeit, Manager schrittweise von ihren Tabellenkalkulationen und dem statischen Berichtswesen, über das wir in Kapitel 1 gesprochen haben, zu entwöhnen und in die Echtzeitwelt von SAP S/4HANA Finance zu lotsen.

6.3 Anwendung für SAP Smart Business

Abgesehen vom Manager, der vor SAP S/4HANA vielleicht nie direkt SAP-Daten konsumiert hat, stellen die Apps im Bereich SAP Smart Business eine Möglichkeit dar, Finance-Anwendern auf einfache Weise Finanzdaten zu präsentieren.

In Kapitel 1 haben wir uns die SAP-Smart-Business-Anwendung »Überfällige Forderungen« angesehen. Abbildung 6.7 zeigt die Frontend- und Backend-Komponenten zu dieser App. Wie Sie solche Apps implementieren, erfahren Sie am besten in der Fiori-Bibliothek.

- Die *Backend-Komponenten* sind im Wesentlichen die neuesten Versionen der S/4HANA-Software-Schichten mit dem Quelltext für die bestehenden Transaktionen und dem alles entscheidenden Zugriff auf die Daten in den SAP-S/4HANA-Tabellen.
- An die *Frontend-Komponenten* ist die eigentliche Benutzeroberfläche gekoppelt. Sie stellen die Verbindung zum Backend her, das die Daten enthält, die über SAP Gateway ausgegeben werden sollen.

Um eine SAP-Fiori-Anwendung auszuführen, ist es ohne Frage entscheidend, dass beide Komponenten vorhanden sind. Sie können SAP Fiori auf Ihrer eigenen Hardware installieren oder in Betracht ziehen, die Cloudversion »Fiori as a Service« zu nutzen, wodurch gewährleistet ist, dass die neue Fiori-UI-Schicht auf der SAP HANA Cloud (HCP) bereitgestellt und mit Ihren Systemen vor Ort verbunden ist. Die Entscheidung darüber, wo SAP Fiori vorgehalten wird, bleibt am besten der IT-Abteilung überlassen. Doch ist es im Kontext von SAP Smart Business wichtig, den Unterschied zwischen den verschiedenen Frontend- und Backend-Schichten zu verstehen, da die Apps in SAP S/4HANA Finance 1503 und 1605 andere View-Technologien verwenden als die Apps in SAP S/4HANA 1511 und 1610. Die neuere Technologie verwendet CDS-Sichten, die Teil des ABAP-Stacks sind, anstelle von Calculation Views.

App Details

The app consists of front-end components (such as the user interfaces) and back-end components (such as the OData service). The back-end and front-end components are delivered with separate products and have to be installed in a system landscape that is enabled for SAP Fiori.

Front-End Components

Product Version	SAP FIORI FOR SAP S/4HANA 1909 SAP Fiori for SAP S/4HANA 1909
Support Package Stack	02 (05/2020) FP
Software Component Version	UIAPFI70 700 - SP 0002
Prerequisite for installation	SAP FIORI FOR SAP S/4HANA 1909 - SPS 02 (05/2020) FP is an *Add On* to SAP FIORI FRONT-END SERVER 6.0 - SPS SP01 (02/2020)

Back-End Components (ABAP)

Product Version	SAP S/4HANA 1909 SAP S/4HANA 1909
Support Package Stack	02 (05/2020) FP
Software Component Version	S4CORE 104 - SP 0002

Abbildung 6.7: Frontend- und Backend-Komponenten für die App »Überfällige Forderungen«

In Abbildung 6.7 sehen Sie die Einträge in der SAP-Fiori-Bibliothek für die Backend-Edition 1909 und das Frontend von SAP Fiori für SAP S/4HANA 1909.

Unabhängig davon, mit welcher Backend-Umgebung Sie arbeiten, müssen Sie im Frontend zwischen zwei SAP-Smart-Business-Umgebungen unterscheiden:

- *Runtime* – steuert, was in der Übersichtskachel und den Konfigurations-Drill-Downs angezeigt wird
- *Design-Time* – definiert die Kennzahlen, Filter und Schwellenwerte (die Auswertung) sowie die Visualisierung in der App

Ein Vorteil von SAP Smart Business besteht darin, dass alle Kennzahlen ein einheitliches Erscheinungsbild aufweisen, was einem Benutzer in einem Shared Service Center den Wechsel von der Debitoren- zur Kreditorenbuchhaltung und von dort zu den Cash-Kennzahlen leicht macht.

6.4 Fiori-Apps für professionelle Anwender

Mobile Apps und intelligente Kennzahlen mögen eine bestimmte Gruppe von Anwendern zufriedenstellen, aber der Löwenanteil der Finance-Anwender sind Profis, die einen erheblichen Teil ihres Tages mit SAP S/4HANA zubringen. In SAP S/4HANA Cloud greifen alle Anwender auf ihre Aufgaben über die Apps in einem Fiori Launchpad zu. In der On-Premise-Umgebung können Unternehmen wählen, ob sie weiterhin die klassischen Transaktionen nutzen oder SAP Fiori implementieren wollen. In einigen Fällen sind nur SAP-Fiori-Anwendungen verfügbar, sodass Sie die vorausschauenden Journalbuchungen (vgl. Kapitel 2 und 3) nur in Apps wie »Kundenauftragseingang« oder »Obligo nach Kostenstelle« sehen werden. Gleichermaßen können Sie sich die Produktionskosten, die konkreten Arbeitsplätzen und Vorgängen zugeordnet sind, nur in Apps wie »Fertigungskostenanalyse« und »Kosten nach Arbeitsplatz und Vorgang« anzeigen lassen.

Um ein Gefühl für die Arbeit mit den neuen Apps zu bekommen, betrachten wir zunächst die App »Bilanz/GuV« (siehe Abbildung 6.8). Wenn Sie diese App mit klassischen Reporting-Transaktionen vergleichen, werden Sie sofort feststellen, dass die Selektionsparameter Teil der Anwendung sind. Sie müssen nicht mehr zum Selektionsbildschirm zurückkehren, um Berichtszeiträume oder Buchungskreise zu ändern, wodurch die Anwendung intuitiver bedienbar wird. Sie können natürlich durch die verschiedenen Knoten des Kontenplans navigieren, aber Sie können ebenso eine Kontobezeichnung oder einen Teil davon in das Suchfeld eingeben und die Anwendung nach relevanten Konten suchen lassen Dadurch finden sich neue Anwender, die nicht mit Ihrem Kontenplan vertraut sind, einfacher und schneller in ihr Tagesgeschäft ein.

Abbildung 6.9 zeigt ein anderes Beispiel – die App »Debitorenposten bearbeiten«.

Wenn Sie Abbildung 6.8 und Abbildung 6.9 vergleichen, werden Sie sofort Ähnlichkeiten in der Funktionsweise der Suche und im Erscheinungsbild der Ergebnisliste feststellen.

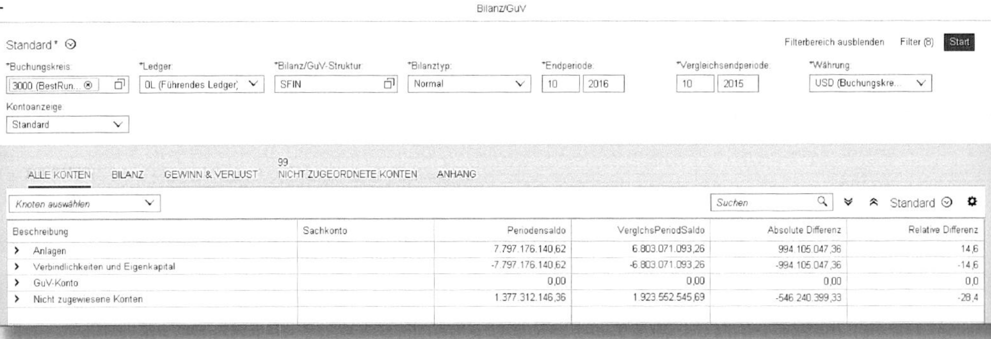

Abbildung 6.8: App »Bilanz/GuV«

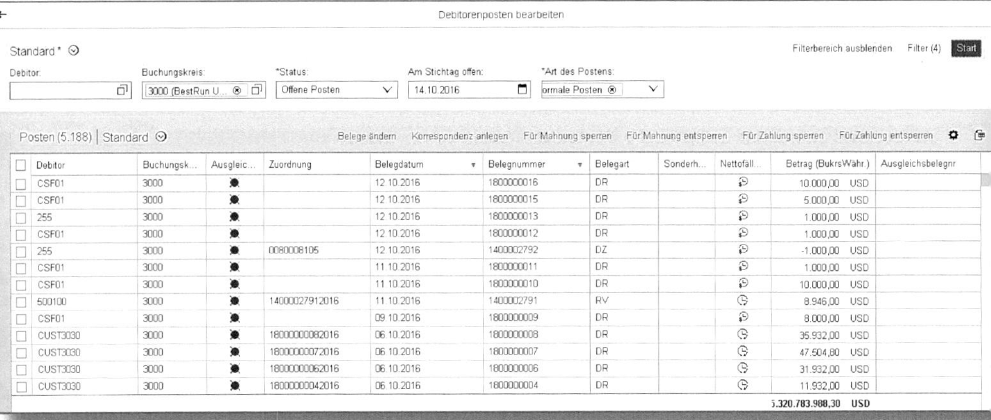

Abbildung 6.9: App »Debitorenposten bearbeiten«

Ein weiterer wichtiger Aspekt von Fiori-Apps ist die Möglichkeit, zu anderen Anwendungen zu navigieren. In Abbildung 6.10 ist eine Liste der Anwendungen zu sehen, die Sie von der App »Debitorenposten bearbeiten« aus erreichen können.

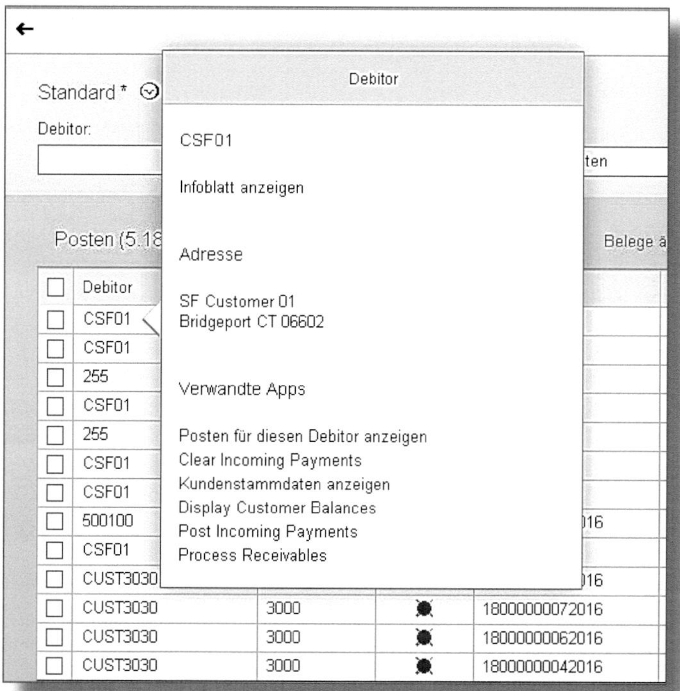

Abbildung 6.10: Navigationsziele, die dem Kunden CSF04 zugeordnet sind

Natürlich gibt es sowohl Buchungs- als auch Berichts-Apps. Die App »Buchungsbelege verwalten« (siehe Abbildung 6.11) listet alle Journalbuchungen auf, die Ihren ausgewählten Kriterien entsprechen.

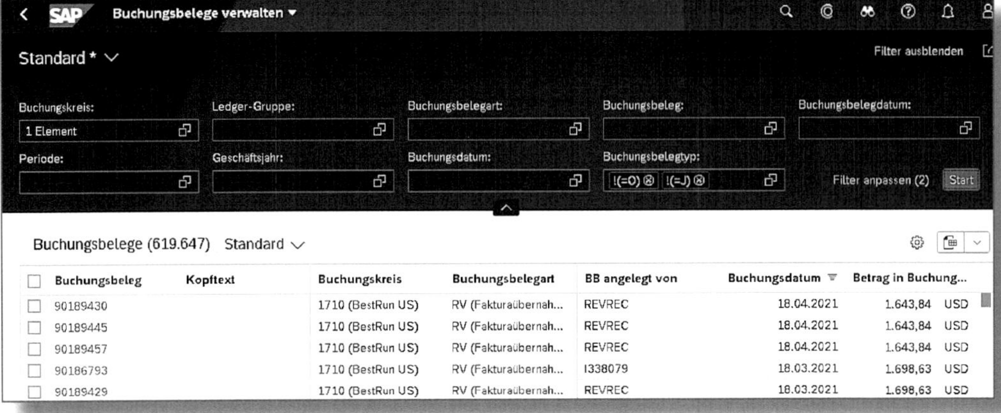

Abbildung 6.11: App »Buchungsbelege verwalten«

Von hier aus können Sie zur App »Hauptbuchbelege buchen« (siehe Abbildung 6.12) navigieren. Dies ist in erster Linie eine Buchungs-App zur Erfassung von Hauptbuchbelegen, die Ihnen auch das Hochladen von Anhängen ermöglicht, um zu dokumentieren, weshalb Sie den Buchungsbeleg überhaupt erfassen und die Buchung vornehmen.

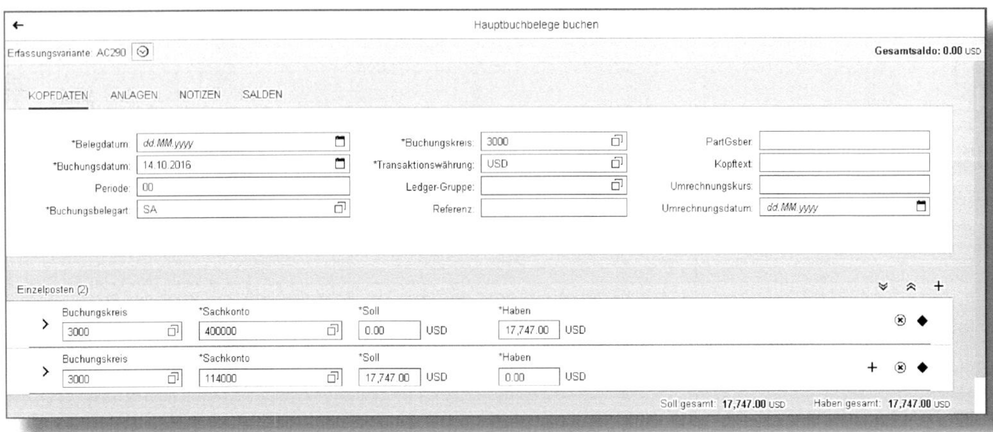

Abbildung 6.12: App »Hauptbuchbelege buchen«

Viele dieser frühen Apps wurden mithilfe von UI5 implementiert. Im Laufe der Zeit folgte die Einführung verschiedener Smart Templates, anhand derer Anwender nach demselben Muster arbeiten und Entwickler SAP-Fiori-Anwendungen mit weniger Aufwand erstellen konnten. Wir haben bereits verschiedene Beispiele für diese Anwendungen gesehen, darunter »Bruttomarge – Predictive Accounting« in Abschnitt 2.5.4 sowie »Kostenstellen Etatbericht« und »Obligo nach Kostenstelle« in Abschnitt 3.3.1. Diese Anwendungen sind zwar sämtlich analytische Apps, aber dieselbe Technologie kann auch verwendet werden, um transaktionale Apps zu erstellen, wie z. B. die App »Predictive Accounting überwachen« (siehe Abbildung 6.13), mit der Sie sich die Fehler anzeigen lassen, die eine Buchung der vorhergesagten Journalbuchungen verhindert haben, und die zugehörigen Korrekturen durchführen.

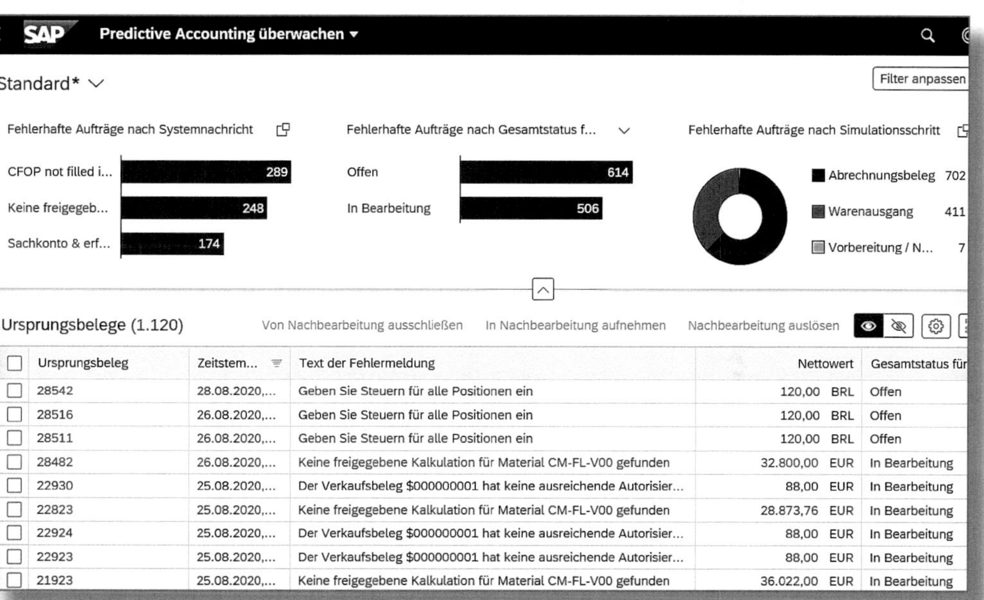

Ursprungsbeleg	Zeitstem...	Text der Fehlermeldung	Nettowert		Gesamtstatus für
28542	28.08.2020,...	Geben Sie Steuern für alle Positionen ein	120,00	BRL	Offen
28516	26.08.2020,...	Geben Sie Steuern für alle Positionen ein	120,00	BRL	Offen
28511	26.08.2020,...	Geben Sie Steuern für alle Positionen ein	120,00	BRL	Offen
28482	26.08.2020,...	Keine freigegebene Kalkulation für Material CM-FL-V00 gefunden	32.800,00	EUR	In Bearbeitung
22930	25.08.2020,...	Der Verkaufsbeleg $000000001 hat keine ausreichende Autorisier...	88,00	EUR	In Bearbeitung
22823	25.08.2020,...	Keine freigegebene Kalkulation für Material CM-FL-V00 gefunden	28.873,76	EUR	In Bearbeitung
22924	25.08.2020,...	Der Verkaufsbeleg $000000001 hat keine ausreichende Autorisier...	88,00	EUR	In Bearbeitung
22923	25.08.2020,...	Der Verkaufsbeleg $000000001 hat keine ausreichende Autorisier...	88,00	EUR	In Bearbeitung
21923	25.08.2020,...	Keine freigegebene Kalkulation für Material CM-FL-V00 gefunden	36.022,00	EUR	In Bearbeitung

Abbildung 6.13: App »Predictive Accounting überwachen«

Anstatt das Sachkonto (Abbildung 2.5) über eine klassische Benutzeroberfläche anzuzeigen, können wir mit der App »Sachkontenstammdaten verwalten« auf die gleichen Daten zugreifen, die wir in Abbildung 6.14 sehen.

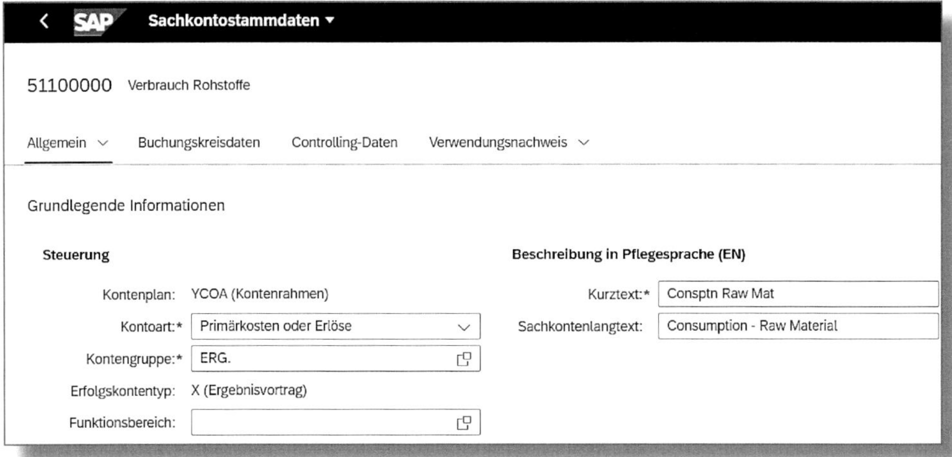

Abbildung 6.14: App »Sachkontenstammdaten verwalten«

Ähnliche Apps existieren für die Verwaltung von Profitcentern, Kostenstellen, Innenaufträgen, Leistungsarten und statistischen Kennzahlen. Abbildung 6.15 zeigt die App »Kostenstellen verwalten«. Wir haben uns die Details dieser App angesehen, als ich in Abschnitt 3.3 erklärt habe, wie Sie die Budgetverfügbarkeitskontrolle aktivieren (siehe Abbildung 3.22).

BestRun Kostenstellen verwalten

Standard *

Gefiltert nach (1): Gültig am

Kostenstellen (385) | Standard — Kopieren | Verwendung | Änderungsprotokoll

Kostenstelle	Bezeichnung	Gültigkeit	Art der Kostenstelle	Buchungskreis	Profitcenter
10101101	Finanzen (DE)	01/01/2012 – 12/31/9999	W (Verwaltung)	1010 (BestRun DE)	YB600 (Dummy Text)
10101201	Eink. & Lager 1 (DE)	01/01/2012 – 12/31/9999	G (Logistik)	1010 (BestRun DE)	YB700 (Dummy Text)
10101202	Eink. & Lager 2 (DE)	01/01/2012 – 12/31/9999	G (Logistik)	1010 (BestRun DE)	YB700 (Dummy Text)
10101301	Produktion 1 (DE)	01/01/2012 – 12/31/9999	F (Produktion)	1010 (BestRun DE)	YB110 (Produkt A)

Abbildung 6.15: App »Kostenstellen verwalten«

Ein wesentlicher Aspekt der Stammdaten, der aus SAP ERP übernommen wurde, ist der *Verwendungsnachweis* (siehe Abbildung 6.16). Hier werden die Leistungsarten, Buchungskreise, Kostenverrechnungszyklen, Kostenverrechnungssegmente, Anlagen, Gruppen und Hierarchien, Profitcenter und Splittungsschemata aufgeführt, die mit der ausgewählten Kostenstelle verbunden sind.

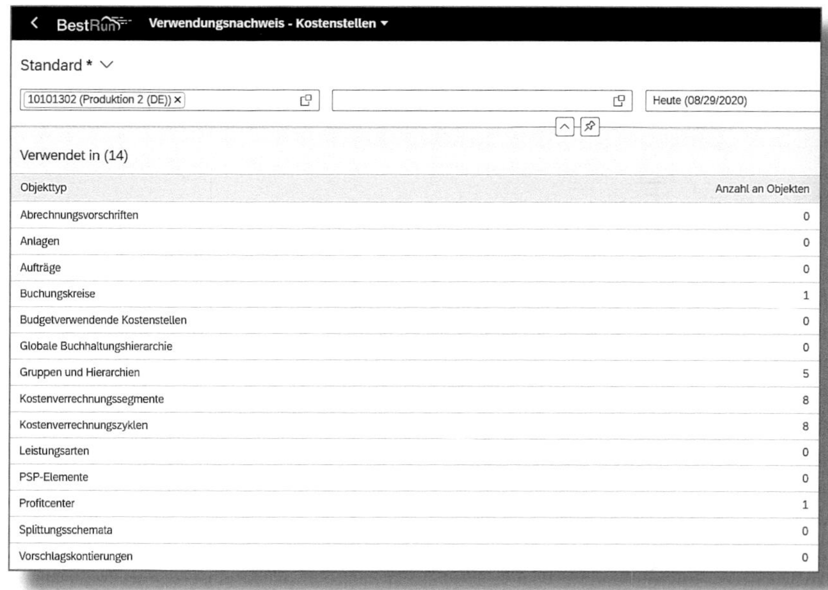

Abbildung 6.16: Verwendungsnachweis in der Kostenstellen-App

6.5 Hierarchien im Finanzwesen

Nachdem wir uns die Finanzwesen-Stammdaten angesehen haben, wenden wir uns nun der Anlage von Hierarchien in SAP S/4HANA zu. Denn die *Bilanz-/GuV-Strukturen*, Profitcenter- und Kostenstellenhierarchien usw. sind der Schlüssel zur Strukturierung der Finanzdaten für eine Analyse und als Selektionshilfe bei Umlagen. Während die klassischen Set-Tabellen in SAP S/4HANA weiterhin existieren, wurde eine neue Tabelle eingeführt, um das Reporting zu beschleunigen.

Sie werden in Ihrem Reporting-Ansatz eine Entscheidung treffen wollen, ob Sie in der alten Welt bleiben oder Ihre Hierarchien in die neue Welt verschieben. Der erste Unterschied besteht darin, dass Bilanz-/GuV-Strukturen und Kontengruppen jetzt in der gleichen Tabellenstruktur gespeichert werden wie Kostenstellengruppen, Profitcenter-Gruppen usw. Diese werden nun sämtlich mit der App »Globale Buchhaltungshierarchien verwalten« gepflegt, die wir uns als Nächstes ansehen wollen.

6.5.1 Globale Buchhaltungshierarchien

Mit der App »Globale Buchhaltungshierarchien verwalten«, die in Abbildung 6.17 dargestellt ist, können Sie die folgenden Hierarchiearten für Buchhaltung und Controlling verwalten:

- Bilanz-/GuV-Strukturen
- Kontenhierarchien/-gruppen
- Profitcenter-Hierarchien/-Gruppen
- Kostenstellenhierarchien/-gruppen
- Buchungskreisgruppen
- benutzerdefinierte Hierarchien

Dieselbe App wird verwendet, um Hierarchien für das Konzernberichtswesen zu erstellen. Diese Hierarchie bietet neue Funktionen, wie z. B. Statusverwaltung und Zeitabhängigkeit, und speichert die Baumstrukturen in einer neuen *Tabelle HRRP* (Hierarchy Runtime Replication).

Zunächst wollen wir die Einrichtung von Bilanz-/GuV-Strukturen in der globalen Buchhaltungshierarchie betrachten. SAP liefert Bilanz-/GuV-Strukturen sowohl für allgemeine Berichtszwecke als auch für länderspezifische Berichtsanforderungen aus. Eine Bilanz-/GuV-Struktur ist eine hierarchische Gruppierung von Konten zusammen mit einer Klassifizierung (Aktiva, Passiva usw.) und Soll-/Haben-Kennzeichen. Die mit der neuen App gepflegten Bilanz-/GuV-Strukturen können zeitabhängig sein und bieten die Möglichkeit der Statusverwaltung (Entwurf, freigegeben etc.), die für die mit den Transaktionen *OB58*, *FSE2* und *FSE3* gepflegten Bilanz-/GuV-Strukturen nicht zur Verfügung steht.

Aus Performancegründen müssen Sie Ihre bestehenden Bilanz-/GuV-Strukturen zunächst in die HRRP-Tabelle replizieren, bevor Sie sie in den neuen Berichten verwenden können. Wenn Sie eine Bilanz-/GuV-Struktur über die klassischen Transaktionen ändern, werden Sie gefragt, ob Sie sie aktivieren möchten. Dadurch wird die Struktur in den neuen Datenspeicher für das Berichtswesen übertragen. Sie können klassische Bilanz- und GuV-Strukturen als Entwurf in die App »Globale Buchhaltungshierarchien verwalten« kopieren und dort weiterbearbeiten. Beachten Sie jedoch, dass Änderungen, die Sie mit der App vornehmen, nicht in die alten Bilanz-/GuV-Strukturen übernommen werden.

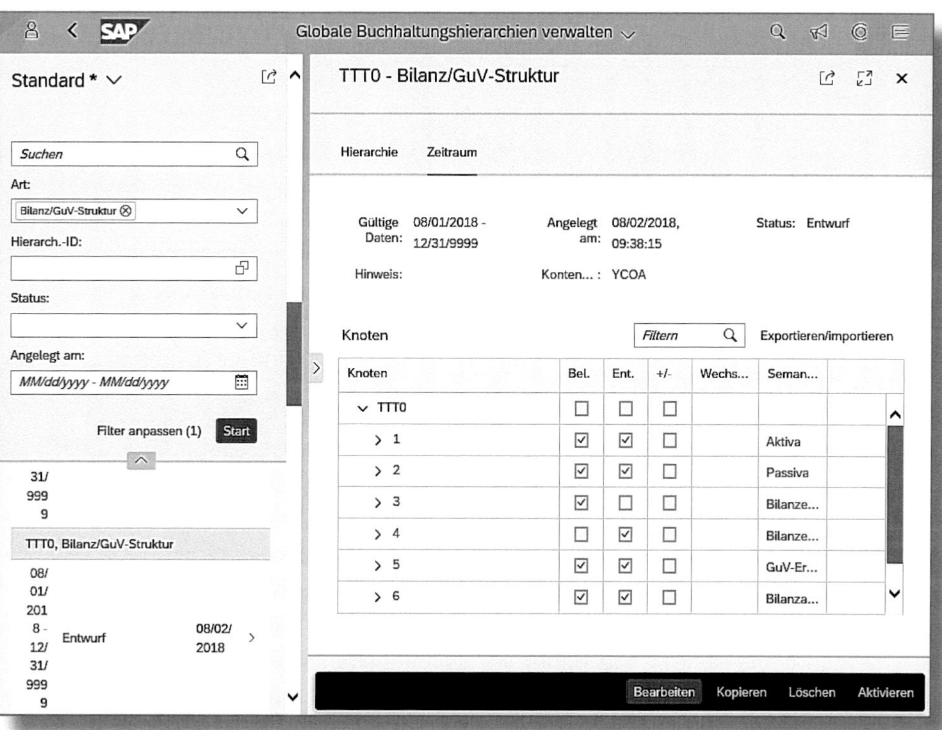

Abbildung 6.17: App »Globale Buchhaltungshierarchien verwalten« – Bilanz-/GuV-Struktur

Sie können diese Hierarchien anschließend in allen SAP-Fiori-Reporting-Apps und in SAP Analysis for Office Microsoft verwenden, wie beispielhaft in Abbildung 6.18 dargestellt.

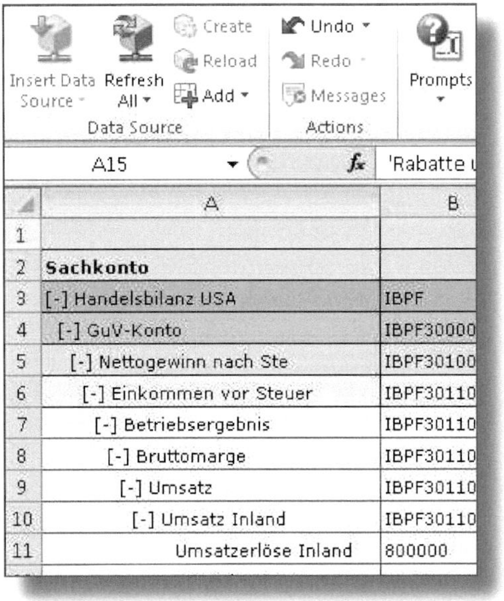

Abbildung 6.18: In der App »Summen- und Saldenliste« dargestellte Bilanz-/GuV-Struktur

Die mit der neuen App gepflegten Kontengruppen sind ebenfalls status- und zeitabhängig – Merkmale, die weder für die mit den Transaktionen *KAH1*, *KAH2* und *KAH3* gepflegten Kostenartengruppen noch für die mit den Transaktionen *KDH1*, *KDH2* und *KDH3* gepflegten Kontengruppen verfügbar sind. Sie können diese klassischen Gruppen für das Berichtswesen nutzbar machen, indem Sie sie mit der App »Laufzeithierarchie replizieren« in die HRRP-Tabellen kopieren.

Möglicherweise haben Sie im Laufe der Jahre viele Kontengruppen definiert. Verwenden Sie daher vor der Replikation die App »Berichtrelevanz festlegen«, um die Set-Klasse 0102 (Kostenartengruppen) und die Set-Klasse 0109 (Kontengruppen) als relevant zu kennzeichnen. Wenn Sie Ihre Konten- und Kostenartengruppen weiterhin über die klassischen Transaktionen pflegen, müssen Sie diese nach jeder Änderung in die HRRP-Tabellen replizieren oder einen regelmäßigen Job dafür einrichten. Das gleiche Grundmuster gilt auch für Kostenstellengruppen, Profitcenter-Gruppen usw.

6.5.2 Flexible Hierarchien

Während Sie mit der App »Globale Buchhaltungshierarchien verwalten« die Baumstrukturen für das Reporting manuell aufbauen können, lassen sich seit SAP S/4HANA 1709 Hierarchien anhand der zugrunde liegenden Stammdaten generieren. Eine Beispielhierarchie, die mit der App »Flexible Hierarchien verwalten« erstellt wurde und den Baum anhand der Einträge im Feld für die Kostenstellenkategorie (Management, Entwicklung, Logistik usw.) generiert, sehen Sie in Abbildung 6.19.

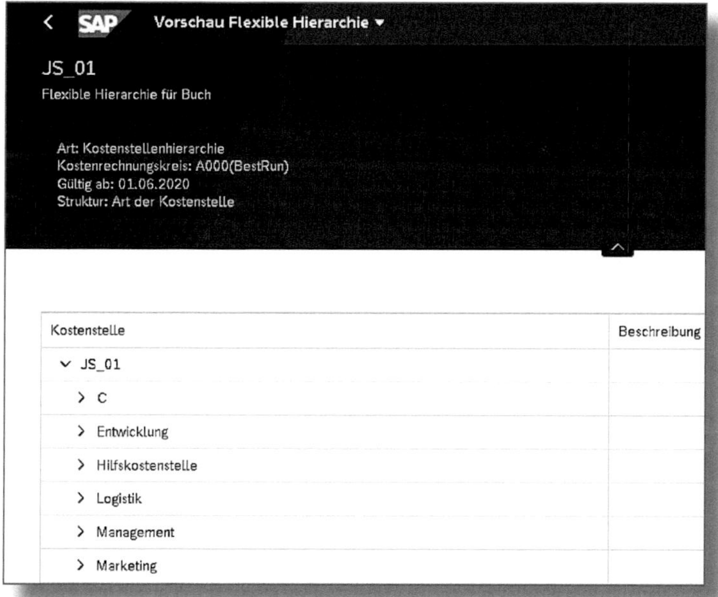

Abbildung 6.19: Flexible Hierarchie über Kostenstellenkategorien

Diese Idee ist nicht neu: Für die Verdichtung von Aufträgen und PSP-Elementen in SAP ERP wurde derselbe Ansatz verwendet. Für Kostenstellen und Profitcenter gab es ihn bislang jedoch nicht. Hier liegt die Herausforderung darin, dass ihre Stammdaten in der Regel nicht so viele Attributfelder enthalten, wie wir sie bei Aufträgen und PSP-Elementen finden.

In Abbildung 6.20 haben wir begonnen, eine Profitcenter-Hierarchie mit den Attributen Name 1, Name 2 usw. aufzubauen, aber keines dieser Felder wird innerhalb der Profitcenter-Stammdaten geliefert. Dazu müssen wir die Stammdaten erweitern, was wir uns im nächsten Abschnitt ansehen werden.

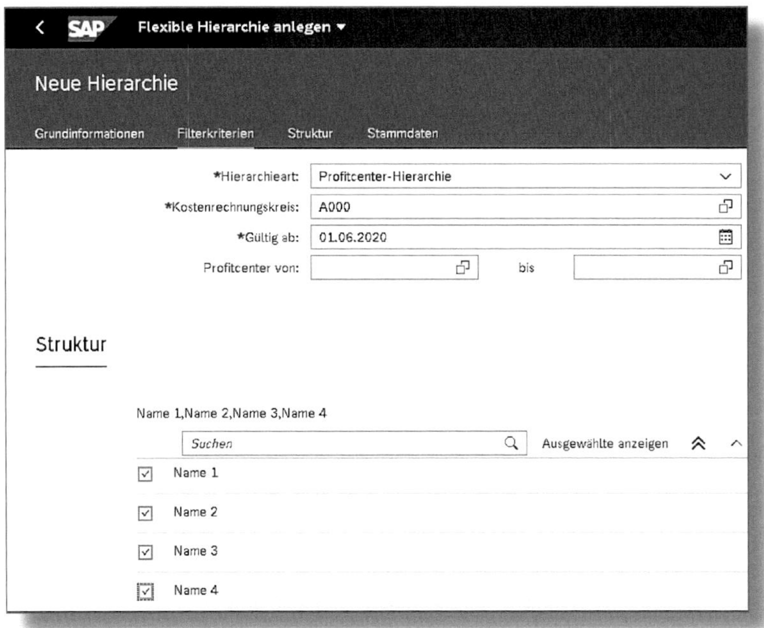

Abbildung 6.20: Flexible Hierarchie mit Profitcenter-Attributen

6.6 Erweiterbarkeit in SAP Fiori

Bei der Entscheidung zwischen der weiteren Nutzung der klassischen Transaktionen und der Umstellung auf SAP Fiori ist eines der Argumente für SAP Fiori die Möglichkeit, Berichtsdimensionen auf Basis der individuellen Anforderungen hinzuzufügen. In SAP ERP bieten Tools wie Report Writer und Report Painter wenig Möglichkeiten einer Erweiterbarkeit. Die Branchenlösungen in SAP ERP, wie z. B. die für den öffentlichen Sektor, bieten zusätzliche Felder, die aber in den Standardberichten nicht angezeigt werden konnten. Deshalb waren eigene Versionen der Standardberichte im Finanzwesen für die entsprechenden Branchenlösungen notwendig. Mit SAP Fiori können Sie benutzerdefinierte Felder erstellen und in das Universal Journal einfügen oder sie zur Erweiterung der Stammdaten verwenden (siehe Abbildung 2.9) und die zugehörigen Apps so erweitern, dass sie diese neuen Felder anzeigen.

6.6.1 Zusätzliche Felder im Universal Journal

In Abschnitt 2.2.2 habe ich Ihnen die Platzhalter zur Erweiterung des Universal Journal vorgestellt. Nun erläutere ich, wie diese im Rahmen der Berichterstattung zu verwenden sind. Beachten Sie jedoch, dass die SAP auch eigene Erweiterungen des Universal Journal vorgenommen hat. Für Controller im Bereich Produktion wird es interessant sein zu erfahren, dass der »Arbeitsplatz« und der »Vorgang« nun Teil des Universal Journal sind. Das bedeutet, dass Sie jetzt über Ihre Fertigungsaufträge berichten können, indem Sie sich die Kosten für die Arbeitsplätze ansehen, an denen der jeweilige Vorgang ausgeführt wurde (siehe Abbildung 6.21). Ähnliche Erweiterungen wurden vorgenommen, um relevante Felder für das Instandhaltungs-Controlling in das Universal Journal zu integrieren.

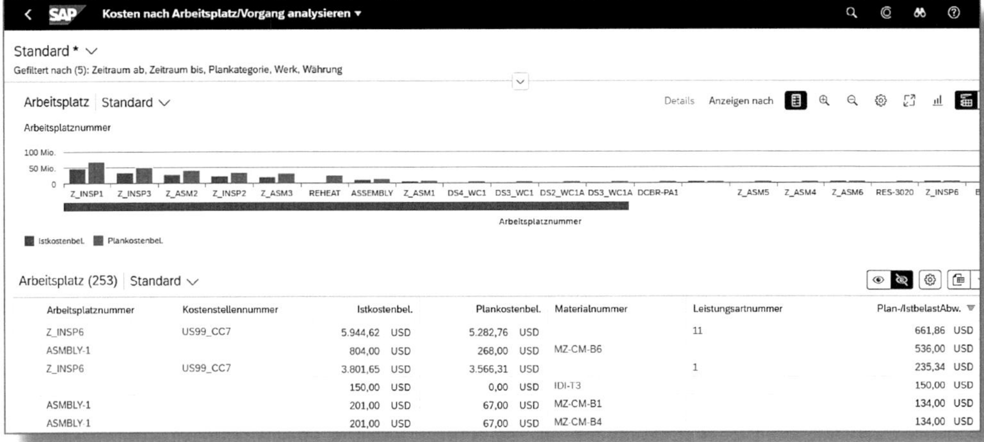

Arbeitsplatznummer	Kostenstellennummer	Istkostenbel.	Plankostenbel.	Materialnummer	Leistungsartnummer	Plan-/IstbelastAbw.
Z_INSP6	US99_CC7	5.944,62 USD	5.282,76 USD		11	661,86 USD
ASMBLY-1		804,00 USD	268,00 USD	MZ-CM-B6		536,00 USD
Z_INSP6	US99_CC7	3.801,65 USD	3.566,31 USD		1	235,34 USD
		150,00 USD	0,00 USD	IDI-T3		150,00 USD
ASMBLY-1		201,00 USD	67,00 USD	MZ-CM-B1		134,00 USD
ASMBLY-1		201,00 USD	67,00 USD	MZ-CM-B4		134,00 USD

Abbildung 6.21: App »Kosten nach Arbeitsplatz/Vorgang analysieren«

6.6.2 Felder zum Kontierungsblock hinzufügen

Viele Unternehmen werden mit der Möglichkeit vertraut sein, dem Kontierungsblock aus SAP ERP neue Felder hinzuzufügen. Alle bereits ergänzten Felder werden bei der Migration in das Universal Journal übernommen.

Im neuen Ansatz verwenden Sie die App »Benutzerdefinierte Felder und Logik«, um Ihrem Kontierungsblock Felder hinzuzufügen. Die Verknüpfung erfolgt über den GESCHÄFTSKONTEXT *Rechnungswesen: Kontierungsblock*. Damit wird das neue Feld Teil des Kontierungsblocks im Universal Journal. Abbildung 6.22 zeigt, wie Sie ein neues Feld (hier *Bereich*) erstellen, das in den Kontierungsblock integriert wird.

Der nächste Schritt besteht darin, die Oberflächen auszuwählen, die aktuell Felder aus dem Kontierungsblock anzeigen (siehe Abbildung 6.23). Setzen Sie diesen Vorgang fort, um das neue Feld und die zugehörigen Strukturen zu veröffentlichen.

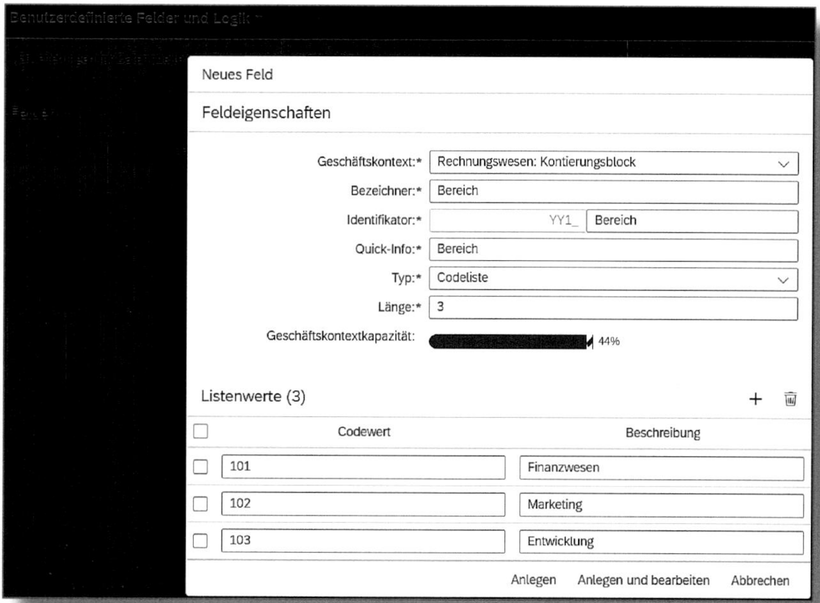

Abbildung 6.22: App »Benutzerdefinierte Felder und Logik« – Neues Feld für Kontierungsblock

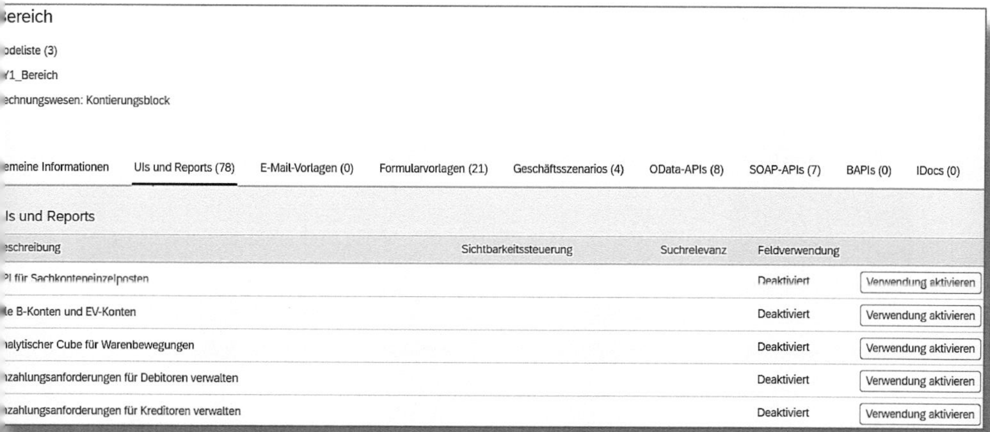

Abbildung 6.23: App »Benutzerdefinierte Felder und Logik« – Oberflächen für neues Kontierungsblockfeld

6.6.3 Felder zum Marktsegment hinzufügen

Die Marktsegmente in Ihrem Ergebnisbereich werden bei der Migration ebenfalls in das Universal Journal übernommen und stehen sowohl für das Reporting als auch in Apps, wie z. B. zur Bewertung und Top-Down-Verteilung, zur Verfügung.

Für das Hinzufügen von Feldern zur Margenanalyse nutzen wir wieder die App »Benutzerdefinierte Felder und Logik«, aber dieses Mal mit dem GESCHÄFTSKONTEXT *Controlling: Marktsegment*, wie in Abbildung 6.24 dargestellt.

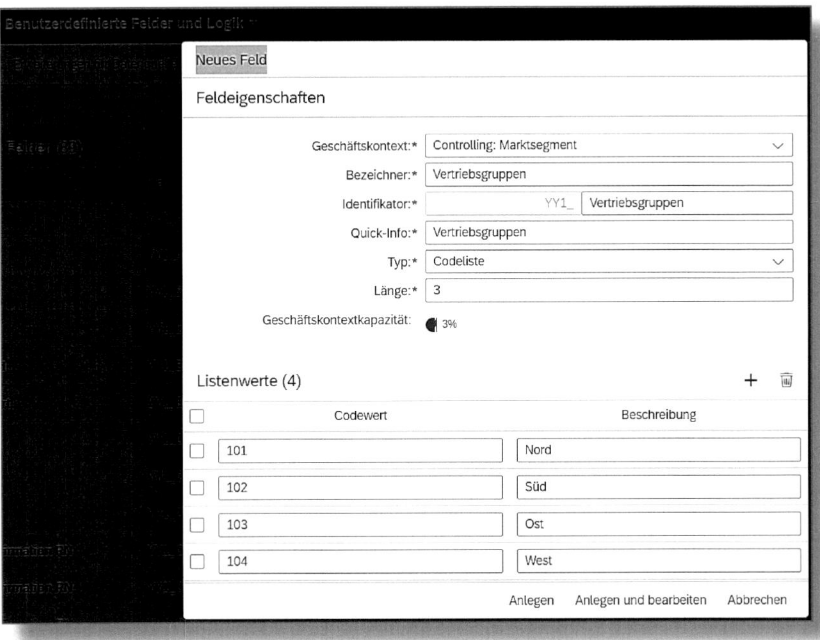

Abbildung 6.24: App »Benutzerdefinierte Felder und Logik« – Neues Feld für Marktsegment

Der nächste Schritt besteht darin, die Benutzeroberflächen auszuwählen, die derzeit Felder aus diesem Marktsegment anzeigen (siehe Abbildung 6.25). Nach der Veröffentlichung erscheint das neue Vertriebsgruppenfeld in den Berichts-Apps, z. B. in der Produktprofitabilität, sowie in den Verrechnungs-Apps, die wir uns in Abschnitt 2.4.3 angesehen haben.

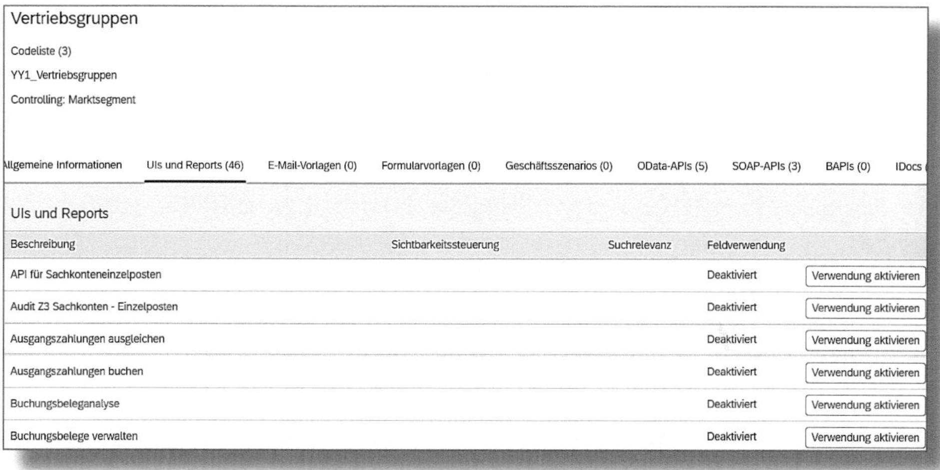

Abbildung 6.25: App »Benutzerdefinierte Felder und Logik« – Oberflächen für das Marktsegment

6.7 Semantische Tags in der Buchhaltung

In Abschnitt 2.1.4 haben wir uns die Apps zur Produktprofitabilität (Abbildung 2.4) und zur Projektprofitabilität (Abbildung 2.36) angesehen, ohne einen Schlüsselaspekt ihres Konzepts zu erläutern, nämlich den Aufbau der Kennzahlen, die die Zeilen der Produkt- und die Spalten der Projektprofitabilitäts-App bilden. Diese Kennzahlen werden über *semantische Tags* definiert. Semantische Tags ermöglichen es SAP, stabile Berichtsstrukturen zu liefern. Es gibt keine entsprechende Struktur in SAP ERP, aber die Idee ist, dass SAP eine Kennzahl wie den fakturierten Umsatz oder den realisierten Umsatz liefern kann. Um die Kennzahlen in diesen Anwendungen zu nutzen, müsen die Kunden lediglich ihre eigenen Konten den semantischen Tags zuordnen, indem sie die entsprechenden Bilanzpositionen auswählen.

Um die gelieferten semantischen Tags einzusehen, folgen Sie dem IMG-Menüpfad Finanzwesen • Hauptbuchhaltung • Stammdaten •

Sachkonten • Bilanz/GuV-Strukturen • Semantische Tags für Bilanz/GuV-Strukturen • Semantische Tags für Bilanz/GuV-Strukturen definieren. Beispiele für semantische Tags aus einem Testsystem sind in Abbildung 6.26 dargestellt. Sie können Ihre eigenen semantischen Tags erstellen und diese mit den entsprechenden Abfragen verknüpfen. Weitere Details finden Sie im SAP-Hinweis 2538634 – »Semantic Tagging for FSV and CDS Query Extension«.

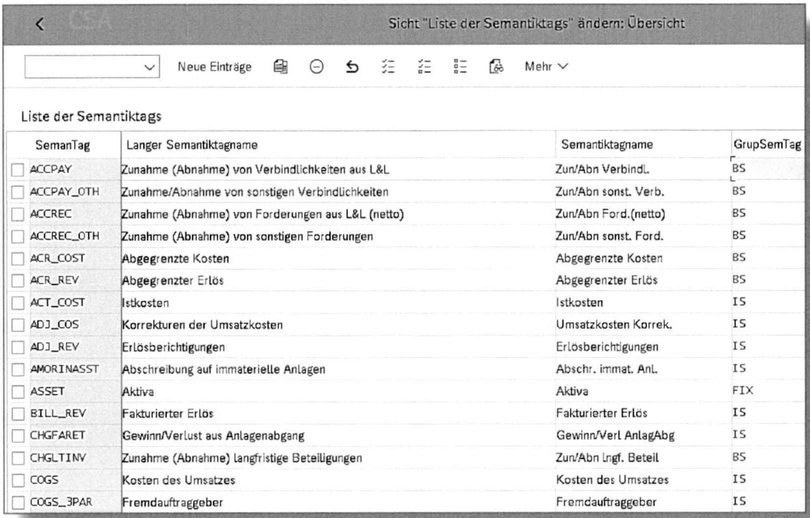

Sicht "Liste der Semantiktags" ändern: Übersicht

Neue Einträge Mehr

Liste der Semantiktags

SemanTag	Langer Semantiktagname	Semantiktagname	GrupSemTag
ACCPAY	Zunahme (Abnahme) von Verbindlichkeiten aus L&L	Zun/Abn Verbindl.	BS
ACCPAY_OTH	Zunahme/Abnahme von sonstigen Verbindlichkeiten	Zun/Abn sonst. Verb.	BS
ACCREC	Zunahme (Abnahme) von Forderungen aus L&L (netto)	Zun/Abn Ford.(netto)	BS
ACCREC_OTH	Zunahme (Abnahme) von sonstigen Forderungen	Zun/Abn sonst. Ford.	BS
ACR_COST	Abgegrenzte Kosten	Abgegrenzte Kosten	BS
ACR_REV	Abgegrenzter Erlös	Abgegrenzter Erlös	BS
ACT_COST	Istkosten	Istkosten	IS
ADJ_COS	Korrekturen der Umsatzkosten	Umsatzkosten Korrek.	IS
ADJ_REV	Erlösberichtigungen	Erlösberichtigungen	IS
AMORINASST	Abschreibung auf immaterielle Anlagen	Abschr. immat. Anl.	IS
ASSET	Aktiva	Aktiva	FIX
BILL_REV	Fakturierter Erlös	Fakturierter Erlös	IS
CHGFARET	Gewinn/Verlust aus Anlagenabgang	Gewinn/Verl AnlagAbg	IS
CHGLTINV	Zunahme (Abnahme) langfristige Beteiligungen	Zun/Abn lngf. Beteil	BS
COGS	Kosten des Umsatzes	Kosten des Umsatzes	IS
COGS_3PAR	Fremdauftraggeber	Fremdauftraggeber	IS

Abbildung 6.26: Liste der in SAP ausgelieferten semantischen Tags

Sie können semantische Tags nicht isoliert verwenden, sondern müssen sie mit einer Bilanz-/GuV-Struktur und den entsprechenden Konten (und Funktionsbereichen) verknüpfen, um die in Ihrem System gespeicherten Daten zu selektieren. Zur Auswahl von Daten für das Tag Fakturierter Erlös müssen Sie die Konten eingeben, mit denen die entsprechenden Umsätze erfasst werden. Die Verbindung zwischen den semantischen Tags, die wir in Abbildung 6.26 gesehen haben, und den Positionen, die zur Gruppierung dieser Konten aufgebaut wurden, stellt Abbildung 6.27 dar. Selbst wenn Sie in verschiedenen Ländern tätig sind und mit unterschiedlichen Bilanz-/GuV-Strukturen zu tun haben, arbeiten Sie mit einem semantischen Tag, damit Sie in jedem Land den gleichen Bericht verwenden können, und ordnen die länderspezifischen Konten über die jeweiligen Bilanz-/GuV-Strukturen zu.

Um Konten und ggf. Sachgebiete den ausgelieferten semantischen Tags zuzuordnen, folgen Sie dem IMG-Menüpfad FINANZWESEN • HAUPTBUCHHALTUNG • STAMMDATEN • SACHKONTEN • BILANZ/GUV-STRUKTUREN • SEMANTISCHE TAGS FÜR BILANZ/GUV-STRUKTUREN • SEMANTISCHE TAGS FÜR BILANZ/GUV-STRUKTUREN ZUORDNEN.

Mapping der Bilanz/GuV-Struktur zu Semantiktag

BilStr	Bil/GuV-Pos.	SemanTag	Konto von	Konto bis	Funk.bereich von	Funk.bereich bis
Z900	1	COST				
Z900	1	COST1				
Z900	10	INVENTORY				
Z900	100	RECO_REV				
Z900	108	ZSELLEXP				
Z900	109	ZGAEXP				
Z900	110	AMORINASST				
Z900	110	DPRTASSET				
Z900	110	ZDEP				
Z900	111	OOPEREXP				
Z900	112	COST1				
Z900	113	CHGFARET				
Z900	114	PROVISIONS				
Z900	13	TANGASSETS				
Z900	15	CHGLTINV				

Abbildung 6.27: Zuweisung von Positionen zu semantischen Tags

Für Projektkostenberichte, die im Rahmen der Rolle »kaufmännischer Projektleiter« geliefert werden, ist eine zusätzliche Zuordnung vorgesehen. Diese Tags werden auch verwendet, um die Konten zu bestimmen, die für die aktiven Verfügbarkeitskontrollprüfungen als relevant angesehen werden.

6.8 Die Digitalisierung der Finanzfunktionen

Wenn Sie die Liste der Fiori-Apps durcharbeiten, brauchen Sie eine Strategie dafür, welche Apps Sie in welcher Reihenfolge verwenden. Sie könnten versuchen, neue Online-Benutzer zu gewinnen, indem Sie Apps wie »Meine Ausgaben« oder einige der Kennzahlen-Apps in SAP

Smart Business anbieten. Alternativ können Sie sich auf eine bestimmte Rolle konzentrieren, die viele Anwendungen abdeckt, etwa eine Rolle aus der Debitoren- oder Kreditorenbuchhaltung bzw. dem Cash Management. Es ist im Allgemeinen keine gute Idee, direkt von einer Transaktion zu einer Fiori-App zu wechseln. Die App »Hauptbuchbelege buchen«, die wir in Abbildung 6.12 gesehen haben, ist der natürliche Nachfolger der Transaktion *FB50*, und grundsätzlich besteht durchaus eine Verbindung zwischen den alten Stammdatentransaktionen und den neuen Apps. Das Entscheidende ist jedoch, dass Sie die in den verschiedenen Finanzabteilungen ausgeführten Arbeitsgänge zunächst durchdenken und überlegen, wie Sie den Usern in diesen Abteilungen helfen können, ihre Arbeit effizienter zu gestalten. Eine Transaktionsliste allein erzählt Ihnen nicht die ganze Geschichte. Es kann genauso interessant sein, sich die Tabellen anzusehen, die dokumentieren, wer was warum getan hat, um zu verstehen, was in einem zentralen Geschäftsprozess tatsächlich vor sich geht.

Die Digitalisierung der Finanzwesenfunktionen kann ganz einfach darin bestehen, die Tabellenkalkulationen online bereitzustellen. Sie könnten beispielsweise eine Liste von Abschlussarbeiten und die dafür verantwortlichen Personen in Einträge im SAP Financial Closing Cockpit umwandeln oder die Implementierung des Dispute Management in der Debitorenbuchhaltung in Erwägung ziehen.

6.8.1 Intercompany-Abstimmung

Der Prozess der *Intercompany-Abstimmung* ist in diesem Zusammenhang ein weiteres gutes Beispiel. Offene Posten zwischen verbundenen Unternehmen werden grundsätzlich dokumentiert, bevor sie in den Konsolidierungsprozess gehen. Dafür haben viele Unternehmen bereits mit der Intercompany-Abstimmung in SAP ERP gearbeitet. So konnte das System die notwendige Zuordnung aller offenen buchungskreisübergreifenden Posten vornehmen und dann eine Liste mit denjenigen Posten zusammenstellen, die es nicht zuordnen konnte und die daher geklärt werden mussten.

Mit der Edition 1909 wurde ein neuer Prozess – SAP *Intercompany-Matching und -Abstimmung* – eingeführt, der auf Basis des Universal Journal komplett neu gestaltet wurde und den Abstimmungsprozess weiter automatisiert. Wie in Kapitel 5 besprochen, haben Datentransfers gegenüber früher zugenommen, und es ist nun möglich, direkt aus dem Group Reporting auf die zugrunde liegenden Daten im Rechnungswesen zuzugreifen. Auch hier werden Matching-Regeln verwendet, um die Forderungen und Verbindlichkeiten der verbundenen Unternehmen bestmöglich abzugleichen. Wenn dies nicht gelingt, kann der Konsolidierungsspezialist die Einzelposten beider Unternehmen aufschlüsseln, um festzustellen, welche Daten möglicherweise fehlen.

Abbildung 6.28 zeigt die App »Zuordnungen verwalten« und die Posten für Gesellschaft *1010*, die mit den Posten in der Partnereinheit abgeglichen werden müssen. Wenn Sie wie in Abbildung 6.29 nach links scrollen, sehen Sie die Posten im verbundenen Unternehmen und die Schritte, die zum Matching und Ausgleichen dieser Posten durchgeführt werden können.

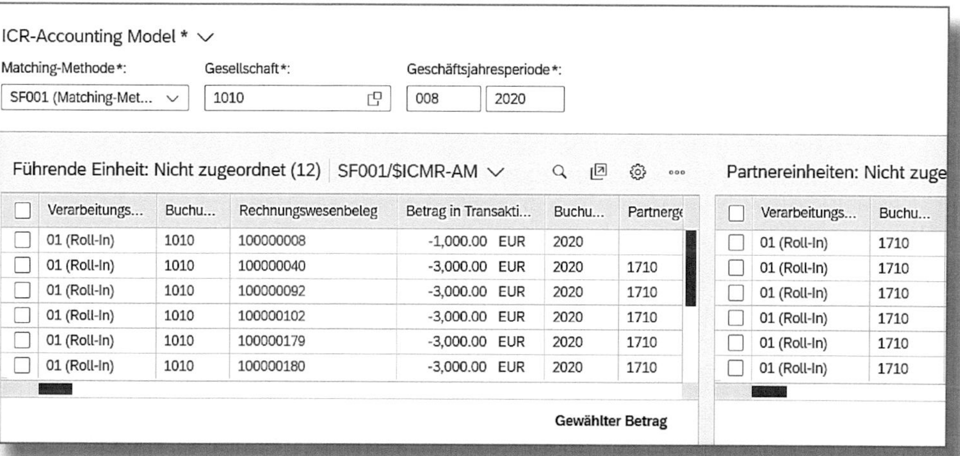

Abbildung 6.28: App »Zuordnungen verwalten« – zuzuordnende Einheiten

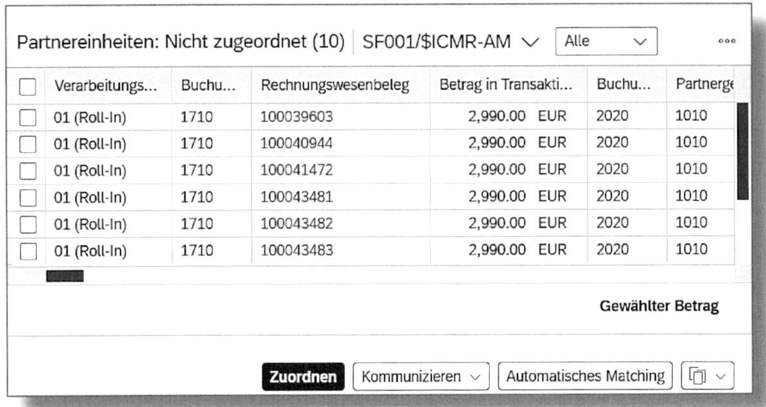

Abbildung 6.29: App »Zuordnungen verwalten« – Schritte zum Zuweisen der ausgewählten Elemente

6.8.2 WE/RE-Monitor

Wenn Sie im Finanzwesen arbeiten, kennen Sie vermutlich das Problem, dass der Rechnungseingang nicht immer mit dem Wareneingang übereinstimmt. Manchmal liegt das daran, dass wir noch auf einen der Belege warten, und manchmal daran, dass die beiden Belege unterschiedliche Werte ausweisen. In beiden Fällen besteht der klassische Ansatz darin, eine Tabellenkalkulation zu öffnen und zu dokumentieren, warum die beiden nicht übereinstimmen, und schließlich die Differenz abzuschreiben, wenn die Fragen nicht zufriedenstellend geklärt werden konnten.

In Abbildung 6.30 sehen Sie eine Anwendung, die genau für dieses Problem entwickelt wurde. Das System liest die relevanten Daten in der Beschaffung und unterbreitet einen Vorschlag für die Differenz (Rechnungswerte, die höher sind als die Wareneingangswerte, Wareneingangswerte, die höher sind als die Rechnungseingänge, usw.). In der Vergangenheit hatte jedes *Shared Service Center* seine eigene

Version einer Tabellenkalkulation, um mit diesen Unterschieden umzugehen, nun gleicht die Anwendung über Regeln ab, was technisch möglich ist, und unterbreitet Vorschläge für ein Regelwerk. Schließlich kann ein Mitarbeiter im Shared Service Center die Situation dokumentieren und darlegen, wie es zu der Differenz gekommen ist und ob die Erwartung besteht, dass der fehlende Rechnungseingang irgendwann folgen wird.

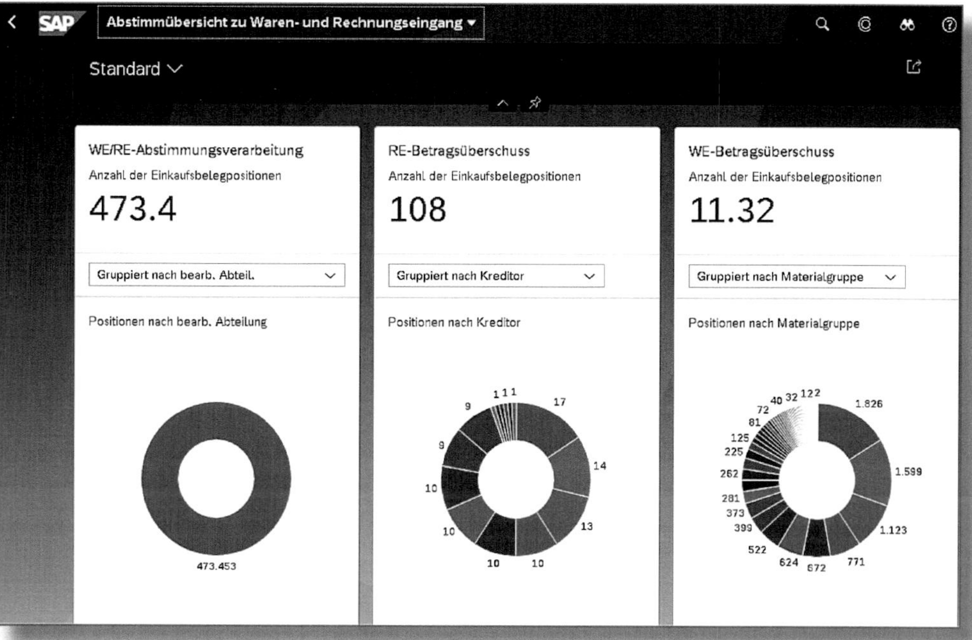

Abbildung 6.30: App »Abstimmübersicht zu Waren- und Rechnungseingang«

Anhand einer Befragung von Anwendern in den Shared Service Centern wurden die typischen Ursachen für Abweichungen ermittelt. Die Belege werden nun zur einfacheren Analyse nach diesen Abweichungen sortiert aufgeführt. Der Prozess kann durch maschinelles Lernen erweitert werden, sodass das System die nächsten Schritte vorschlägt.

7 Ausblick

Die wahrscheinlich häufigste Frage bei Präsentationen zu SAP S/4HANA dreht sich darum, was als Nächstes kommt. Mit der Entwicklung und Veränderung der Geschäftswelt wandeln sich auch die Anforderungen an ein Finanzwesensystem. Die Finanzabteilungen sind gefragt, mit weniger mehr zu erreichen, wodurch sich die Art der von ihnen verwendeten Softwaresysteme ändert. Die meisten Unternehmen arbeiten inzwischen in irgendeiner Form mit Cloud-Software, was ganz eigene Veränderungen mit sich bringt.

7.1 On-Premise- und Cloud-Editionen

Die meisten Screenshots in diesem Buch wurden von einem Demosystem aufgenommen, das nicht *On-Premise* läuft (die Bereitstellungsoption, mit der die meisten von uns derzeit vertraut sind), sondern in der *Cloud*, in diesem Fall in der SAP HANA Enterprise Cloud. Es kommt immer häufiger vor, dass Unternehmen ihre Migrationstests für S/4HANA Finance auf einer geklonten Version ihres operativen Systems durchführen oder Central Finance auf einer SAP HANA Enterprise Cloud implementieren, anstatt dafür ein neues System zu installieren. Das bedeutet, dass die Systeme nicht vor Ort beim Kunden, sondern in einem sicheren Rechenzentrum wie dem in St. Leon Rot in Deutschland laufen.

Dies verändert die Dynamik einer Software-Investition für einen CIO: Anstelle einer erheblichen **Kapitalinvestition** in Hardware, Software und Beratungsleistungen, um das System für die Benutzer bereitzustellen, investiert er in **Betriebskosten**, d. h. ein Unternehmen zahlt eine monatliche Gebühr für die Nutzung der Software-Services in der Cloud. Diese veränderte Herangehensweise lässt sich mit dem frühen Industriezeitalter vergleichen, in dem Unternehmen ihre eigenen Elektrizitätswerke betrieben, solange es kein zuverlässiges Stromnetz gab, und allmählich zur Stromversorgung durch Elektrizitätsunternehmen übergingen. Die neuen Versorgungsunternehmen wiederum profitierten von den Skaleneffekten, die es ihnen ermöglichten, Strom billiger und effizienter anzubieten. Im Grunde bietet die Cloud Unternehmen mehr Flexibilität, da sie nicht durch ihre eigenen IT-Ressourcen eingeschränkt werden. Sie ermöglicht ihnen zudem eine Skalierung, wenn ihr eigenes Wachstum die Leistungsfähigkeit ihrer IT-Systeme übersteigt.

Der Betrieb von SAP S/4HANA Finance in einem externen Rechenzentrum ist eine Option, die als *Managed Cloud* bezeichnet wird. SAP hat jedoch auch begonnen, Versionen der Software anzubieten, die speziell für die *Private Cloud* entwickelt wurden. Diese Verlagerung spiegelt sich in den Produktnamen wider. So werden Sie feststellen, dass alle Software-Editionen nun eine neue Art der Bezeichnung aufweisen, in der das Release-Jahr angegeben ist (1503 wurde im März 2015 veröffentlicht, 1511 im November 2015 usw.) und entweder den Zusatz »OP« für »On Premise« oder »CE« für »Cloud Edition« führen. Dahinter steckt die Idee, dass alle Cloud-Kunden stets Zugang zur neuesten Softwareversion haben, anstatt Monate oder sogar Jahre auf die Implementierung der nächsten Erweiterungswelle zu warten.

Innovationen werden zunächst in der Cloud-Edition ausgeliefert und anschließend On-Premise verfügbar gemacht. Ein Beispiel dafür ist die *SAP S/4HANA Professional Services Cloud*. Das Paket nutzt S/4HANA Finance als Kern, d. h. es enthält das Universal Journal, die neue Anlagenbuchhaltung, das neue Cash Management usw., bietet darüber hinaus aber Funktionen, die für eine bestimmte Branche, nämlich die Beratungsdienstleister (Professional Services), konzipiert sind. Der Fokus liegt dabei auf der Anlage eines Kundenprojekts, der Erfassung von Beratungszeiten, der Beschaffung und den Reisekosten zu diesem Projekt, der Fakturierung der erbrachten Dienstleistungen sowie auf der Überprüfung der Rentabilität des Projekts. Es gibt zwar bereits Beratungshäuser, die SAP ERP einsetzen, aber interessant ist, welche spezifischen Funktionen der SAP S/4HANA Professional Services Cloud hinzugefügt wurden, um das Paket für diese Branche attraktiv zu machen.

☛ S/4HANA Cloud-Edition

Die Beschreibung des Funktionsumfangs für die SAP S/4HANA Cloud-Edition finden Sie in folgendem Dokument:

https://help.sap.com/viewer/product/SAP_S4HANA_CLOUD/2202.500/en-US?task=whats_new_task.

7.2 SAP S/4HANA Professional Services Cloud

Zwar können viele der oben beschriebenen Finanz- und Logistikfunktionen auch in anderen Branchen verwendet werden, es gibt aber einige Funktionen, die speziell für Beratungsdienstleister entwickelt wurden. Beratungshäuser sind in der Regel auf die Effektivität jedes Beraters bedacht, was in der Vergangenheit zu vielen Behelfslösungen geführt hat, da der Mitarbeiter nicht unbedingt in den Anwendungen des Finanzwesens erfasst wurde. Für die Cloud-Edition wurde das Universal Journal erweitert und enthält nun das Feld PERSONALNUMMER, und auch die HANA-Ansichten und -Berichte wurden anhand der in Kapitel 5 beschriebenen Techniken erweitert, um dieses Feld einzuschließen. Die mit dem jeweiligen Mitarbeiter verbundenen Finanzvorgänge (Zeiterfassung, Beschaffung, Reisekosten, Abrechnung usw.) aktualisieren nun das Universal Journal anhand der Personalnummer des Mitarbeiters, der diese Arbeit aufzeichnet.

Professionelle Dienstleistungsunternehmen berechnen einen Tarif typischerweise nicht, indem sie die Kostenstellenausgaben durch die Anzahl der geleisteten Stunden teilen. Stattdessen legen Sie sog. »politische« Tarife fest, abhängig von der Berufserfahrung des Beraters, des Landes, in dem dieser arbeitet, usw. Diese manuellen Tarife, die wir üblicherweise über die Transaktion *KP26* gepflegt haben, wurden durch Verkaufskonditionen ersetzt, die es Organisationen erlauben, ihre Tarife in Abhängigkeit von verschiedenen Faktoren zu definieren.

Dienstleistungsunternehmen haben in der Regel eine Vielzahl laufender Projekte, in der Form, dass die Arbeit erbracht, dem Kunden aber noch nicht in Rechnung gestellt wurde. Bei der vorgangsbezogenen Erlösrealisierung wird nun sofort bei der Buchung der Zeiterfassung eine Erlösbuchung erstellt. Auch für unternehmensübergreifende Projekte stehen neue Funktionen zur Verfügung.

Diese wurden ursprünglich nur in der S/4HANA-Cloud-Edition angeboten, wurden dann aber ebenfalls Teil der On-Premise-Edition 1610. Sie werden nicht nur von reinen Dienstleistungsunternehmen genutzt, sondern auch von Herstellern, die ein zusätzliches Servicegeschäft betreiben, oder von Projektfertigungsunternehmen, deren Vertragspartner für sie Maschinen beim Kunden fertig zusammenbauen.

7.3 SAP S/4HANA Cloud für andere Branchen

SAP hat den Cloud-Ansatz weiterentwickelt und bietet nun Cloud-Lösungen für Chemieunternehmen, die vorgelagerte Öl- und Gasindustrie sowie den öffentlichen Sektor an. Diese Lösungen liefern dedizierten Business Content in Form von Konfigurationseinstellungen (oder Best Practices), die unter dem folgenden Link beschrieben werden: *https://rapid.sap.com/bp/#/BP_CLD_ENTPR*.

Die Einstellungen werden zusammen mit Geschäftsbeschreibungen und Testskripten als *Scope Items* (Umfangsbestandteile) verpackt. Die folgenden Umfangsbestandteile beschreiben die Szenarien in diesem Buch:

- Buchhaltung und Finanzabschluss (J58)
- Buchhaltung für Kundenauftragseingang (2FD)
- Istkalkulation (33Q)
- Anlagenbuchhaltung (J62)
- Anlage im Bau (BFH)
- Obligoverwaltung (2I3)

- Vorgangsbezogene Fertigungskostenbuchung (3FO)
- Finanzplanung und -analyse (2FM)
- Konzernberichtswesen (1SG)
- Intercompany-Abstimmungsprozess (40Y)
- Margenanalyse (J55)
- Überwachung von Waren- und Rechnungseingängen (2V7)
- Gemeinkostenrechnung (J54)
- Kaufmännische Projektsteuerung (1NT)
- Statistische Verkaufskonditionen (34B)
- Universelle Verrechnung (2QL)

7.4 SAP S/4HANA als digitaler Kern

Natürlich bewegt uns nicht nur SAP S/4HANA Finance in der Cloud, sondern auch die Konnektivität zwischen anderen Cloud-Produkten und SAP S/4HANA. SAP S/4HANA entwickelt sich Schritt für Schritt zum *digitalen Kern*, mit dem viele Cloud-Systeme verbunden sind, einschließlich SuccessFactors, Ariba, Concur, Fieldglass usw. Abbildung 7.1 zeigt eine Vision davon, wie sich die verschiedenen *Geschäftsnetze* mit SAP S/4HANA verbinden werden. In ähnlicher Weise verändert das *Internet der Dinge* komplett die Menge der Daten, die über einen Geschäftsprozess gesammelt werden: Anstelle einer einzigen retrograden Entnahme und Rückmeldung am Ende der Fertigungslinie haben wir nun Sensoren entlang der gesamten Linie. Theoretisch ermöglicht dies viel genauere Einblicke in die Ware in Arbeit als bisher. aber solche Datenmengen führen zu einem drastisch neuen Verständnis des Finanzbelegs und dessen, was gespeichert und geprüft werden muss. Die meisten Benutzer von Finanzanwendungen berücksichtigen *soziale Netzwerke* in ihrem Berufsleben kaum. Doch in Zukunft werden Anwendungen wie Stimmungsanalysen Einzug in ihre Arbeitswelt halten und wir werden erleben, wie aus vielen Controllern Datenwissenschaftler werden, die nach Mustern in diesen Daten suchen. Einige dieser

Innovationen sind heute schon realisierbar. Andere werden sich in den nächsten Jahren entwickeln.

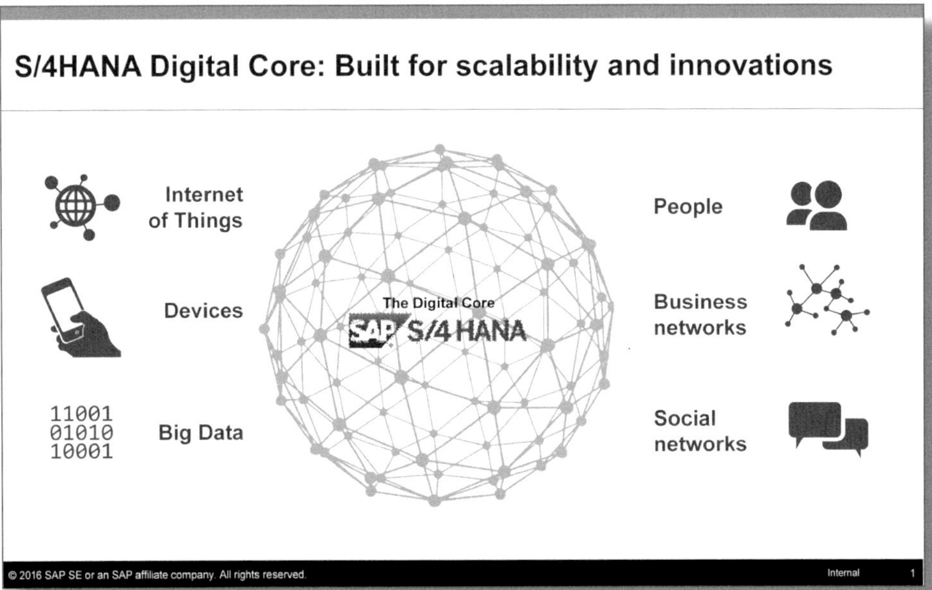

Abbildung 7.1: SAP S/4HANA als digitaler Kern

Sie haben das Buch gelesen und sind mit unserem Werk zufrieden? Bitte schreiben Sie uns eine Rezension!

A Die Autorin

Janet Salmon ist derzeit Chief Product Owner für Management Accounting bei der SAP SE in Walldorf und begleitet viele Weiterentwicklungen der Controlling-Komponenten in SAP ERP und SAP S/4HANA.

Janet kam 1992 als Übersetzerin zur SAP AG. Sie hat einen Abschluss in modernen und mittelalterlichen Sprachen vom Downing College in Cambridge und eine Zusatzqualifikation in Dolmetschen und Übersetzen von der University of Bath.

Janet wurde 1993 technische Redakteurin für das Produktkosten-Controlling und 1996 Produktmanagerin. Für ihren Beitrag »Functions in Detail: Product Cost Controlling« erhielt sie 1998 eine Auszeichnung der Society of Technical Communication. Sie ist Beraterin, veröffentlicht regelmäßig Beiträge in der Zeitschrift »SAP Financials Expert« und hält Vorträge bei Konferenzen zu SAP Financials.

B Index

L

M

N

O

P

T

U

V

W

Z

C Disclaimer

Die in diesem Werk wiedergegebenen Gebrauchsnamen, Handelsnamen, Warenbezeichnungen usw. können auch ohne besondere Kennzeichnung Marken sein und als solche den gesetzlichen Bestimmungen unterliegen. Sämtliche in diesem Werk abgedruckten Bildschirmabzüge unterliegen dem Urheberrecht der SAP SE, Dietmar-Hopp-Allee 16, 69190 Walldorf.

In dieser Publikation wird auf Produkte der SAP SE Bezug genommen. SAP, R/3, SAP NetWeaver, Duet, PartnerEdge, ByDesign, SAP BusinessObjects Explorer, StreamWork und weitere im Text erwähnte SAP-Produkte und -Dienstleistungen sowie die entsprechenden Logos sind Marken oder eingetragene Marken der SAP SE in Deutschland und anderen Ländern. Business Objects und das Business-Objects-Logo, BusinessObjects, Crystal Reports, Crystal Decisions, Web Intelligence, Xcelsius und andere im Text erwähnte Business-Objects-Produkte und -Dienstleistungen sowie die entsprechenden Logos sind Marken oder eingetragene Marken der Business Objects Software Ltd. Business Objects ist ein Unternehmen der SAP SE. Sybase und Adaptive Server, iAnywhere, Sybase 365, SQL Anywhere und weitere im Text erwähnte Sybase-Produkte und -Dienstleistungen sowie die entsprechenden Logos sind Marken oder eingetragene Marken der Sybase Inc. Sybase ist ein Unternehmen der SAP SE. Alle anderen Namen von Produkten und Dienstleistungen sind Marken der jeweiligen Firmen. Die Angaben im Text sind unverbindlich und dienen lediglich zu Informationszwecken. Produkte können länderspezifische Unterschiede aufweisen.

Der SAP-Konzern übernimmt keinerlei Haftung oder Garantie für Fehler oder Unvollständigkeiten in dieser Publikation. Der SAP-Konzern steht lediglich für SAP-Produkte und -Dienstleistungen nach der Maßgabe ein, die in der Vereinbarung über die jeweiligen Produkte und Dienstleistungen ausdrücklich geregelt ist. Aus den in dieser Publikation enthaltenen Informationen ergibt sich keine weiterführende Haftung.

Weitere Bücher von Espresso Tutorials

Claus Wild:

Praxishandbuch Cash Management in SAP S/4HANA® Finance

- Grundlagen der neuen Bankkontenverwaltung (BAM)
- Funktionsmerkmale von Cash Operations, ELKO und Liquiditätssteuerung
- One Exposure from Operations als zentraler Datenspeicherort
- Inkl. grundlegender Einstellungen im SAP S/4HANA-Customizing

http://5250.espresso-tutorials.de

Robin Schneider:

Investitionsmanagement mit SAP® inkl. Neuerungen in SAP S/4HANA

2., erweiterte Auflage

- Investitionsobjekte in SAP
- Übersicht zum Customizing im Modul SAP IM
- Planung, Budgetierung, Reporting – Instrumente der Kontrollphase
- Investitionsmanagement mit SAP S/4HANA und SAP Fiori Launchpad

http://5279.espresso-tutorials.de

Michael Eckel, Nergiz Köksal:

Die neue Anlagenbuchhaltung in SAP S/4HANA®

- Das neue, vereinfachte Datenmodell im Universal Journal
- Umfangreiche und flexible Auswertungen
- Migrationspfade im Greenfield- oder Brownfieldansatz
- Die neue Benutzeroberfläche SAP Fiori

http://5390.espresso-tutorials.de

Silke Breest:

Kreditmanagement mit SAP S/4HANA®

- Stammdaten für das Kreditmanagement und den Geschäftspartner
- Kreditrisikomanagement mit den neuen Fiori-Apps
- Workflows im Kreditmanagement
- Umfassendes Customizing u. a. für SAP FIN-FSCM-CR

http://5414.espresso-tutorials.de